前　言

随着计算机和人工智能技术的迅猛发展，全球社会正以前所未有的速度迈入数字化、智能化新时代。从办公自动化到大模型，从电子商务到智慧城市，这些技术已广泛应用于各行各业，渗透到社会各个角落，深刻改变了人们的工作和生活，已从信息处理工具演进为智能化社会的核心驱动力，标志着人类迈入"人工智能+"的新时代。在这样的时代背景下，提升大学生的信息素养，增强其对人工智能技术的理解和应用能力，已成为高等教育的重要任务之一。

大学计算机基础课程和人工智能通识课程作为高校非计算机类专业学生的重要基础课程，肩负着普及人工智能技术知识、提升数字素养、培养计算思维的使命。尽管目前国内已有大量相关教材出版，但各地计算机教育的普及程度存在差异，学生的技术基础和应用能力参差不齐，导致教学效果不尽理想。为适应新时代计算机基础教育改革和人工智能通识教育的需要，我们在充分调研的基础上，依据"理论夯实、实践导向、前沿渗透、素养提升"的理念组织多所高校教师共同编写了本书。

本书在讲解计算机基础教育核心内容的同时，主动对接新一代信息技术发展的新趋势，系统引入人工智能模块，着力构建"基础知识+前沿技术+实践能力"的三位一体教学体系。全书内容结构合理、层次分明，既保留了经典的计算机基础知识，如计算机与计算思维、操作系统基础、WPS办公软件、多媒体技术、数据库、网络与信息安全、数据结构与算法、Python语言基础等，又全新扩展了人工智能相关内容，包括人工智能基础、人工智能关键技术、大语言模型与AIGC、人工智能应用等专题。人工智能部分以学生认知规律为依据，从AI发展历史出发，引导学生了解AI基本概念、研究范式与发展阶段，逐步深入机器学习、深度学习、自然语言处理、计算机视觉等核心技术模块。

为了更好地适应高校学时压缩、教学模式多元化的发展趋势，编者针对各章节难点、重点内容制作了微课视频，配套二维码可随时扫码学习，实现"课堂教学+在线学习"的融合。学生可根据自身掌握程度进行个性化学习，从而提升学习效率与效果。这种"混合式教学+泛在学习"的模式，极大地增强了本书的灵活性与实用性。

本书既适用于32~48学时的高校大学计算机基础或人工智能通识课程教学，也适合作为MOOC、SPOC课程的线下教材。同时，为了方便各校因材施教，教师可根据本校学生实际情况自由裁剪内容模块，在保持核心教学目标一致的前提下，实现教学内容的差异化与特色化。

本书由郑州工程技术学院的甘勇、郑州轻工业大学的尚展垒、郑州工程技术学院的王爱菊等编著。参加本书编写的还有郑州轻工业大学的韩怿冰、姚妮和郑州工程技术学院的郑富娥。甘勇负责本书的架构和组织工作，尚展垒负责统稿工作。第9、10、11章由甘勇编写，第2、5、7章由尚展垒编写，

第 4、6 章由王爱菊编写，第 1、8 章由韩怿冰编写，第 3 章由姚妮编写，第 12 章由姚妮和郑富娥共同编写。本书的编写得到了郑州工程技术学院、郑州轻工业大学、河南省高等学校计算机教育研究会、人民邮电出版社的大力支持和帮助，在此由衷地向他们表示感谢！

　　本书不仅是一部传授基础计算机知识的教材，更是一扇通向人工智能世界的启蒙之门。我们期望本书能激发学生探索智能技术的兴趣，引导其树立正确的技术观、价值观和应用观，培养能够适应未来数字社会发展的人才。

　　诚然，本书在内容设计与组织上仍有进一步完善的空间，欢迎广大读者和一线教师在使用过程中提出宝贵意见，以助于后续的修订与改进。

编　者

2025 年 4 月

< 2 >

目 录

< 1 >

< 2 >

第 6 章
计算机网络和信息安全

第 7 章
数据结构与算法

< 3 >

第 8 章
Python 程序设计

第 9 章
人工智能基础

第 10 章
人工智能技术

< 4 >

第 11 章
大语言模型与 AIGC

第 12 章
AI 应用

< 5 >

第 1 章　计算机与计算思维

本章从计算机的发展和应用领域开始，由浅入深地介绍计算机系统的组成、功能以及常用的外部设备；接着详细讲述不同进制之间的数值转换、二进制数的运算以及不同类型的信息在计算机中的表示方法；最后介绍计算思维。通过学习本章内容，读者可以从整体上了解计算机的基本功能和基本工作原理。

【知识要点】
- 计算机的发展历程。
- 计算机的应用领域。
- 计算机的组成及各部分的功能。
- 二进制与其他进制之间的数值转换。
- 信息的表示及处理方法。
- 计算思维。

章首导读

1.1　计算机的发展和应用领域概述

1.1.1　计算机的发展

电子计算机（Electronic Computer）是一种能自动、高速、精确地进行信息处理的电子设备，是 20 世纪重大的发明之一。计算机家族包括机械计算机、电动计算机、电子计算机等。电子计算机又可分为电子模拟计算机和电子数字计算机，我们通常所说的计算机就是电子数字计算机，它是现代科学技术发展的结晶。微电子、光电、通信等技术以及计算数学、控制理论的迅速发展，促进了计算机不断升级。自 1946 年第一台通用电子计算机诞生以来，计算机的发展十分迅速，其应用从开始的军事领域扩展到人类社会的方方面面，对人类文明的发展产生了极其深刻的影响。

1．电子计算机的产生

1943 年，美国为解决新武器研制中的弹道计算问题而组织科技人员开始了电子数字计算机的研究。1946 年 2 月，电子数字积分计算机（Electronic Numerical Integrator and Calculator，ENIAC）在美国宾夕法尼亚大学研制成功。它是世界上第一台通用电子计算机，如图 1.1 所示。这台计算机共使用了 18000 多只电子管、1500 个继电器，耗电 150kW，占地面积约 167m^2，重 30t，每秒能完成 5000 次加法运算或 400 次乘法运算。与此同时，美籍匈牙利科学家冯·诺依曼（John von Neumann）也在为美国军方研制电子离散变量自动计算机（Electronic Discrete

Variable Automatic Computer，EDVAC）。在 EDVAC 中，冯·诺依曼采用了二进制数，并创立了"存储程序"的设计思想。EDVAC 被认为是现代计算机的原型。

图 1.1　ENIAC

2．电子计算机的发展

1946 年以来，计算机经历了几次重大的技术革命。按所采用的电子器件，我们可将计算机划分为以下几代。

（1）第一代计算机（1946—1959 年），其主要特点：逻辑元件采用电子管，功耗大，易损坏；主存储器（主存）采用汞延迟线或静电存储管，容量很小；外存储器（外存或辅存）使用磁鼓；输入输出装置主要采用穿孔卡；采用机器语言编程，即用"0"和"1"来表示指令与数据；运算速度每秒仅为数千至数万次。

（2）第二代计算机（1960—1964 年），其主要特点：逻辑元件采用晶体管，与电子管相比，晶体管体积小、耗电少、速度快、价格低、寿命长；主存储器采用磁芯；外存储器采用磁盘、磁带，存储容量相较磁鼓有较大提高；软件方面产生了监控程序，有了操作系统的概念，程序设计语言有了很大的发展，先由汇编语言（Assembly Language）代替了机器语言，接着出现了高级语言，如 Fortran、COBOL、ALGOL 等；计算机应用进入实时过程控制和数据处理领域，运算速度达到每秒数百万次。

（3）第三代计算机（1965—1969 年），其主要特点：逻辑元件采用集成电路（Integrated Circuit，IC），体积更小，耗电更少，寿命更长；主存储器开始使用半导体存储器，存储容量大幅度提升；外存储器仍以磁盘、磁带为主；系统软件与应用软件迅速发展，出现了分时操作系统和会话式语言，程序设计采用结构化、模块化的设计方法；运算速度达到每秒千万次以上。

（4）第四代计算机（1970 年至今），其主要特点：逻辑元件采用超大规模集成电路（Very Large Scale Integrated Circuit，VLSI）；主存储器采用半导体存储器，容量已达第三代计算机外存储器的水平；作为外存储器的软盘、硬盘、光盘的容量大幅增加；输入设备出现了光字符阅读器、触摸输入设备和语音输入设备等，操作更加简洁、灵活；输出设备使用激光打印机后，字符和图形输出更加逼真、高效。

（5）第五代计算机，即未来计算机系统（Future Generation Computer System，FGCS），其目标是具有智能特性，具有知识表达和推理能力，能模拟人的分析、决策、计划和其他智能活动，具有人机自然通信能力。

3．微型计算机的发展

微型计算机通常指的是个人计算机（Personal Computer，PC），简称微机。其主要特点是采用微处理器（Microprocessor）作为计算机的核心部件，微处理器由大规模、超大规模集成电路构成。

微型计算机的升级换代主要有两个标志：微处理器的更新和系统组成的变革。微处理器从诞生的那一天起，其发展方向就是更高的频率、更好的制造工艺、更大的高速缓存。随着微处理器的不断发展，微型计算机大致可分为以下几代。

（1）第一代微型计算机（1971—1973 年），采用 4 位和低档 8 位微处理器。典型的微处理器产品有 Intel 4004、Intel 8008，集成度为 2000 个晶体管/片，时钟频率为 1MHz。

（2）第二代微型计算机（1974—1977 年），采用 8 位微处理器。典型的微处理器产品有英特尔（Intel）公司的 Intel 8080、摩托罗拉（Motorola）公司的 MC6800、齐洛格（Zilog）公司的 Z80 等，集成度为 5000 个晶体管/片，时钟频率为 2MHz。第二代微型计算机的指令系统得到完善，形成典型的体系结构，具备中断、直接存储器访问（Direct Memory Access，DMA）等控制功能。

（3）第三代微型计算机（1978—1984 年），采用 16 位微处理器。典型的微处理器产品有 Intel 公司

< 2 >

的 Intel 8086、Intel 8088、Intel 80286，Motorola 公司的 MC 68000，Zilog 公司的 Z8000 等，集成度达到 25000 个晶体管/片，时钟频率为 5MHz。第三代微型计算机的各种性能指标达到或超过了中、低档小型机的水平。

（4）第四代微型计算机（1985—1992 年），采用 32 位微处理器。典型的微处理器产品有 Intel 公司的 Intel 80386、Intel 80486，Motorola 公司的 MC 68020、MC 68040，IBM 公司和苹果（Apple）公司的 Power PC 等，集成度已达到 100 万个晶体管/片，时钟频率达到 60MHz 以上。

（5）第五代微型计算机（1993 年至今），采用 64 位微处理器。典型的微处理器产品有 Intel 公司的奔腾系列以及与之兼容的 AMD 公司的 K6 系列，它们内部采用了超标量指令流水线结构，并具有相互独立的指令和数据高速缓存。经过多年的发展，Intel 公司与 AMD 公司相继推出了酷睿微处理器和锐龙微处理器，大幅改善了浮点运算，拥有更高的核心频率，并沿用至今。随着多媒体扩展（Multi Media eXtension，MMX）微处理器的出现，第五代微型计算机在网络化、多媒体化和智能化等方面跨上了更高的台阶。

4．计算机的发展趋势

计算机的发展趋势主要体现在以下几个方面。

（1）多元化

目前，包括电子词典、掌上电脑、笔记本计算机、智能终端等在内的微型计算机在人们的日常生活中已经处处可见。与此同时，大型计算机、巨型计算机、超算中心也快速发展，特别是计算机系统结构的快速发展使计算机的整体运算速度及处理能力都得到了极大的提高。除了向微型化和巨型化发展，中小型计算机也各有自己的应用领域和发展空间。在运算速度提高的同时，功耗小、对环境污染少的绿色计算机和着眼于综合应用的多媒体计算机已得到广泛应用。多元化的计算机家族还在发展壮大。

（2）网络化

网络化就是使用通信技术将一定地域内不同地点的计算机连接起来形成一个计算机网络系统。互联网、移动互联网已深刻影响人们的日常生活，互连互通是计算机发展的一个主要趋势。

（3）多媒体化

媒体可以理解为存储和传输信息的载体，图片、文本、声音、视频等都是常见的信息载体。过去的计算机只能处理数值信息和字符信息，即单一的文本媒体。后来发展起来的多媒体计算机则集多种媒体信息的处理功能于一身，实现了图、文、声、像等各种信息的收集、存储、传输和编辑等。多媒体化被认为是信息处理领域的又一次革命。

（4）智能化

随着人工智能（Artificial Intelligence，AI）的快速发展，智能化已成为新一代计算机的重要特征之一。人工智能技术已得到广泛应用，如自动识别指纹的门控装置、人脸识别支付系统、能听从语音指示的自动驾驶系统等。使计算机具有人的某些智能是计算机发展过程中的下一个重要方向。

1.1.2　计算机的应用领域

计算机的诞生和发展对人类社会产生了深远的影响。计算机的应用范围包括科学技术、国民经济、社会生活的各个领域，概括起来可分为以下几个方面。

计算机的应用
领域

（1）科学计算

科学计算即数值计算，是计算机应用的一个重要领域。计算机的发明和发展首先是为了高速完成科学研究与工程设计中大量复杂的数值计算。

（2）信息处理

信息是各类数据的总称，信息处理一般泛指非数值数据的处理，如各类资料的管理、查询、统

< 3 >

计等。

（3）实时控制

实时控制在国防建设和工业生产中都有广泛的应用。例如，由雷达和导弹发射器组成的防空控制系统、地铁指挥控制系统、自动化生产线等，都需要在计算机的控制下运行。

（4）计算机辅助工程

计算机辅助工程是近年来迅速发展的应用领域，它包括计算机辅助设计（Computer Aided Design，CAD）、计算机辅助制造（Computer Aided Manufacture，CAM）、计算机辅助教学（Computer Aided Instruction，CAI）等多个方面。

（5）办公自动化

办公自动化（Office Automation，OA）指用计算机帮助办公人员处理日常工作。例如，用计算机进行文字处理、文档管理，以及资料、图像、声音的处理和网络通信等。

（6）数据通信

从20世纪50年代初开始，随着计算机远程信息处理应用的发展，通信技术和计算机技术相结合产生了一种新的通信技术，即数据通信。数据通信是人们为实现计算机与计算机或数据终端与计算机之间的信息交互而发明的一种通信技术。信息要在两地间传输，就必须有传输信道。根据传输介质的不同，通信方式分为有线数据通信与无线数据通信，它们都通过传输信道将数据终端与计算机连接起来，从而使不同地点的数据终端实现软硬件资源和信息资源的共享。

（7）智能应用

智能应用中的"智能"即人工智能，它既不同于单纯的科学计算，又不同于一般的信息处理。它不但要有极高的运算速度，还要具备对已有的数据（经验、原则等）进行逻辑推理和总结的功能（即对知识的学习和积累功能），即能利用已有的经验和逻辑规则对当前事件进行逻辑推理与判断。

1.2 计算机系统的基本构成

1.2.1 冯·诺依曼计算机简介

1. 冯·诺依曼计算机的基本特征

计算机虽然经历了多次更新换代，但到目前为止，还保持冯·诺依曼计算机的基本特征。

（1）采用二进制数表示程序和数据。

（2）能存储程序和数据，并能由程序控制计算机的运行。

（3）具备运算器（Arithmetic and Logic Unit，ALU）、控制器（Controller）、存储器（Memory）、输入设备（Input Equipment）和输出设备（Output Equipment）5个基本部件。

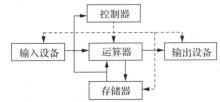

冯·诺依曼计算机的基本结构（见图1.2）以运算器为核心，运算器连接其他各个部件，各部件之间通过连接导线传送

图1.2 冯·诺依曼计算机的基本结构

各种信息。这些信息可分为两大类：数据信息和控制信息（在图1.2中分别用实线和虚线表示）。数据信息包括数据、地址和指令等，可以存放在存储器中；控制信息由控制器根据指令解码结果即时产生，并按一定的时间次序发送给各个部件，用以控制各部件的操作或接收各部件的反馈信号。

为了节约设备成本和提高运算可靠性，计算机中的各种信息均采用二进制数表示。在二进制数中，每位只有"0"和"1"两种状态，计数规则是"逢二进一"。例如，用

计算机存储单位

< 4 >

此计数规则计算式子"1+1+1+1+1"可得到 3 位二进制数"101"，即十进制数的 5。在计算机科学研究中，8 位（bit）为 1 字节（Byte，简记为"B"），1024B 为 1KB，1024KB 为 1MB，1024MB 为 1GB，1024GB 为 1TB。（若不加说明，本书所讲的"位"就是指二进制位。）

2．冯·诺依曼计算机的基本部件和工作过程

在计算机的 5 个基本部件中，运算器的主要功能是进行算术及逻辑运算，它是计算机的核心部件，它每次能处理的最大的二进制数长度称为该计算机的字长（一般为 8 的整倍数）；控制器是计算机的"神经中枢"，用于分析指令，根据指令要求产生各种协调各部件工作的控制信息；存储器用来存放控制计算机工作过程的指令序列（程序）和数据（包括计算过程中的中间结果和最终结果）；输入设备用来输入程序和数据；输出设备用来输出计算结果，即将其显示或打印出来。

根据计算机工作过程中的部件关联程度和相对的物理安装位置，我们通常将运算器和控制器合称为中央处理器（Central Processing Unit，CPU）。衡量 CPU 能力的主要技术指标有字长和主频等。字长代表了每次操作能完成的任务量，主频则代表了在单位时间内能完成操作的次数。一般情况下，CPU 的工作速度远高于其他部件的工作速度，为了缓解 CPU 和存储器的工作速度之间的矛盾，现代的存储器系统由缓存（高速缓冲存储器）、主存和辅存构成。缓存是一个小容量的、快速的存储器，它集成在 CPU 内部，成本高，容量小，能快速地为运算器提供数据，为控制器提供指令，以缓解主存与 CPU 的工作速度不匹配的问题；主存容量比缓存大，速度没有缓存快，能直接和 CPU 交换信息，它安装于主机箱内部，也称为内存；辅存成本低、速度慢、容量大，要通过接口电路经由主存和 CPU 交换信息，是特殊的外部设备，也称为外存。

计算机工作时，操作人员利用输入设备将程序和数据送入存储器，计算机则从存储器顺序取出指令，送往控制器进行分析，并根据指令的功能向各有关部件发出各种操作控制信息，最终的计算结果被送到输出设备输出。

1.2.2　现代计算机系统的构成

一个完整的现代计算机系统包括硬件系统和软件系统两大部分，微机系统也是如此。硬件系统包括计算机的基本部件和各种具有实体的计算机相关设备；软件系统则包括用各种计算机语言编写的计算机程序、数据和应用说明文档等。本小节以微机系统为例来说明现代计算机系统的构成。

计算机系统的构成

1．硬件系统

在计算机中连接各部件的信息通道称为系统总线（简称总线）。总线连接各部件的形式称为计算机系统的总线结构。总线结构分为单总线结构和多总线结构两大类。为使成本低廉，设备扩充方便，微机系统通常采用图 1.3 所示的单总线结构。根据所传送信号的性质，总线由地址总线（Address BUS，AB）、数据总线（Data BUS，DB）和控制总线（Control BUS，CB）3 部分组成。根据部件的作用，总线一般包括总线控制器、总线信号发送/接收器和导线等。

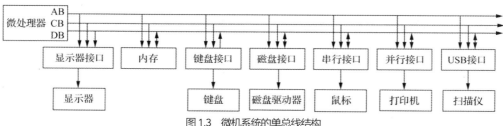

图 1.3　微机系统的单总线结构

< 5 >

在微机系统中，主板（见图1.4）由微处理器、存储器、输入输出（Input/Output，I/O）接口、总线电路和基板组成。主板上安装基本的硬件，形成主机部分。微处理器是采用超大规模集成电路工艺将运算器和控制器制作于同一芯片之中的 CPU，其他的外部设备均通过相应的接口电路与总线相连，即不同的外部设备只要配接合适的接口电路（一般称为适配器或接口卡）就能以相同的方式挂接到总线上。微机的主板上设有多个标准插槽，将一块接口卡插入任一插槽，再用信号线将其和外部设备连接起来，就完成了一台微机的硬件扩充，非常方便。

图1.4 主板

把主机和接口电路装配在一块电路板上，就构成单板计算机（Single Board Computer），简称单板机；把主机和接口电路制造在一个芯片上，就构成单片计算机（Single Chip Computer），简称单片机。单板机和单片机在工农业生产、通信等领域都得到了广泛的应用。

2．软件系统

在计算机系统中，硬件系统是软件系统运行的物质基础，软件系统是硬件系统功能的扩充与完善，没有软件系统的支持，硬件系统的功能不可能得到充分的发挥，因此，软件系统是使用者与计算机之间的桥梁。软件系统包括系统软件和应用软件两大部分。

系统软件是为使用者能方便地使用、维护、管理计算机而编制的程序的集合，它与计算机硬件相配套，也称为软设备。系统软件主要包括对计算机系统资源进行管理的操作系统（Operating System，OS）、对各种汇编语言和高级语言程序进行编译的语言处理程序（Language Processor，LP）、对计算机进行日常维护的系统服务程序（System Support Program）以及工具软件等。

应用软件主要是面向各种专业应用和解决特定问题的软件，一般是指操作者在各自的专业领域为解决各类实际问题而使用的程序，如文字处理软件、仓库管理软件、工资核算软件等。

1.3 计算机的部件

1.3.1 CPU 简介

当前可选用的 CPU 产品较多。国外 CPU 产品主要有 Intel 公司的 Core 系列、AMD 公司的 Ryzen 系列、NVIDIA 公司的 Grace CPU 系列、Apple 公司的 Apple Silicon 系列等。Intel 公司的 x86 产品具有较大的优势，其主要产品已经从 Intel 80486、Intel Pentium、Intel Pentium Pro、Intel Pentium 4、Intel Pentium D、Intel Core 2 Duo，发展到了 Intel Core i9 等。国产 CPU 如飞腾、龙芯、鲲鹏等也实现了群体性突破，为多元化的计算提供了新的选择。CPU 已从单核、双核发展到了 4 核、8 核、16 核、32 核、64 核等。

CPU 中除了运算器和控制器，还集成有寄存器组和高速缓冲存储器。其基本组成简介如下。

（1）一个 CPU 中可有几个乃至几十个寄存器，包括用来暂存操作数或运算结果以提高运算速度的数据寄存器，支持控制器工作的地址寄存器、状态标志寄存器等。

（2）CPU 中的运算器以加法器为核心，能按照二进制法则进行补码的加法运算，还可进行数据的直接传送、移位和比较操作。

（3）CPU 中的控制器由程序计数器、指令寄存器、指令解码器和定时控制逻辑电路组成，用于分析和执行指令、统一指挥微机各部件按时序协调工作。

（4）新型的 CPU 中普遍集成了高速缓冲存储器，其工作速度和运算器的工作速度一致，容量已达到 30MB 以上，是提高 CPU 处理能力的重要技术措施之一。

1.3.2　存储器的组织结构和分类

1. 存储器的组织结构

存储器是存放程序和数据的装置。存储器的容量越大越好，工作速度越快越好，但这和人们的成本期望是矛盾的。为了协调这种矛盾，目前的微机系统均采用了分层次的存储器结构。一般可将存储器分为 3 层：主存储器（Memory）、辅助存储器（Storage）和高速缓冲存储器（Cache）。现在有一些微机系统将高速缓冲存储器设计为 CPU 芯片内部的和 CPU 芯片外部的两级，以满足速度和容量的需要。

2. 主存储器

主存储器又称内存（见图 1.5），CPU 可以直接访问它。其容量一般为 16GB～32GB，寻址时间可达 6ns（$1ns=10^{-9}s$），主要存放将要运行的程序和数据。

图 1.5　内存

微机的内存采用半导体存储器，其体积小，功耗低，工作可靠，扩充灵活。半导体存储器按功能可分为随机存储器（Random Access Memory，RAM）和只读存储器（Read Only Memory，ROM）。RAM 是一种既能读出也能写入的存储器，适合于存放经常变化的用户程序和数据。RAM 只能在电源电压正常时工作，一旦电源断电，里面的信息将全部丢失。ROM 是一种只能读出而不能写入的存储器，适合于存放固定不变的程序和常数，如监控程序、操作系统中的基本输入输出系统（Basic Input Output System，BIOS）等。ROM 必须在电源电压正常时工作，但断电后其中的信息不会丢失。

3. 辅助存储器

辅助存储器又称外存，常用的有磁盘、光盘等。磁盘分为软磁盘（简称软盘）和硬磁盘（简称硬盘）两种。软盘容量较小，一般为 1.2MB～1.44MB，目前已被淘汰。常见的硬盘分为机械硬盘和固态硬盘。常用的机械硬盘的容量为 500GB～4TB 甚至更大。为了在磁盘上快速地存取信息，在使用磁盘前要进行初级格式化操作（目前基本由生产厂商完成），即在磁盘上用磁信号划分出若干个有编号的磁道和扇区，以便计算机通过磁道号和扇区号直接寻址到要写数据的位置或要读取的数据。为了提高磁盘存取操作的效率，计算机每次要读完或写完一个扇区的内容。磁盘格式化如图 1.6 所示。

机械硬盘只有磁盘片是无法进行读写操作的，需要放入磁盘驱动器中，如图 1.7 所示。磁盘驱动器由驱动电机、可移动寻道的读写磁头、壳体和读写信息处理电路等构成。在进行磁盘读写操作时，磁头通过移动寻找磁道。磁头移动到指定磁道位置后，就等待指定的扇区转动到磁头之下（通过读取扇区标识信息判别），这称为寻区。之后磁头读/写一个扇区的内容。

固态硬盘是用固态电子存储芯片阵列制成的高性能存储设备。固态硬盘由控制单元和固态存储单元（动态随机存储器芯片或闪存芯片）组成。固态硬盘采用固态存储单元作为存储介质，不用磁头，寻道

<7>

时间几乎为 0，读写速度非常快。早期固态硬盘的接口规范是和机械硬盘相同的 SATA（Serial Advanced Technology Attachment Interface，串行先进技术总线附属接口）总线 AHCI（Advanced Host Controller Interface，高级主机控制器接口）协议，固态硬盘的外形及使用方法也与机械硬盘的基本相同，读写速度可达到 500MB/s 以上。而新兴的 U.2、M.2 接口的固态硬盘尺寸和外形与机械硬盘不同，它们采用 PCIe（Peripheral Component Interconnect Express，外部设备快速互连）总线，支持 NVMe（Non Volatile Memory Express，非易失性存储器快速通道）协议，读写速度达到 7000MB/s。固态硬盘具有防震、低功耗、无噪声、工作温度范围大和轻便等优点。其缺点是容量受限（目前消费级最大容量为 8TB）、寿命受限（有擦写次数限制）、价格高等。固态硬盘如图 1.8 所示。

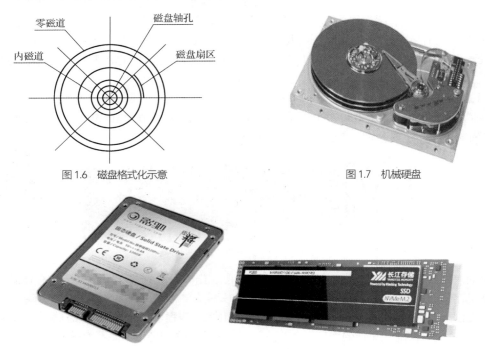

图 1.6　磁盘格式化示意　　　　　　　　图 1.7　机械硬盘

图 1.8　固态硬盘

光盘的读写过程和磁盘的读写过程相似，不同之处在于它利用激光束在盘面上烧出斑点进行数据的写入，通过辨识盘面反射激光束的角度来读取数据。光盘和光盘驱动器都有只读与可读写之分。

1.3.3　常用总线标准

考察一台主机的性能，除了要看 CPU 的性能和存储器的容量及读写速度，还要看它采用的总线标准和缓存的配置情况。

存储器是由一个个的存储单元组成的，为了快速地从指定的存储单元中读取数据或向指定的存储单元写入数据，就必须为每个存储单元分配一个编号，作为该存储单元的地址。利用地址查找指定存储单元的过程称为寻址，所以地址总线的位数就决定了计算机管理内存的范围。例如，20 根地址总线（20 位的二进制数）共有 2^{20} 个编号，可以直接寻址 1MB 的内存空间；若有 32 根地址总线，则寻址范围扩大了 4096 倍，可以直接寻址 4GB 的内存空间。

数据总线的位数决定了计算机一次能传送的数据量。在相同的时钟频率下，64 位数据总线的数据传送能力是 8 位数据总线的 8 倍。

控制总线的位数和所采用的 CPU 与总线标准有关。其传送的信息一般为 CPU 向内存和外部设备发出的控制信息、外部设备向 CPU 发送的应答和请求服务信息。

常用的总线标准如下。

（1）ISA 总线。工业标准结构（Industrial Standard Architecture，ISA）总线最早安排了 8 位数据总线，共 62 个引脚，主要满足 Intel 8088 CPU 的要求；后来又增加了 36 个引脚，数据总线扩充到 16 位，总线传输速率达到 8MB/s，适应了 Intel 80286 CPU 的需求，成为 AT 系列微机的标准总线。

（2）EISA 总线。扩展 ISA（Extend ISA，EISA）总线的数据总线和地址总线均为 32 位，总线传输速率达到 33MB/s，满足了 Intel 80386 和 Intel 80486 CPU 的要求，且采用双层插座和相应的电路技术，保持了和 ISA 总线的兼容。

（3）VESA 总线。视频电子标准协会（Video Electronics Standards Association，VESA）总线（也称 VL-BUS）的数据总线为 32 位，且留有扩充到 64 位的物理空间。VESA 总线采用局部总线技术使总线传输速率达到 132MB/s，支持高速视频控制器和其他高速设备接口，满足了 Intel 80386 和 Intel 80486 CPU 的要求，且采用双层插座和相应的电路技术，保持了和 ISA 总线的兼容。VESA 总线支持 Intel、AMD、赛瑞克斯（Cyrix）等公司的 CPU 产品。

（4）PCI 总线。外部设备互连（Peripheral Component Interconnect，PCI）总线采用局部总线技术，在 33MHz 下工作时传输速率为 132MB/s，不受制于处理器，且保持了和 ISA 总线、EISA 总线的兼容。同时，PCI 总线还留有向 64 位扩充的余地，最高传输速率为 264MB/s，支持 Intel 80486、Pentium 以及更新的 CPU 产品。

1.3.4　常用输入输出设备及其接口

1．常用输入输出设备

输入输出设备又称外部设备或外围设备，简称外设。外设种类繁多，常用的外设有键盘、显示器、鼠标、打印机、绘图仪、扫描仪、光学字符识别装置、传真机、智能书写终端设备等。其中，键盘、显示器、鼠标、打印机是人们用得较多的常规设备。

键盘和鼠标的
使用

（1）键盘

依据键盘的结构形式，键盘分为有触点和无触点两类。有触点键盘采用机械触点按键，价廉但易损坏。无触点键盘采用霍尔磁敏电子开关或电容感应开关，操作无噪声，手感好，寿命长，但价格较高。

（2）显示器

显示器由监视器（Monitor）和装在主机内的显示控制适配器（Adapter）两部分组成。监视器所能显示的光点的最小直径（也称点距）决定了它的物理显示分辨率，常见的有 0.27mm、0.23mm 和 0.18mm 等。显示控制适配器是监视器和主机的接口电路，也称显卡。监视器在显卡和显卡驱动程序的支持下可实现多种显示模式，如分辨率为 1920 像素×1080 像素、2560 像素×1440 像素、3840 像素×2160 像素等，乘积越大分辨率越高，但不会超过监视器的物理显示分辨率。

液晶显示器（Liquid Crystal Display，LCD）以前只在笔记本计算机中使用，目前已全面替代了阴极射线管（Cathode Ray Tube，CRT）显示器。

（3）鼠标

鼠标通过串行接口或通用串行总线（Universal Serial BUS，USB）接口和计算机相连。其上有 2 个或 3 个按键，分别称为两键鼠标和三键鼠标。三键鼠标上的 3 个按键分别称为左键、右键和中键。鼠标的基本操作包括移动、单击、双击和拖曳等。

（4）打印机

打印机经历了数次更新，虽然目前已进入激光打印机（Laser Printer）时代，但点阵打印机（Dot

Matrix Printer）的应用仍然很广泛。点阵打印机工作噪声较大，速度较慢；激光打印机工作噪声小，普及型激光打印机的输出速度一般可达到每分钟 18 页，打印分辨率较高，可满足日常办公需求。此外，还有一种常见的打印机是喷墨打印机，它的打印速度不如激光打印机，但打印分辨率很高。

2．接口

常用输入输出设备的接口如下。

（1）标准并行和串行接口

为了方便外接设备，微机系统提供了用于连接打印机的标准的 8 位并行接口和 RS-232 串行接口。并行接口也可用来直接连接外置硬盘、软件加密狗和数据采集模数转换器等并行设备。串行接口可用来连接鼠标、绘图仪、调制解调器（Modem）等低速（小于 115kbit/s）串行设备。

（2）通用串行总线接口

目前微机系统还有通用串行总线（USB）接口，通过它可连接多达 256 个外部设备，传输速率可达 40Gbit/s。USB 接口自推出以来，已成功替代串行接口和并行接口，成为计算机和智能设备的标准扩展接口及必备接口之一。目前，带 USB 接口的设备有扫描仪、键盘、鼠标、声卡、调制解调器、摄像头及各种智能手机、平板电脑等。

1.4 进制及不同进制之间的数值转换

1.4.1 进位计数制

按进位的方法进行计数，称为进位计数制，简称进制。为了电路设计的方便，计算机内部使用的是"逢二进一"的进位计数制，简称二进制（Binary）。但人们最熟悉的是十进制（Decimal），所以计算机的输入输出要使用十进制数据。此外，为了编写程序的方便，编程人员还常常用到八进制（Octal）和十六进制（Hexadecimal）。

1．十进制

十进制有两个特点：一是采用 0～9 共 10 个数字符号；二是相邻两位之间为"逢十进一"或"借一当十"的关系，即同一数码在不同的数位上代表不同的数值。我们把某种进位计数制所使用数码的个数称为该进位计数制的"基数"，把计算每个数码在所在数位上代表的数值时所乘的常数称为"位权"。位权是一个幂，以基数为底数，以数位的序号为指数。数位的序号以小数点为界，小数点左边的数位序号为 0，向左每移一位序号加 1，向右每移一位序号减 1。任意一个十进制数都可以表示为一个按位权展开的多项式，如十进制数 5678.4 可表示为

$$5678.4 = 5 \times 10^3 + 6 \times 10^2 + 7 \times 10^1 + 8 \times 10^0 + 4 \times 10^{-1}$$

其中，10^3、10^2、10^1、10^0、10^{-1} 分别是千位、百位、十位、个位和十分位的位权。

2．二进制

二进制也有两个特点：数码仅采用"0"和"1"，因此，基数是 2；相邻两位之间为"逢二进一"或"借一当二"的关系。它的位权可表示成"2^i"，2 为其基数，i 为数位序号。任何一个二进制数都可以表示为按位权展开的多项式，如二进制数 1100.1 可表示为

$$1100.1 = 1 \times 2^3 + 1 \times 2^2 + 0 \times 2^1 + 0 \times 2^0 + 1 \times 2^{-1}$$

3．八进制

八进制用的数码共有 8 个：0～7。其基数是 8，相邻两位之间为"逢八进一"或"借一当八"的关系。它的位权可表示成"8^i"。任何一个八进制数都可以表示为按位权展开的多项式，如八进制数 1537.6 可表示为

< 10 >

$$1537.6 = 1 \times 8^3 + 5 \times 8^2 + 3 \times 8^1 + 7 \times 8^0 + 6 \times 8^{-1}$$

4．十六进制

十六进制用的数码共有 16 个：0~9，以及 A、B、C、D、E、F（分别对应十进制数 10、11、12、13、14、15）。其基数是 16，相邻两位之间为"逢十六进一"或"借一当十六"的关系。它的位权可表示成"16^i"。任何一个十六进制数都可以表示为按位权展开的多项式，如十六进制数 3AC7.D 可表示为

$$3AC7.D = 3 \times 16^3 + 10 \times 16^2 + 12 \times 16^1 + 7 \times 16^0 + 13 \times 16^{-1}$$

5．K 进制

K 进制用的数码共有 K 个，其基数是 K，相邻两位之间为"逢 K 进一"或"借一当 K"的关系。它的位权可表示成"K^i"，i 为数位序号。任何一个 K 进制数都可以表示为按位权展开的多项式，该多项式就是数的一般展开表达式：

$$D = \sum_{i=1}^{n} A_i K^i$$

其中，K 为基数，A_i 为第 i 位上的数码，K^i 为第 i 位上的位权。

1.4.2 不同进制数相互转换

1．二进制数、八进制数、十六进制数转换成十进制数

转换的方法就是按照位权展开表达式，具体示例如下。

（1）$(111.101)_2 = 1 \times 2^2 + 1 \times 2^1 + 1 \times 2^0 + 1 \times 2^{-1} + 0 \times 2^{-2} + 1 \times 2^{-3}$

$\qquad\qquad = 4 + 2 + 1 + 0.5 + 0 + 0.125 = (7.625)_{10}$

注：可利用括号加脚码来表示转换前后的不同进制，以下例子中不再加以说明。

（2）$(774)_8 = 7 \times 8^2 + 7 \times 8^1 + 4 \times 8^0 = (508)_{10}$

（3）$(AF2.8C)_{16} = 10 \times 16^2 + 15 \times 16^1 + 2 \times 16^0 + 8 \times 16^{-1} + 12 \times 16^{-2}$

$\qquad\qquad = 2560 + 240 + 2 + 0.5 + 0.046875 = (2802.546875)_{10}$

二进制数、八进制数、十六进制数转换成十进制数

2．十进制数转换成二进制数

将十进制数转换成等值的二进制数，需要对整数和小数部分分别进行转换。整数部分的转换法：连续除 2，直到商为 0，逆向取各个余数组成的一串数字即为转换结果。例如：

$$11 \div 2 = 5 \cdots\cdots \text{余数} \quad 1$$
$$5 \div 2 = 2 \cdots\cdots \text{余数} \quad 1$$
$$2 \div 2 = 1 \cdots\cdots \text{余数} \quad 0$$
$$1 \div 2 = 0 \cdots\cdots \text{余数} \quad 1$$

逆向取余数（后得的余数为结果的高位）得

十进制数转换成二进制数、八进制数、十六进制数

$$(11)_{10} = (1011)_2$$

小数部分的转换法：连续乘 2，直到小数部分为 0 或已得到足够多个数位，正向取积的整数位（后得的整数位为结果的低位）组成的一串数字即为转换结果。例如：

$$0.7 \times 2 = 1.4 \cdots\cdots \text{整数部分为 1}$$
$$0.4 \times 2 = 0.8 \cdots\cdots \text{整数部分为 0}$$
$$0.8 \times 2 = 1.6 \cdots\cdots \text{整数部分为 1}$$
$$0.6 \times 2 = 1.2 \cdots\cdots \text{整数部分为 1}$$
$$0.2 \times 2 = 0.4 \cdots\cdots \text{整数部分为 0（进入循环过程）}$$

< 11 >

若要求 4 位小数，则应算到第 5 位，以便舍入，结果为

$$(0.7)_{10}=(0.1011)_2$$

可见有限位的十进制小数所对应的二进制小数可能是无限位的循环或不循环小数，这就必然导致转换误差。对于上述转换方法简单证明如下。

一个十进制整数 A，必然对应一个 n 位的二进制整数 B，将 B 展开：

$$(A)_{10} = b_{n-1} \times 2^{n-1} + b_{n-2} \times 2^{n-2} + \cdots + b_2 \times 2^2 + b_1 \times 2^1 + b_0 \times 2^0$$

当等式两边同时除以 2，则两边的结果和余数都应当相等，分析等式右边，除末项外各项都含有因子 2，所以其余数就是 b_0。同时 b_1 项的因子 2 没有了。当再次除以 2 时，b_1 就是余数。以此类推，就逐次得到了 b_2、b_3、b_4……直到等式左边的商为 0。

小数部分转换法的证明同样是利用转换结果的展开表达式：

$$(A)_{10} = b_{-1} \times 2^{-1} + b_{-2} \times 2^{-2} + \cdots + b_{-(m-1)} \times 2^{-(m-1)} + b_{-m} \times 2^{-m}$$

显然当等式两边乘以 2，其右边的整数位就等于 b_{-1}。当再次乘以 2 时，其右边的整数位就等于 b_{-2}。以此类推，直到等式右边的小数部分为 0，或得到了满足要求的二进制小数位数。

最后将小数部分和整数部分的转换结果合并，并用小数点隔开，就得到了最终转换结果。

3．十进制数转换成八进制数、十六进制数

对整数部分"连除基数取余"、对小数部分"连乘基数取整"的转换方法，可以推广到十进制数到任意进制数的转换，这时的基数要用十进制数表示。例如，用"除 8 逆向取余"和"乘 8 正向取整"的方法可以实现由十进制数向八进制数的转换；用"除 16 逆向取余"和"乘 16 正向取整"的方法可实现由十进制数向十六进制数的转换。下面将十进制数 269 分别转换为八进制数和十六进制数：

$$269 \div 8 = 33 \quad \cdots\cdots \text{余数 } 5 \qquad\qquad 269 \div 16 = 16 \quad \cdots\cdots \text{余数 } 13$$
$$33 \div 8 = 4 \quad \cdots\cdots \text{余数 } 1 \qquad\qquad 16 \div 16 = 1 \quad \cdots\cdots \text{余数 } 0$$
$$4 \div 8 = 0 \quad \cdots\cdots \text{余数 } 4 \qquad\qquad 1 \div 16 = 0 \quad \cdots\cdots \text{余数 } 1$$
$$(269)_{10} = (415)_8 \qquad\qquad\qquad (269)_{10} = (10D)_{16}$$

4．八进制数、十六进制数与二进制数之间的转换

由于 3 位二进制数所能表示的也是 8 个状态，因此 1 位八进制数与 3 位二进制数之间就有一一对应的关系。八进制数和二进制数之间的转换十分简单。将八进制数转换成二进制数时，只需要将每位八进制数码用 3 位二进制数码代替。例如：

$$(367.12)_8 = (011\ 110\ 111.001\ 010)_2$$

为了便于阅读，这里在数字之间特意添加了空格。若要将二进制数转换成八进制数，只需从小数点开始，分别向左和向右每 3 位一组，用 1 位八进制数码代替。例如：

$$(10100101.00111101)_2 = (10\ 100\ 101.001\ 111\ 010)_2 = (245.172)_8$$

这里要注意的是，小数部分最后一组如果不够 3 位，则应在尾部用 0 补足 3 位后再进行转换。

与八进制数类似，1 位十六进制数与 4 位二进制数之间也有一一对应的关系。将十六进制数转换成二进制数时，只需将每位十六进制数码用 4 位二进制数码代替。例如：

$$(CF.5)_{16} = (1100\ 1111.0101)_2$$

将二进制数转换成十六进制数时，只需从小数点开始，分别向左和向右每 4 位一组，用 1 位十六进制数码代替。小数部分的最后一组不足 4 位时要在尾部用 0 补足 4 位。例如：

$$(10110111.10011)_2 = (1011\ 0111.1001\ 1000)_2 = (B7.98)_{16}$$

1.4.3　二进制数的算术运算

二进制数只有 0 和 1 两个数码，它的算术运算规则比十进制数的算术运算规则简单得多。

< 12 >

1．二进制数的加法运算

二进制加法规则共 4 条：0＋0=0；0＋1=1；1＋0=1；1＋1=0（向高位进 1）。

例如，将两个二进制数 1001 与 1011 相加，竖式计算为

```
      1 0 0 1      被加数
  ＋   1 0 1 1      加数
    1 0 1 0 0       和
```

2．二进制数的减法运算

二进制减法规则也是 4 条：0－0=0；1－0=1；1－1=0；0－1=1（向相邻的高位借 1 当 2）。

例如，1010－0111＝0011。

3．二进制数的乘法运算

二进制乘法规则也是 4 条：0×0=0；0×1=0；1×0=0；1×1=1。

例如，求二进制数 1101 和 1010 相乘的乘积，竖式计算为

```
        1 1 0 1      被乘数
     ×  1 0 1 0      乘数
        0 0 0 0
      1 1 0 1
    0 0 0 0           部分乘积
  ＋ 1 1 0 1
  1 0 0 0 0 0 1 0     乘积
```

可见二进制数的乘法运算过程和十进制数的乘法运算过程一致，仅仅换用了二进制加法规则和乘法规则，但计算更为简洁。

二进制数的除法运算同样是乘法运算的逆运算，与十进制数的除法运算类似，仅仅换用了二进制乘法规则和减法规则，这里不再举例说明。

1.5　计算机信息处理

在学习计算机信息处理相关知识之前，我们需要明确什么是信息。从广义上讲，信息就是消息。信息一般表现为 5 种形态：数值、文本、声音、图形、图像。本节主要讲述数值及文本的计算机表示和处理，声音、图形及图像的计算机表示和处理将在第 4 章进行介绍。

1.5.1　数值信息的表示

1．数的定点表示

小数点位置固定的数称为定点数。计算机中常用的定点数有两种，即定点纯整数和定点纯小数。将小数点固定在数的最低位之后，就得到定点纯整数。将小数点固定在符号位之后、最高数值位之前，就得到定点纯小数。

2．数的编码表示

一般数都有正负之分，计算机只能记忆 0 和 1，为了方便数在计算机中存储和处理，就要对数的符号进行编码。基本方法是在数中增加一个符号位（一般将其安排在数的最高位之前），并用 0 表示数的正号，用 1 表示数的负号，例如：

数+1110011 在计算机中可存储为 01110011；

数−1110011 在计算机中可存储为 11110011。

< 13 >

（1）原码

上述这种数值位部分不变，仅用 0 和 1 表示其符号得到的数的编码，称为原码，其原来的数称为真值，这种编码形式称为机器数。

按原码的定义和编码方法，数 0 就存在两种编码形式：0000…0 和 1000…0。

对带符号的整数来说，n 位二进制原码表示的数值范围是$-(2^{n-1}-1) \sim +(2^{n-1}-1)$。

例如，8 位原码的表示范围为$-127 \sim +127$，16 位原码的表示范围为$-32767 \sim +32767$。

为了简化运算操作，也为了把加法和减法统一起来以简化运算器的设计，计算机中也用到了其他的编码形式：反码和补码。

（2）反码

正数的反码和原码相同；负数的反码是其原码的符号位保持不变，而将其他位按位取反（即将 0 换为 1，1 换为 0）。

原码、反码和补码

（3）补码

正数的补码和原码相同；求负数的补码要先求其反码，再在最低位加 1（即末位加 1），即得到其补码。

真值、原码、反码和补码对照举例如表 1.1 所示。

表 1.1 真值、原码、反码和补码对照举例

十进制数	二进制数	十六进制数	原码	反码	补码	说明
69	1000101	45	01000101	01000101	01000101	定点正整数
-92	-1011100	-5C	11011100	10100011	10100100	定点负整数
0.82	0.11010010	0.D2	01101001	01101001	01101001	定点正小数
-0.6	-0.10011010	-0.9A	11001101	10110010	10110011	定点负小数

注： 在二进制数的小数取舍中，0 舍 1 入。例如，$(0.82)_{10}=(0.110100011\cdots)_2$，取 8 位小数，就把第 9 位上的 1 入到第 8 位，而第 8 位进位，从而得到十进制数 0.82 对应的二进制数是 0.11010010。在原码中，为了凑 8 位数字，把最后一个 0 舍去。

3．补码运算举例

补码运算的基本规则是$[X]_补 + [Y]_补 = [X+Y]_补$，下面根据此规则进行计算。

（1）18-13= 5

由式 18-13=18+(-13)，可得 8 位补码的竖式计算为

$$
\begin{array}{r}
00010010 \\
+\ 11110011 \\
\hline
100000101
\end{array}
$$

最高位进位自动丢失后，结果的符号位为 0，即为正数，补码与原码相同。转换为十进制数为+5，运算结果正确。

（2）25-36 = -11

由式 25-36 = 25 + (-36)，可得 8 位补码的竖式计算为

$$
\begin{array}{r}
00011001 \\
+\ 11011100 \\
\hline
11110101
\end{array}
$$

结果的符号位为 1，即为负数。由于负数的补码与原码不相同，所以要对结果求补得到原码 10001011。转换为十进制数为-11，运算结果正确。

为了进一步说明补码的原理，下面介绍数学中的"同余"概念。对于 a、b 两个数，若用一个正整数 K 去除，所得的余数相同，则称 a、b 对于模 K 是同余的（或称互补）。也就是说，a 和 b 在模 K 的意义下相等，记作 $a = b(\text{MOD } K)$。

< 14 >

例如，a=13，b=25，K=12，用 K 去除 a 和 b 余数都是 1，记作 13 = 25(MOD 12)。

在我们的日常生活中，钟表校对时间就是补码应用的例子。顺时针方向拨 K（$0 \leq K \leq 12$，且 K 为正整数或 0）个小时与逆时针方向拨 12–K 个小时，其效果是相同的。因为以小时为单位，表盘上只有 12 个计数状态，故其模为 12。计算机运算器的位数（字长）总是有限的，即它也有模，可以利用补码实现加减法的相互转换。

4．计算机中数的浮点表示

一个十进制数可以表示成一个纯小数与一个以 10 为底的整数次幂的乘积，如 135.45 可表示为 0.13545×10^3。同理，任意二进制数 N 可以表示为

$$N = 2^J \times S$$

其中，S 称为尾数，是二进制纯小数，表示 N 的有效数位；J 称为 N 的阶码，是二进制整数，指明了小数点的实际位置，改变 J 的值也就改变了 N 的小数点的位置。该公式就是二进制数的浮点表示形式，其中的尾数和阶码分别是定点纯小数与定点纯整数。例如，二进制数 11101.11 的浮点表示形式可为 0.1110111×2^{101}。从原则上讲，阶码和尾数都可以任意选用原码、反码或补码，这里仅简单举例说明采用补码表示定点纯整数阶码、采用补码表示定点纯小数尾数的浮点数表示方法。例如，在 IBM PC 系列微机中，采用 4 字节存储一个浮点数，其中阶码占 1 字节，尾数占 3 字节。阶码的符号（简称阶符）和数值的符号（简称数符）各占 1 位，且阶码和尾数均为补码形式。当存储十进制数 256.8125 时，其浮点格式为

0 000 100 1 0 1000000 00110100 00000000
阶符 阶码 数符 　　　尾数

即 $(256.8125)_{10} = (100000000.1101)_2 = (0.1000000001101 \times 2^{1001})_2$。

当存储十进制数–0.21875 时，其浮点格式为

1 111 1110 1 0010000 00000000 00000000
阶符 阶码 数符 　　　尾数

即 $(-0.21875)_{10} = (-0.00111)_2 = (-0.111 \times 2^{-010})_2$。

由上例可以看到，写一个编码时必须按规定写足位数。由于小数点位置可以变化，而一个浮点数有多种编码，为了唯一表示浮点数并充分利用编码表示较高的数据精度，计算机中采用了"规格化"的浮点数，即尾数小数点的后一位必须非 0。也就是说，正数小数点的后一位必须是 1；对负数补码，小数点的后一位必须是 0。

1.5.2 非数值数据的编码

由于计算机只能识别二进制数，因此数字、字母、符号等必须以特定的二进制数来表示，这种方式称为二进制编码。

1．十进制数字的编码

十进制小数转换为二进制数时可能会产生误差，为了精确地存储和计算十进制数，我们可用若干位二进制数来表示 1 位十进制数，这可称为二进制编码的十进制数，简称二-十进制（Binary-Coded Decimal，BCD）码。由于十进制数有 10 个数码，起码要用 4 位二进制数才能表示 1 位十进制数，而 4 位二进制数能表示 16 个符号，因此就存在多种编码方法。其中，8421BCD 码是比较常用的一种，它利用了二进制数的展开表达式形式，即各位的位权由高位到低位分别是 8、4、2、1，方便了编码和解码的运算操作。用 8421BCD 码表示十进制数 2365 可以直接写出结果：0010 0011 0110 0101。

2．字母和常用符号的编码

英语书中用到的字母为 52 个（大、小写字母各 26 个），我们平时使用的数码有 10 个，常用的数

< 15 >

学运算符号和标点符号等有 32 个，再加上用于控制打印机等外围设备的控制字符，共计 128 个符号。对 128 个符号编码需要 7 位二进制数，且可以有不同的排列方式，即不同的编码方案。其中，美国信息交换标准代码（American Standard Code for Information Interchange，ASCII）是使用最广泛的字符编码方案。在 7 位 ASCII 之前再增加一位用作校验位，可形成 8 位编码。ASCII 表如表 1.2 所示。

表 1.2　ASCII 表（$b_7b_6b_5b_4b_3b_2b_1$）

$b_4b_3b_2b_1$	$b_7b_6b_5$							
	000	001	010	011	100	101	110	111
0000	NUL	DLE	SP	0	@	P	`	p
0001	SOH	DC1	!	1	A	Q	a	q
0010	STX	DC2	"	2	B	R	b	r
0011	ETX	DC3	#	3	C	S	c	s
0100	EOT	DC4	$	4	D	T	d	t
0101	ENQ	NAK	%	5	E	U	e	u
0110	ACK	SYN	&	6	F	V	f	v
0111	BEL	ETB	'	7	G	W	g	w
1000	BS	CAN	(	8	H	X	h	x
1001	HT	EM	)	9	I	Y	i	y
1010	LF	SUB	*	:	J	Z	j	z
1011	VT	ESC	+	;	K	[	k	{
1100	FF	FS	,	<	L	\	l	|
1101	CR	GS	-	=	M	]	m	}
1110	SO	RS	.	>	N	^	n	~
1111	SI	US	/	?	O	_	o	DEL

3．汉字编码

依据汉字处理阶段的不同，汉字编码可分为输入码、字形码、机内码和交换码。

（1）利用键盘输入汉字用到的输入码包括数字码、拼音码、字形码和音形混合码。数字码以区位码、电报码为代表，一般用 4 位十进制数表示一个汉字，每个汉字的编码唯一，记忆困难。拼音码又分为全拼码和双拼码，基本无须记忆，但重音字太多。此后又出现了双拼双音、智能拼音和联想等方案，推进了拼音码的普及。字形码以五笔字型为代表，优点是重码率低，适合专业打字人员使用，缺点是记忆量大。自然码将汉字的音、形、义都反映在其编码中，它是音形混合码的代表。

（2）要通过屏幕或打印机输出汉字，就需要用到汉字的字形信息。目前表示汉字字形的主要方法有点阵字形法和矢量法。

点阵字形法是将汉字写在一张方格纸上，用 1 位二进制数表示一个方格的状态，有笔画经过的方格记为 "1"，否则记为 "0"，并称其为点阵。把点阵上的状态代码记录下来，就得到了一个汉字的字形码。将字形码有组织地存储，就形成了汉字字形库。在一般的汉字系统中，汉字字形点阵有 16×16、24×24、48×48 等几种，点阵越大对每个汉字的修饰作用就越强，输出质量也就越好。通常人们用 16×16 点阵来显示汉字。

矢量法则是抽取并存储汉字中每个笔画的特征坐标值，即汉字的字形矢量信息，在输出汉字时依据这些信息经过运算恢复原来的字形。

（3）当输入一个汉字并要将其显示出来时，就需要将其输入码转换成能表示其字形码存储地址的机内码。由于字形库的选择和字形库存放位置不同，同一汉字在同一计算机中的机内码不是唯一的。

（4）汉字的输入码、字形码和机内码都不是唯一的，不便于不同计算机系统之间的汉字信息交换。为此，我国制定了《信息交换用汉字编码字符集　基本集》（GB 2312—1980），提供了统一的国家信息交换用汉字编码，即交换码。该标准包含 682 个西文字符和图形符号、6763 个常用汉字。

除 GB 2312—1980 外，GB 7589—1987 和 GB 7590—1987 两个辅助集对非常用汉字做出了规定。

< 16 >

三者共定义汉字 21039 个。

1.6　计算思维概述

思维是人类具有的高级认识活动。按照信息论的观点，思维是对新输入信息与脑内储存的知识、经验进行一系列复杂的心智操作的过程。计算思维并非现在才有，它很早就已萌芽，并随着计算工具的发展而发展。例如，算盘就是一种没有存储设备的计算机（人脑作为存储设备），提供了一种用计算方法来解决问题的思维能力；图灵机是现代数字计算机的数学模型，是有存储设备和控制器的；现代计算机的出现强化了计算思维的意义和作用。计算工具的发展、计算环境的演变、计算科学的形成、计算文明的迭代中处处蕴含计算思维的火花。图灵奖得主艾兹格·W.迪杰斯特拉（Edsger W.Dijkstra）说过："我们所使用的工具影响我们的思维方式和思维习惯，从而也将深刻地影响我们的思维能力。"

1.6.1　计算思维的定义

2006 年，美国卡内基梅隆大学的周以真（Jeannette M.Wing）教授给计算思维下的定义是：计算思维是运用计算机科学的基础概念进行问题求解、系统设计以及人类行为理解等涵盖计算机科学之广度的一系列思维活动（智力工具、技能、手段）。当我们必须解决一个特定的问题时，我们会问：解决这个问题有多大困难？怎样才是最佳的解决方案？计算机科学根据坚实的理论基础来准确地回答这些问题。此外，我们在解决问题的过程中必须考虑机器的指令系统、资源约束和操作环境等因素。

计算思维就是通过嵌入、转化和仿真等方法，把一个看起来困难的问题重新阐释成一个我们知道怎样解决的问题。计算思维是一种科学的思维方法，所有人都应该学习和培养计算思维。但是学习的内容是相对的，不同人群有不同的需求。计算思维不是悬空的、不可捉摸的抽象概念，而是体现在各个学科中的一种思维活动。正如学习数学的过程就是培养理论思维的过程，学习物理的过程就是培养实证思维的过程，学习程序设计，其中的算法思维就是计算思维。在今后的学习中，大家应更关注计算思维能力的训练与提升。

1.6.2　计算思维的特征

计算思维的特征如下。

（1）计算思维是人类解决问题的思维活动，是人的思维方式，不是计算机的思维方式。

计算思维是人类特有的思维方式，计算机只是人类运用计算思维解决问题的工具。人类通过计算思维赋予计算机解决问题的能力，计算机本身并不具备主动思考和创造性思维的能力。例如，在开发一款语音识别软件时，是人类运用计算思维，设计算法、选择数据结构、制订训练模型的策略，再让计算机按照设计好的方案进行数据处理和模型训练，从而实现语音识别功能，而不是计算机自己产生了设法进行语音识别的思维。

（2）计算思维的过程可以由人执行，也可以由计算机执行。

计算思维的过程可以由人执行，也可以由计算机执行，这意味着计算思维是一种灵活的、适用于多种情境的思维方式，它是解决问题的方法和策略，而不仅仅是技术或工具。这种思维方式可以跨越人类和机器的界限，更有效地解决问题和制订策略。

（3）计算思维是思想，不是人造物。

从发展和演变来看，计算思维的形成和发展是人类在长期的实践活动中，对计算机科学的理论和实践不断探索、总结和升华的结果，它随着人类对世界认识的深入和技术的发展而不断丰富与完善，

< 17 >

具有相对的稳定性和持久性，不会因某一项具体技术的更新换代而过时；而人造物往往具有时效性和局限性，会随着技术的进步被更新或淘汰。

从与人类思维的关系来看，计算思维是人类思维的一部分，是人类在计算机科学领域的思维拓展和深化，它与人类的逻辑思维、数学思维、创新思维等相互交融、相互促进，是人类发挥主观能动性，运用已有的知识和经验，对与计算相关的问题进行思考、分析和解决的过程，体现了人类的智慧和创造力；而人造物只是人类思维的产物和外在表现形式。

（4）计算思维是概念化的，不是程序化的。

计算思维的概念化特征强调的是从问题的具体情境中抽象出问题的本质，并构建出解决问题的概念模型和方法体系，而不是急于通过编程等具体实现手段来解决问题。以下从不同方面详细解释这一特征。

① 对问题本质的抽象：概念化是指人们从复杂的现实问题中提取出关键的、本质的特征和关系，忽略那些无关紧要的细节。例如，在分析社交网络中的信息传播问题时，我们可以将每个用户抽象为一个节点，将用户之间的关注或联系抽象为边，从而构建出一个图结构来表示社交网络。通过这种抽象，我们能够更清晰地理解信息在网络中的传播规律，而不必被每个用户的具体行为、兴趣爱好等细节所干扰。

② 构建概念模型：基于抽象出的特征和关系，可以进一步构建概念模型。概念模型是对问题的一种形式化描述，它能够帮助我们更准确地分析问题和设计解决方案。以物流配送问题为例，我们可以构建一个模型，将配送地点、货物数量、运输成本、时间限制等因素纳入其中，通过对这个模型的研究和分析，找到最优的配送方案。这种概念模型不仅能够帮助我们解决当前的具体问题，还可以为类似问题的解决提供通用的方法和思路。

1.6.3 计算思维的主要组成部分

1．分解问题

分解问题是计算思维的重要步骤。例如，在设计一个大型软件系统时，需要将复杂的系统分解为多个相对独立的模块，一个电商平台就可分解为用户注册登录模块、商品展示模块、购物车模块、支付模块等。通过这种分解，我们可以使复杂的问题变得容易理解和处理，每个模块可以由不同的团队或人员来开发，从而提高开发效率。

2．模式识别

计算思维强调发现问题中的模式。以数据分析为例，在分析销售数据时，我们可能会发现某些商品在特定季节或节假日的销售模式。例如，鲜花的销量在情人节、母亲节等节日会出现高峰，这种模式识别（Pattern Recognition）有助于商家提前做好库存准备，优化销售策略。模式识别在编程中也很常见。例如，识别出一段代码中重复出现的代码结构后，通过代码复用可以降低代码的重复性，提高程序运行效率，节省存储空间。

3．抽象

抽象（Abstraction）是忽略问题中的非关键细节，聚焦于关键特征的过程。例如，在设计交通系统的模型时，对于车辆，我们可能只关注其速度、位置和行驶方向等关键属性，而不在意车辆的颜色、品牌等细节。在计算机科学中，数据类型就是一种抽象。例如，整数类型抽象了所有可以用整数表示的数量，使用者不用考虑这些整数在具体应用场景中的实际含义。

4．算法设计

算法是解决问题的一系列步骤。以排序算法为例，冒泡法排序比较相邻元素的大小，如果顺序不符合要求就交换它们的位置，经过多次遍历后将一组无序的数据变成有序的数据。在生活中，安排出

< 18 >

行行程也是一种算法设计（Algorithm Design）。例如，我们要去多个城市旅游，就需要在设计路线时，考虑交通方式、游玩时间等因素，以达到高效游玩的目的。

1.6.4　计算思维在不同领域的应用

1．科学研究领域

（1）数据分析与模拟：计算思维帮助科研人员通过建立数学模型和运用数据分析技术快速发现科学规律，提高科研效率。

（2）生物学研究：在生物学领域，计算思维被用于从 DNA 数据中挖掘序列规律，助力科研人员理解生命本质及其进化。

（3）化学研究：计算思维在化学中用于数值计算、数据处理、模式识别等，深入支撑化学研究的各个方面。

（4）脑科学研究：计算思维帮助研究人员揭示人脑高级意识功能。

（5）经济学研究：计算思维改变了人们对经济现象的分析方式。

（6）医学影像分析：在医学领域，计算思维被广泛应用于医学影像分析，帮助医生更准确地诊断和治疗疾病。

2．工程领域

（1）优化设计方案：计算思维能将复杂问题分解，通过算法和模型对各种参数进行模拟分析，选择最优解决方案。

（2）提升工程效率：计算思维可实现工程流程自动化和智能化。在制造业中，人们可以利用编程和算法控制生产设备，实现自动化生产。

（3）解决复杂问题：现代工程常面临大规模、高复杂度的问题，计算思维可以提供新的解决途径。

（4）促进跨学科融合：工程领域常涉及多学科知识，计算思维是它们之间的桥梁。

3．教育领域

（1）优化教学方法

计算思维可以融入学科教学。教师可以将计算思维融入课程教学，引导学生像计算机科学家一样思考，把复杂问题分解成小问题逐步解决，培养学生解决问题的能力。

（2）个性化学习支持

借助计算思维，教师可以利用学习管理系统收集和分析学生的学习数据，如学习时间、作业完成情况、测试成绩等，实现个性化学习支持。

（3）提升课程设计

计算思维可以促进不同学科的融合，帮助教育工作者设计跨学科课程。教师可运用计算思维开发数字化课程资源，如制作互动式课件、建立虚拟实验室等。

1.6.5　培养计算思维的重要性

1．适应数字时代的发展

科技不断进步，我们生活在一个数据爆炸的时代。培养计算思维能够帮助我们更好地理解和利用各种数字技术。

2．提升问题解决能力

计算思维提供了系统的、符合逻辑的问题解决方法。无论是在生活还是在工作中，我们遇到问题时都可以像计算机处理问题一样，将其分解，识别模式，进行抽象和设计解决方案。

< 19 >

3．为未来职业发展打下基础

越来越多的职业需要从业者具备计算思维能力。在人工智能、大数据、软件开发等领域，这种需求十分突出，即使在传统行业中，计算思维也发挥重要作用。

计算机的由来
与发展

计算机领域
杰出人物简介

习题1

简答题

1．微机系统由哪几部分组成？其中硬件系统包括哪几部分，软件系统包括哪几部分？各部分的功能如何？

2．微机的存储体系如何？内存和外存各有什么特点？

3．计算机更新换代的主要技术指标是什么？

4．表示计算机存储器容量的单位是什么？如何由地址总线的根数来计算存储器的容量？KB、MB、GB 分别代表什么意思？

5．已知 X 的补码为 11110110，求其真值。将二进制数+1100101 转换为十进制数，并用 8421BCD 码表示。

6．将十进制数 2746.12851 分别转换为二进制数、八进制数和十六进制数。

7．分别用原码、补码、反码表示有符号的十进制数+102 和−103。

8．用规格化的浮点数表示十进制数 123.625。

9．设浮点数形式为 "阶符阶码尾符尾数"，其中阶码（包括 1 位符号位）取 8 位补码，尾数（包括 1 位符号位）取 24 位原码，基数为 2。写出二进制数−110.0101 的浮点数形式。

10．汉字在计算机内部存储、传输和检索的代码称作什么？汉字从输入到显示这个过程中，其编码是如何转换的？

11．什么是计算思维？它有什么用途？

习题参考答案

第 2 章　操作系统基础

本章首先从操作系统的定义、基本功能、分类和微机操作系统的演化过程等方面进行讲解；然后以 Windows 10 为例，简单介绍 Windows 操作系统的基本功能；最后对国产操作系统进行介绍。

【知识要点】
- 操作系统的定义、功能、分类。
- 微机操作系统的演化过程。
- Windows 10 的基本功能。
- 国产操作系统简介。

章首导读

2.1 操作系统概述

2.1.1　操作系统的定义

为了使计算机系统中的所有软硬件资源协调一致、有条不紊地工作，需要有一套软件来进行统一的管理和调度，这种软件就是操作系统。操作系统是管理软硬件资源、控制程序执行、改善人机界面、合理组织计算机工作流程和为计算机提供良好运行环境的一种系统软件。计算机系统不能缺少操作系统，正如人不能没有大脑，而且操作系统的性能在很大程度上直接决定了整个计算机系统的性能。操作系统直接运行在裸机上，是对计算机硬件系统的第一次扩充。在操作系统的支持下，计算机才能运行其他的软件。从用户的角度来看，操作系统加上计算机硬件系统构成一台虚拟机（广义上的计算机），这是一个方便、高效、友好的使用环境。因此可以说，操作系统不但是计算机硬件与其他软件之间的接口，也是用户和计算机之间的接口。操作系统在计算机系统中的地位如图 2.1 所示。

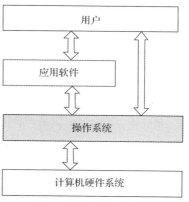

图 2.1　操作系统在计算机系统中的地位

2.1.2　操作系统的基本功能

操作系统作为计算机系统的管理者，其主要功能是对所有的软硬件资源进行合理而有效的管理和调度，提高计算机系统的整体性能。一般而言，

操作系统的基本功能

引入操作系统有两个目的：第一，从用户角度来看，操作系统将裸机改造成一台功能更强、服务质量更高、使用起来更加灵活方便、更加安全可靠的虚拟机，使用户无须了解更多有关硬件和软件的细节就能使用计算机，从而提高了用户的工作效率；第二，从管理者角度来看，操作系统有助于合理地使用计算机系统包含的各种软硬件资源，提高整个系统的使用效率。具体地说，操作系统具有处理器管理、存储管理、设备管理、文件管理和作业管理五大基本功能。

1. 处理器管理

我们在使用计算机时，可以同时运行多个程序，如在编辑办公文档的同时，可听音乐，还可以进行 QQ 聊天。那么，操作系统是如何为这 3 个（甚至更多）程序进行服务，如何为其分配 CPU 资源的？这些就是利用操作系统的处理器管理功能来实现的。

处理器管理也称进程管理。进程是计算机中的程序在某数据集合上的一次运行，是一个动态的过程，是执行起来的程序，也是接受资源调度和分配的独立单位。它具有以下 4 个主要特征。

（1）进程具有动态性

进程的实质是程序的执行过程，因此，动态性是进程的基本特征。进程实体有一定的生命期，而程序只是一组有序指令的集合，程序存储在某种介质上，其本身并不具有活动的含义，因而是静态的。

（2）进程包括程序和数据

进程和程序是两个截然不同的概念，进程是程序在一个数据集合上的一次运行，所以一个进程不但包括程序，还包括运行程序所需要的相关数据，相关数据包括原始数据、运行环境和运行结果。

（3）同一个程序在不同数据集合上运行会产生不同的进程

从进程的定义可以看出，若一个程序同时在多个数据集合上运行，则会产生多个进程。

（4）进程具有并发性

进程的并发性是指多个进程实体同存于内存中，且能在一段时间内同时运行。引入进程也正是为了使进程实体能和其他进程实体并发执行。因此，并发性是进程的另一重要特征，同时也为操作系统的重要特征。

在进程的生存周期内，由于资源的制约，其运行过程是间断的，因此进程的状态是不断变化的。一般来说，进程有 3 种基本状态。

① 就绪状态：进程已经获取了除 CPU 之外所需的一切资源，一旦分配到 CPU，就可以立即执行。

② 运行状态：进程获得了 CPU 及其他一切所需的资源，正在运行。

③ 等待状态：由于缺少某种资源，进程运行受阻，处于暂停状态，待分配到所需资源再投入运行。

操作系统对进程的管理主要体现在调度和管理进程从"创生"到"消亡"的整个生存周期中的所有活动，包括创建进程、转变进程的状态、执行进程和撤销进程等操作。

当有多个进程在等待使用 CPU 时，就需要采用一种策略从等待的队列中选择一个进程来执行，这个选择的方法就是进程调度算法。常见的进程调度算法有先来先服务、短作业优先、时间片轮转、优先级调度、多队列调度等算法。

进程管理的另一个主要问题是同步，要保证不同的进程使用不同的资源。如果某个进程占有另一个进程需要的资源且同时请求对方的资源，并且在得到所需资源前不释放其已占有的资源，那么就会发生死锁。现代操作系统尽管在设计上已经考虑防止死锁的发生，但并不能完全避免。发生死锁会导致操作系统处于无效的等待状态，因此必须终止其中的一个进程。例如，在 Windows 操作系统中，用户可以使用任务管理器（见图 2.2）来终止没有响应（也就是无效）的进程。

< 22 >

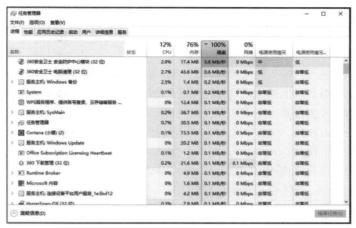

图2.2　任务管理器

2．存储管理

存储器是计算机系统中存储各种数据的主要场所，因而是系统的关键资源之一，能否合理、有效地使用这种资源，将在很大程度上影响整个计算机系统的性能。为了协调存储器的速度、容量和价格，现在的计算机系统中，存储设备一般采用层次结构来组织。对通用计算机而言，存储层次至少应有三级：缓存、内存和外存，如图2.3所示。在较高档次的计算机中，还可以根据具体的功能分工再细分。存储层次越高，访问速度越快，价格越高，存储容量也越小。

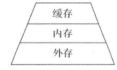

图2.3　计算机系统存储层次

操作系统的存储管理主要是对内存的管理，除了为各个作业及进程分配互不冲突的内存空间、保护内存中的程序和数据不被破坏，还要尽可能地共享内存空间，甚至将内存和外存结合起来，为用户提供一个容量比实际内存大得多的虚拟存储空间。存储管理的基本功能有以下5项。

（1）内存的分配与回收

存储管理根据用户程序的需要分配存储资源，并适时进行回收，释放程序所占用的存储空间，以便其他程序使用。

（2）存储资源共享

存储管理可以让多个用户的多个程序实现存储资源共享，多道进程能够动态地共享内存，从而提高内存的利用率。

（3）内存保护

存储管理要保证进入内存的程序都在各自的存储空间内运行，互不干扰，从而保护用户程序存放在存储器中的数据不被破坏。

（4）地址转换

程序中的逻辑地址与内存中的物理地址是不一致的，存储管理提供地址转换的功能，将程序中的逻辑地址转换为内存的物理地址。

（5）内存扩充

由于物理内存的容量有限，有时难以满足用户程序的需要，因此存储管理应该能够在逻辑上扩充内存容量，为用户提供一个容量比实际内存大得多的虚拟存储空间，即虚拟内存（Virtual Memory）。

3．设备管理

外部设备是计算机系统中用于完成人机交流及系统间交流的重要资源，也是计算机系统中最具多样性和变化性的部分。设备管理主要是对接入本计算机系统的所有外部设备进行管理，包括设备分配、设备驱动、缓冲管理、数据传输控制、中断控制、故障处理等。操作系统一般采用缓冲、中断、通道、直

< 23 >

接存储器访问（DMA）和虚拟设备等技术，尽可能地使外部设备和主机并行工作，解决快速 CPU 与慢速外部设备的矛盾，使用户不必了解具体设备的物理特性和具体控制命令就能方便、灵活地使用这些设备。

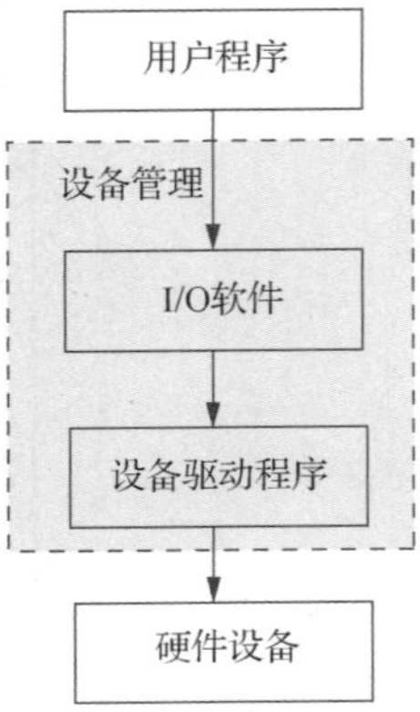

设备管理的体系结构分为输入输出控制系统（I/O 软件）和设备驱动程序两层，如图 2.4 所示。I/O 软件实现逻辑设备向物理设备的转换，提供统一的用户接口；设备驱动程序控制设备，完成具体的 I/O 操作。

I/O 软件实现设备的分配、调度功能，并向用户提供统一的调用界面，使用户无须了解设备的硬件属性。例如，在 Windows 操作系统中，用户可使用统一的文件管理界面将文件存储到硬盘、U 盘上。设备驱动程序属于系统软件，在系统启动时被自动加载，直接控制硬件设备的打开、关闭以及读写操作。

在计算机系统中，设备、控制器和通道等资源是有限的，并不是每个进程随时都可以得到这些资源。在需要使用设备时，进程要向设备管理程序提出申请，设备管理程序再按照一定的分配算法给进程分配必要的资源。如果申请没有成功，进程就要在资源的等待队列中等待，直到获得所需要的资源。

图 2.4 设备管理体系结构

设备分配的总原则：一方面要充分发挥设备的作用，同时避免不合理的分配方式造成死锁、系统工作紊乱等现象，使用户在逻辑层面上能够合理、方便地使用设备；另一方面要考虑设备的固有属性和分配时的安全性。通常只采用先来先服务、优先级调度两种分配算法。

4．文件管理

计算机中存放着成千上万个文件，这些文件保存在外存中，但其处理是在内存中进行的。对文件的组织管理和操作都是由被称为文件系统的软件来完成的。文件系统由文件、管理文件的软件和相应的数据结构组成。文件管理支持文件的建立、存储、检索、调用和修改等操作，解决文件的共享、保密和保护等问题，并提供方便的用户界面，使用户能实现对文件的按名存取，而不必关心文件在磁盘上的存储细节。文件系统是基于操作系统来实现的。下面以 Windows 操作系统为例来介绍文件和文件系统。

（1）文件的概念

文件是存储在外存上的一组有序数据的集合，通过一个名称来标记，这个名称就是文件名。文件是一种抽象机制，它提供了在外存上保存数据以方便用户读取的方法。通过这种机制，用户不必关心数据的物理存储方法、存储位置和所使用的存储介质。

文件名是用来标记一个文件的，由主名和扩展名两部分组成。文件的命名规则随着操作系统的不同而不同。在 Windows 10 操作系统中，主名加扩展名最多可达 255 个字符。

不允许使用的文件名有 AUX、COM1、COM2、COM3、COM4、LPT1、LPT2、LPT3、LPT4、PRN、NUL、CON 等，因为它们在 Windows 操作系统中已有特定的含义。例如，AUX 表示音频输入接口，COM 表示串行通信端口，LPT 表示打印机或其他设备的接口，CON 表示键盘或屏幕。

（2）文件的操作权限

文件的操作权限用于防止文件的主人和其他用户有意或无意的非法操作危害文件安全。常见的文件操作权限有只读、只写、执行、添加、删除。

在 Windows 操作系统中，用户除了可以对文件进行上述操作，还可以对文件进行其他操作。例如，为了减少文件存储占用的空间、方便对多个文件进行传输等，用户可以对文件进行压缩，在需要时再进行解压。常见的压缩文件的扩展名有 zip、rar 等。

（3）文件的存取

对用户而言，文件操作主要是打开文件、编辑文件、保存文件。但对操作系统中的文件系统而言，文件存取需要解决的问题之一是如何在众多文件中找到所需要的文件，即文件检索。文件系统的检索策略分为顺序检索和随机检索，因此，文件存取也分为顺序存取和随机存取。

< 24 >

① 顺序存取

文件顺序存取是指按照数据单位一个接一个地进行存取。顺序存取必须从文件的第一个数据开始存取，接着存取第二个数据、第三个数据、……直到遇到 EOF（End of File，文件结束标识）。

② 随机存取

随机存取文件时，需要先确定数据的地址信息，然后直接到文件的相应地址存取数据。前面提到的按文件名存取文件就是随机存取。随机存取有许多方法可用于查找文件，也就是可采用多种方法将关键字和数据记录关联，主要有索引法、二分法、哈希法等。

（4）文件系统的安全

文件系统安全是所有用户关心而又容易被忽视的问题。与计算机硬件相比，文件系统损坏造成的后果更严重。无论什么原因导致文件系统损坏，要恢复全部数据都困难而且费时，最要命的是在大多数情况下是不可能全部恢复的。

读者可能接触过许多有关文件系统安全的建议和方法，如"一键恢复"或还原，实际上，这些都没有多大意义。首先，作为保存文件的介质，无论是硬盘还是光盘，它们的可靠性都是需要考虑的。硬盘通常一开始就有坏道，几乎无法制造得完美无缺，在使用的过程中也会不断产生坏道，而且是物理性的，也就是说根本无法修复。其次，文件系统本身也存在不安全因素，号称最好的操作系统 UNIX 也发生过安全问题。

为了更好地保护文件系统，人们采用的技术通常是使用密码、设置存取权限以及建立更复杂的保护模型等。但出于更高级别的安全考虑，备份（特别是异机备份）仍然是最佳方法。最简单的备份方法是复制，也就是把重要的文件复制到另外的存储介质中。使用多硬盘结构的备份系统可以大大提高安全性和可靠性，如采用独立磁盘冗余阵列（Redundant Arrays of Independent Disks，RAID）技术。

在 Windows 操作系统中，文件管理的大部分操作都可以通过双击桌面上的"此电脑"图标打开文件资源管理器来完成。

5．作业管理

我们将一次算题过程中或一个事务处理过程中要求计算机系统完成的工作的集合，包括要执行的全部程序模块和需要处理的全部数据，称为一个作业（Job）。作业管理是为处理器管理做准备的，包括对作业的组织、调度和运行控制。

作业有 3 种状态：当作业被输入外存并建立了作业控制模块（Job Control Block，JCB）时，我们可称其处于后备状态；当作业被作业调度程序选中并分配了必要的资源，建立了一组相应的进程时，我们可称其处于运行状态；当作业正常完成或因程序出错等被终止时，我们可称其进入完成状态。作业状态转换如图 2.5 所示。

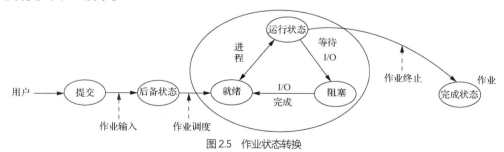

图 2.5　作业状态转换

CPU 是整个计算机系统中最昂贵的资源，它的速度比其他硬件快得多，所以操作系统要采用各种方式充分利用它的处理能力，组织多个作业同时运行，解决对 CPU 的调度、冲突处理和资源回收等问题。作业调度算法的选择原则有以下 3 个。

（1）作业吞吐量：让计算机系统运行尽可能多的作业。

< 25 >

（2）充分利用资源：让 CPU、I/O 设备都忙起来，不出现闲置。

（3）公平、合理，使用户满意：均衡考虑作业的运行时间和等待时间等因素。

2.1.3 操作系统的分类

操作系统可以按不同的标准分类，如图 2.6 所示。

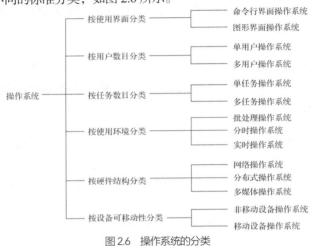

操作系统的
分类

图 2.6 操作系统的分类

1．按使用界面分类

（1）命令行界面操作系统。在命令行界面操作系统中，用户只能在命令提示符后（如 C:\>）输入命令来操控计算机。其界面不友好，用户需要记忆各种命令，否则无法使用计算机，如 DOS（Disk Operating System，磁盘操作系统）、Novell 等操作系统。

（2）图形界面操作系统。图形界面操作系统交互性好，用户无须记忆命令，可根据界面的提示进行操作，简单易学，如 Windows 7/8/10 等操作系统。

2．按用户数目分类

（1）单用户操作系统。单用户操作系统只允许一个用户使用，该用户独占计算机系统的全部软硬件资源。在微型计算机上使用的 DOS、Windows 3.x 和 OS/2 等都属于单用户操作系统。

（2）多用户操作系统。多用户操作系统支持在一台主机上连接若干台终端，多个用户可以同时通过这些终端使用该主机进行工作。常见的多用户操作系统有 Windows Server 等。

3．按任务数目分类

（1）单任务操作系统。单任务操作系统的主要特征是系统每次只能运行一个程序，如打印机在打印时，计算机就不能再进行其他工作了。DOS 就属于单任务操作系统。

（2）多任务操作系统。多任务操作系统允许同时运行两个以上的程序，如在打印时可以同时进行其他工作。常见的多任务操作系统有 Windows 2000/NT、Windows XP/Vista/7/8/10、UNIX 等。

4．按使用环境分类

（1）批处理操作系统。将若干作业按一定的顺序统一交给计算机系统，由计算机自动地、顺序地完成这些作业，这样的操作系统称为批处理操作系统。批处理操作系统的主要特点是脱机工作和成批处理，这大大提高了系统资源的利用率和系统的吞吐量。DOS、VSE 等都属于批处理操作系统。

（2）分时操作系统。分时操作系统支持一台主机带有若干台终端，CPU 按照预先分配给各个终端的时间片轮流为各个终端服务，即各个用户分时共享计算机系统的资源。它也是一种多用户操作系统，其特点是具有交互性、即时性、同时性和独占性，如 Windows、UNIX、XENIX 等操作系统。

（3）实时操作系统。实时操作系统是对来自外界的信息在规定的时间内即时响应并进行处理的操

< 26 >

作系统。它的两大特点是响应的即时性和系统的高可靠性，如 iRMX、VRTX 等操作系统。

5．按硬件结构分类

（1）网络操作系统。网络操作系统用来管理连接在计算机网络上的多个独立的计算机系统（包括微机、无盘工作站、大型机和中小型机系统等），使它们在各自原来操作系统的基础上实现数据交换、资源共享、相互操作等网络管理和网络应用。这些连接在网络上的计算机被称为网络工作站，简称工作站。工作站和终端的区别是前者具有自己的操作系统和数据处理能力，后者要通过主机实现运算操作。

网络操作系统按控制模式又可以分为集中模式、客户机/服务器模式、对等模式 3 种。目前常见的网络操作系统有 UNIX、Linux、Windows 等。

（2）分布式操作系统。分布式操作系统通过通信网络将物理上分布在各处的、具有独立运算功能的数据处理系统或计算机系统连接起来，实现信息交换、资源共享和协作完成任务。分布式操作系统管理系统中的全部资源，为用户提供一个统一的界面，强调分布式计算和处理，更强调系统的稳健性、重构性、容错性、可靠性和快速性。从物理连接上看，它与网络系统十分相似。它与一般网络系统的主要区别表现在，操作人员向分布式操作系统发出命令后能迅速得到处理结果，但并不知道运算是在系统中的哪台计算机上完成的。Amoeba 就属于分布式操作系统。

（3）多媒体操作系统。多媒体计算机是集文字、图形、声音、视频等处理能力于一身的计算机。多媒体操作系统对上述各种信息和资源进行管理，包括数据压缩、声像同步、文件格式管理、设备管理和提供用户接口等。

6．按设备可移动性分类

（1）非移动设备操作系统。这类操作系统主要用在服务器、台式计算机等设备上，如 Windows 7 操作系统等。

（2）移动设备操作系统。

① Android。它是谷歌（Google）公司收购原开发者安卓（Android）公司后，联合多家制造商推出的面向平板电脑、移动设备、智能手机的操作系统。该操作系统是基于 Linux 开放的源代码开发的，且是免费使用的操作系统。

② iOS。它是苹果（Apple）公司为其生产的手机 iPhone 开发的操作系统，主要用于 Apple 公司的 i 系列数码产品，包括 iPhone、iPad 以及 Apple TV。

③ 鸿蒙。2019 年 8 月，华为公司正式发布操作系统"鸿蒙"。鸿蒙是一款"面向未来"的操作系统，是基于微内核的面向全场景的分布式操作系统，可适配多种终端。

除了以上分类，还可以按其他方式对操作系统进行分类。例如，根据指令的长度，可以将操作系统分为 8 位操作系统、16 位操作系统、32 位操作系统、64 位操作系统，如 Windows 10 操作系统可分为 32 位和 64 位操作系统。

2.2　微机操作系统的演化过程

目前，绝大多数计算机用户都使用过微软公司的操作系统，下面就以微软公司的操作系统为例，介绍微机操作系统的演化过程。

2.2.1　DOS

1．DOS 的功能

DOS 是配置在个人计算机上的单用户命令行界面操作系统。它曾经广泛地应用在

DOS 简介

< 27 >

个人计算机上，对于计算机的应用普及可以说功不可没。其功能主要是进行文件管理和设备管理。

2．DOS 的文件

DOS 的文件是存放在外存中、有名称的一组信息的集合。每个文件都有一个文件名，DOS 按文件名对文件进行识别和管理，即所谓的"按名存取"。文件名由主名和扩展名两部分组成，其间用圆点"．"隔开。主名用来标识文件，扩展名用来标识文件的类型。主名不能省略，扩展名可以省略。DOS 中主名由 1～8 个字符组成，扩展名最多由 3 个字符组成。

在 DOS 中对文件进行操作时，用户可以在输入的文件名中使用具有特殊作用的两个符号"*"和"?"，我们称它们为"通配符"。其中，"*"代表在其位置上有连续且合法的 0 个到多个字符，"?"代表在其位置上有任意一个合法字符。利用通配符，用户可以很方便地对一批文件进行操作。

3．DOS 的目录和路径

磁盘上可存放许多文件，通常用户都希望自己的文件与其他用户的文件分开存放，以便查找和使用。即使是同一个用户，也往往会把不同用途的文件区分开来，并分别存放，以便于管理和使用。

（1）树形目录结构。DOS 采用树形目录结构来实施对所有文件的组织和管理。该结构很像一棵倒立的树，树根在上，树叶在下，中间是树枝，它们都称为节点。树的节点分为 3 类：根节点表示根目录；枝节点表示子目录；叶子节点表示文件。在目录下可以存放文件，也可以创建不同名字的子目录，子目录下又可以建立子目录并存放一些文件。上级子目录和下级子目录之间的关系是父子关系，即父目录下可以有子目录，子目录又可以有自己的子目录，呈现出明显的层次关系，如图 2.7 所示。

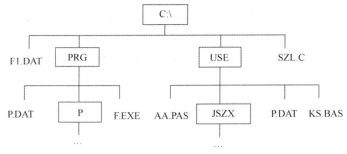

图 2.7　DOS 的树形目录结构

（2）路径。路径即文件所在的位置，包括盘符和目录，如 C:\PRG\P。要指定 1 个文件，DOS 必须知道 3 个信息：文件所在的驱动器（即盘符）、文件所在的目录和文件名。

2.2.2　Windows 操作系统

从 1983 年到 1998 年，微软公司陆续推出 Windows 1.0、Windows 2.0、Windows 3.0、Windows 3.1、Windows NT、Windows 95、Windows 98 等操作系统。Windows 98 之前的版本都由于存在某些缺点而很快被淘汰，而 Windows 98 提供了更强大的多媒体和网络通信功能，以及更加安全可靠的系统保护措施和控制机制，功能趋于完善。1998 年 8 月，微软公司推出 Windows 98 中文版，这个版本在当时应用十分广泛。2001 年，微软公司推出 Windows XP。

Windows 10 是微软公司推出的新一代操作系统，于 2015 年 7 月发布。Windows 10 拥有的触控界面为用户带来了新体验，且 Windows 10 实现了全平台覆盖，可以运行在手机、平板电脑、个人计算机以及服务器等设备中。Windows 10 在易用性和安全性方面表现突出，除了针对云服务、智能移动设备、自然人机交互等新技术进行融合，还对固态硬盘、生物识别、高分辨率屏幕等硬件进行了优化、完善与支持。

2021 年 6 月 24 日，微软公司发布 Windows 11，该操作系统应用于计算机和平板电脑等设备，提

< 28 >

供了许多创新功能，使用了新版"开始"菜单和输入逻辑等，支持与时代相符的混合工作环境，侧重于在灵活多变的体验中提高用户的工作效率。

2.3　Windows 10 使用基础

Windows 10 从发布至今经过多次更新，已逐渐成为主流的操作系统，被大多数用户接受和使用。下面就以 Windows 10（专业版，64 位）为例，简要阐述 Windows 操作系统的基础知识。

2.3.1　Windows 10 的安装

在安装 Windows 10 之前，要了解计算机的配置，如果配置太低，则安装 Windows 10 会影响系统的性能或者根本不能成功安装。Windows 10 最低配置要求：处理器 1GHz，内存 1GB（32 位）或 2GB（64 位），硬盘空间 16GB（32 位）或 20GB（64 位），显卡是 DirectX 9 或更高版本（包含 WDDM 1.0 驱动程序），显示器分辨率为 800 像素×600 像素。

目前，Windows 10 的安装程序有很多版本，不同版本的安装程序安装方法也不一样，一般先用可启动计算机的 U 盘启动计算机，然后使用下载的 ISO 文件安装。

2.3.2　Windows 10 的桌面

用户在第一次启动 Windows 10 时，会看到图 2.8 所示的桌面，桌面显示在整个屏幕区域（用来显示信息的有效范围）。为了简洁，Windows 10 桌面默认只显示"回收站"图标，用户可以根据需要添加"此电脑""控制面板""用户的文件"和"网络"等常用的图标。

桌面由桌面背景、图标、任务栏、"开始"菜单、语言栏和通知区域等组成。

图 2.8　Windows 10 的桌面

2.3.3　Windows 10 的窗口

Windows 10 的窗口在屏幕上呈矩形，用来显示用户打开的应用程序、文件、文件夹等，是用户和计算机进行信息交换的界面。Windows 10 绝大多数的操作都是通过窗口来实现的。

Windows 10
的窗口

1．窗口的打开

通常情况下，直接双击某个对象的图标即可打开相应的窗口。若此对象没有对应的应用程序，则系统会弹出对话框，询问下一步操作。单击"更多应用"，对话框中会显示系统已安装的应用程序，如图 2.9 所示，用户可从中选择一个来打开这个对象，也可选择"在这台电脑上查找其他应用"。若没有适用的应用程序，用户可以选择"在应用商店中查找应用"。

若选择了错误的应用程序，则此对象要么不能打开，要么打开后不能正确显示（显示乱码）或运行。

图 2.9　选择应用程序

< 29 >

2．窗口的分类

窗口一般分为应用程序窗口、文档窗口和对话窗口。

（1）应用程序窗口：表示某应用程序正在运行的窗口。

（2）文档窗口：在应用程序中用来显示文档信息的窗口。常用的一些软件，文档窗口顶部有标题栏显示文档的名称，但没有自己的菜单栏，它共享应用程序的菜单栏；当文档窗口最大化时，它的标题栏将与应用程序的标题栏合并。文档窗口总是位于某一应用程序窗口内。

（3）对话窗口：在应用程序运行期间，用来向用户显示信息或者让用户输入信息的窗口，又称为对话框。

3．窗口的组成

每一个窗口都有一些共同的组成元素，但并不是所有的窗口都具备每种元素，例如，对话框就没有菜单栏。窗口一般有 3 种状态：正常、最大化和最小化。正常窗口显示为 Windows 默认大小；最大化窗口可使窗口充满整个屏幕；最小化窗口可使窗口缩小为一个任务按钮。当窗口处于正常或最大化状态时，其会显示边框、工作区、标题栏、状态控制按钮等组成元素，如图 2.10 所示。

Windows 10 在文件资源管理器窗口中设置了一个功能区，即位于窗口左侧的导航窗格。一般来说，窗口的组成元素包括：系统菜单（控制菜单）、标题栏、菜单栏、地址栏、搜索栏、导航窗格、滚动条、最小化按钮、最大化按钮、关闭按钮、边框、状态栏等。

4．对话框

对话框是用于人机交互的特殊窗口。有的对话框一旦打开，用户就不能在该应用程序中进行其他操作，在对话框关闭后才能进行其他操作。图 2.11 所示为需要用户进行设置的对话框。对话框由选项卡、下拉列表框、编辑框、单选按钮、复选框以及按钮等元素组成。

图 2.10　Windows 10 的文件资源管理器窗口

图 2.11　"页面设置"对话框

注意：一些窗口的右上角有一个 "?" 按钮，其功能是帮助用户了解更多的信息。

2.4　Windows 10 的基本资源与操作

Windows 10 的基本资源主要是存放在磁盘上的文件和文件夹，下面首先介绍如何对资源进行浏览，然后介绍如何对文件和文件夹进行操作，最后介绍一些常用的功能和设置。

< 30 >

在 Windows 10 中，系统的整个资源呈现树形层次结构，最上层是"桌面"，第二层是"此电脑""网络"等。

2.4.1　浏览计算机中的资源

为了更好地使用计算机，用户要先对计算机中的资源（主要是指存放在计算机中的文件或文件夹）进行查看（即浏览），再进行其他操作。浏览和其他操作都需要在文件资源管理器中进行，用户可双击计算机桌面上的"此电脑"图标，在打开的窗口中，可以通过双击应用程序文件或应用程序快捷方式打开某个应用程序，也可以对文件、文件夹进行重命名、移动、复制、删除、修改属性等操作，还可以创建文件夹、修改文件夹的一些设置信息。

2.4.2　库

Windows 10 引入"库"的概念，这彻底改变了文件的管理方式，比原来死板的文件夹方式更为灵活和方便。Windows 10 默认隐藏库，用户可通过"查看"→"窗格"→"导航窗格"→"显示库"命令把库显示出来。

库包括视频库、图片库、文档库、音乐库等。我们在库中可以集中管理视频、图片、文档、音乐和其他文件。在某些方面，库类似于文件夹，如在库中查看文件的方式与在文件夹中查看完全一致。但库与文件夹不同的是，库可以收集存储在任意位置的文件，这是一个细微但重要的差异。库实际上并没有存储数据，它只是采用索引文件的管理方式，"监视"其包含的项目，并允许用户以不同的方式访问和排列这些项目。库中的文件都会随着原文件的变化而自动更新。

库仅是文件（夹）的一种映射，库中的文件并不位于库中。用户需要向库中添加文件夹位置（或者向库包含的文件夹中添加文件），才能在库中组织文件和文件夹。

若不想在库中显示某些文件，不能直接在库中将其删除，因为这样会删除计算机中的原文件。正确的做法是，调整库所包含的文件夹的内容，调整后库显示的信息会自动更新。

2.4.3　回收站的使用和设置

回收站是一个比较特殊的文件夹，它的主要功能是临时存放用户删除的文件和文件夹（这些文件和文件夹从原来的位置移动到"回收站"这个文件夹中），此时它们仍然存在于硬盘中。用户既可以在回收站中把它们恢复到原来的位置，也可以在回收站中彻底删除它们以释放硬盘空间。

回收站的操作

注意： 当回收站中的文件所占用的空间达到回收站的最大容量时，回收站就会按照文件被删除的时间先后，从回收站中彻底删除文件。

2.4.4　输入法

Windows 10 预设了两种输入法，一种是英文输入法，另一种是微软拼音输入法。其他的输入法需要用户进行添加及安装。在 Windows 10 中，输入法采用了非常方便、友好且个性化的用户界面，新增了许多中文输入功能，使用户输入中文更加灵活。

用户可添加和删除中文输入法，也可进行输入法快捷键的定制。在使用过程中，按<Windows+Space>组合键可实现各种输入法的轮流切换，按<Ctrl+Shift>组合键可在英文输入法及各种中文输入法之间轮流切换。进行输入法之间的切换还可以用鼠标操作，单击任务栏上的输入法图标，在弹出的列表中选择一种输入法即可。

用户要注意区分中英文的标点符号，如英文中的句号是"."，而中文中的句号是"。"，其切换方

< 31 >

法是按<Ctrl+.>组合键。输入法指示器中会显示中/英文、全/半角、中/英文标点以及软键盘状态等，用户可通过单击相应的图标来切换。

2.4.5　Windows 10 的附件

Windows 10 的改变不仅体现在一些重要的功能上，如安全性、系统运行速度等，而且其自带的附件相比以前版本也发生了非常大的变化，功能更强大、界面更友好、操作也更简单。

1．画图

画图是 Windows 中基本的作图工具。在 Windows 10 中，画图发生了非常大的变化，相比以前版本界面更加美观，同时内置的功能也更加丰富、细致。在"开始"菜单中选择"Windows 附件"→"画图"命令，可打开"画图"窗口。

"画图"软件

"主页"选项卡的最右边有一个"使用画图 3D 进行编辑"按钮，这是 Windows 10 加入的新功能。单击它可打开"画图 3D"功能界面。在这个界面中，用户可以绘制 2D、3D 形状；可以加入背景贴纸、文本，轻松更改颜色和纹理；可以添加不干胶标签或将 2D 图片转换为 3D 场景。另外，用户还可以利用"画图 3D"功能将创作的 3D 作品与现实场景混合，即通过混合现实查看器查看创作的 3D 作品。

2．写字板

写字板是 Windows 自带的一个文本编辑、排版工具，提供 Microsoft Office Word 的简单功能。选择"开始"→"Windows 附件"→"写字板"命令，即可打开"写字板"窗口。

在写字板中，用户可以为不同的文本设置不同的字体和段落样式，也可以插入图形和其他对象，也就是说，写字板具备了编辑复杂文档的基本功能。单击"主页"选项卡中的"绘图"按钮可以打开"画图"窗口进行操作，关闭"画图"窗口会自动返回写字板，同时绘制的图片会插入写字板。写字板保存文件的默认扩展名为 rtf。

3．远程桌面连接

远程桌面是 Windows 提供的一种远程控制功能，用户使用它能够连接远程计算机，访问远程计算机的所有应用程序、文件和其他资源，实现实时操作，就像直接在该计算机上操作一样，不论实际距离有多远。

在连接之前，用户需要对被连接的计算机进行设置，具体方法如下。

（1）对被连接的计算机进行设置。右击"此电脑"图标，在弹出的快捷菜单中选择"属性"，再选择"远程桌面"，打开"启用远程桌面"开关，在弹出的对话框中单击"确定"按钮。

（2）选择 Windows 附件中的"远程桌面连接"命令（或者运行 mstsc 命令），打开"远程桌面连接"对话框，可对远程连接进行设置，如图 2.12 所示。

图 2.12　"远程桌面连接"对话框

在"常规"选项卡的"计算机"下拉列表框中输入要连接的计算机，一般用 IP 地址表示，用户名一般为"Administrator"。在"显示"选项卡中可设置远程桌面显示的大小，调到最大时为全屏显示。在其他选项卡中可对其他属性进行设置。

设置好之后单击"连接"按钮，进而输入密码，即可连接远程计算机。连接成功后，就可以像使用本地计算机一样使用远程计算机了。

< 32 >

4. 命令行交互

为了方便熟悉 DOS 命令的用户通过 DOS 命令使用计算机，Windows 通过"命令提示符"功能模块保留了 DOS 界面。在任务栏的"搜索"框中输入"cmd"命令并按<Enter>键即可进入"命令提示符"窗口。在这个窗口中，用户可以直接运行 DOS 命令，如 dir、time、date、copy 等命令。

Windows PowerShell 是专为系统管理员设计的 Windows 命令行 Shell。Windows PowerShell 包括交互式提示和脚本环境，二者既可以独立使用，也可以组合使用。Windows PowerShell 引入 cmdlet 的概念，这是内置到 Shell 中的简单的单一功能命令行工具，用户可以分别使用每个 cmdlet，但是组合使用这些简单的工具有助于执行复杂任务。Windows PowerShell 中有 100 多个核心 cmdlet，用户可以编写自己的 cmdlet 并与其他用户共享。与许多 Shell 一样，Windows PowerShell 为用户提供了访问计算机中文件系统的功能。此外，用户使用 Windows PowerShell 提供的程序还可以访问其他数据存储，如注册表和数字签名证书，就像访问文件系统一样容易。

2.4.6　磁盘管理

磁盘是计算机用于存储数据的硬件设备。随着硬件技术的发展，磁盘容量越来越大，存储的数据也越来越多，有时磁盘上存储的数据的价值远比磁盘本身大，因此，磁盘管理就显得越发重要了。Windows 10 没有提供一个单独的应用程序来管理磁盘，而是将磁盘管理集成到了"计算机管理"程序中。选择"控制面板"→"系统和安全"→"管理工具"，双击"计算机管理"（也可右击"此电脑"图标，在弹出的快捷菜单中选择"管理"命令），在左侧导航窗格中选择"存储"→"磁盘管理"，打开图 2.13 所示的窗口。

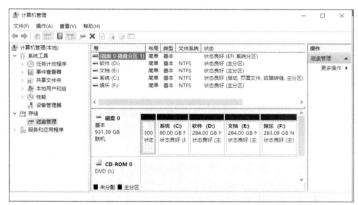

图 2.13　磁盘管理

在 Windows 10 中，几乎所有的磁盘管理操作都能够通过"计算机管理"中的"磁盘管理"功能来完成，而且这些磁盘管理操作大多是基于图形界面的。

1. 磁盘分区

磁盘分区是指将硬盘的整体存储空间划分成多个独立的逻辑区域，每个区域称为一个分区。这些分区可以独立地使用和管理，通常用于安装操作系统、存储文件、安装应用程序等。磁盘分区有助于更好地组织和管理计算机上的数据，提高计算机系统的运行效率。

Windows 10 提供了方便快捷的分区管理工具，用户可在程序向导的帮助下轻松地完成删除已有分区、新建分区、扩展分区的操作。

2. 磁盘格式化

磁盘格式化（也称驱动器格式化）是对磁盘或磁盘中的分区进行初始化的一种操作，这种操作通

< 33 >

常会导致现有的磁盘或分区中所有的文件被清除。格式化通常分为低级格式化和高级格式化。如果没有特别指明，对硬盘的格式化通常是指高级格式化。

磁盘格式化

低级格式化又称低层格式化或物理格式化，低级格式化被用于指代对磁盘进行划分柱面、磁道、扇区的操作。高级格式化又称逻辑格式化，是指根据用户选定的文件系统（如 FAT12、FAT16、FAT32、NTFS、EXT2、EXT3 等），在磁盘的特定区域写入特定数据，以达到初始化磁盘或磁盘分区、清除原磁盘或磁盘分区中所有文件的目的。

磁盘格式化的主要目的有以下 4 个。

（1）清除旧数据和文件系统：格式化操作能够清除磁盘上的旧数据和残留信息，为新的数据创建一个干净的存储环境。这有助于确保数据正确存储和读取。

（2）优化存储性能：通过格式化，可以重建文件系统结构、优化文件存储和访问效率，从而提升磁盘的性能和稳定性。

（3）提升兼容性：不同操作系统对文件系统的支持存在差异，格式化磁盘并选择合适的文件系统（如 NTFS、FAT32 或 exFAT 等），可以提升磁盘在不同操作系统间的兼容性和稳定性。

（4）清除病毒和恶意软件：格式化也是清除磁盘上残留病毒或恶意软件的有效手段，有利于保障数据的安全与完整。

注意：格式化操作会把当前磁盘上的所有信息全部抹掉，请谨慎操作。

3．磁盘操作

操作系统能否正常运转，能否有效利用内部和外部资源，并达到高效稳定，在很大程度上取决于维护管理。Windows 10 提供的磁盘管理工具使操作系统运行更可靠、管理更方便。

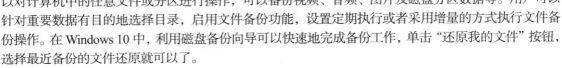

文件的备份和还原

（1）磁盘（文件）备份和还原

为了防止磁盘驱动器损坏、病毒感染、供电中断等各种意外故障造成数据丢失和损坏，用户需要进行磁盘数据备份，以便在需要时还原磁盘，避免损失。文件备份可以对计算机中的任意文件或分区进行操作，可以备份视频、音频、图片及磁盘分区数据等。用户可以针对重要数据有目的地选择目录，启用文件备份功能，设置定期执行或者采用增量的方式执行文件备份操作。在 Windows 10 中，利用磁盘备份向导可以快速地完成备份工作，单击"还原我的文件"按钮，选择最近备份的文件还原就可以了。

（2）磁盘清理

磁盘清理的主要作用是释放磁盘空间，通过删除临时文件、缓存文件、缩略图、不再需要的日志文件等无用文件来优化系统性能。这些操作可以提升系统的运行流畅性。

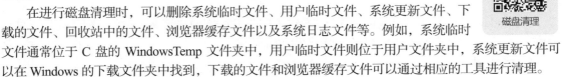

磁盘清理

在进行磁盘清理时，可以删除系统临时文件、用户临时文件、系统更新文件、下载的文件、回收站中的文件、浏览器缓存文件以及系统日志文件等。例如，系统临时文件通常位于 C 盘的 WindowsTemp 文件夹中，用户临时文件则位于用户文件夹中，系统更新文件可以在 Windows 的下载文件夹中找到，下载的文件和浏览器缓存文件可以通过相应的工具进行清理。

（3）磁盘碎片整理

若计算机安装的是机械硬盘，在使用的过程中，由于频繁创建和删除文件，同一个文件会被分散存放在同一磁盘上不连续的位置，这时系统就需要花更多的时间来读写这些数据。这些被分散保存在磁盘不同地方的不连续文件称为磁盘碎片。为了提升磁盘的读写效率，用户要定期对磁盘碎片进行整理和优化。其原理为，系统把文件碎片和文件夹的不同部分移动到相邻位置，使其占用独立的连续空间。

磁盘碎片整理

磁盘碎片整理是应对机械硬盘读写速度变慢的一个好方法，但对固态硬盘来说，

< 34 >

这完全就是一种"折磨"。固态硬盘的擦写次数有限，磁盘碎片整理会大大缩短固态硬盘的使用寿命。其实，固态硬盘的垃圾回收机制已经是一种很好的"磁盘整理"，再多的整理完全没有必要。

2.5　控制面板

在 Windows 10 中，几乎所有的硬件和软件都可以调整，用户可以根据自身的需要对其进行设置。Windows 10 的软硬件设置以及功能的启用等管理工作都可以在控制面板中进行，控制面板是普通计算机用户使用较多的系统设置工具。控制面板可采用类别视图或图标视图（图标视图又可分为大图标视图和小图标视图）。在类别视图中，控制面板有 8 个大项目，如图 2.14 所示。

单击窗口中的"查看方式"下拉按钮，选择"大图标"或"小图标"，可将控制面板切换为图标视图（也就是传统的显示界面），如图 2.15 所示。控制面板中集成了若干个设置工具，这些工具的功能几乎涵盖 Windows 的各个方面，各功能的具体用法参见配套的实践教程。

图 2.14　控制面板的类别视图界面

图 2.15　控制面板的图标视图界面

2.6　Windows 10 的网络功能

随着计算机的发展，网络技术的应用越来越广泛。通过连网，计算机用户能够共享应用程序、文档和一些外部设备，如磁盘、打印机、通信设备等。利用电子邮件（E-mail）系统，网络用户能够互相交流和通信，使物理上分散的微机在逻辑上紧密地联系起来。网络的基本概念将在第 6 章阐述，本节简单介绍 Windows 10 的网络功能。

2.6.1　网络软硬件的安装

要接入网络，计算机除了需要安装一定的硬件（如网卡），还必须安装和配置相应的驱动程序。如果计算机在安装 Windows 10 前已经完成了网络硬件的物理连接，则 Windows 10 安装程序通常能帮助用户完成所有必要的网络配置工作。

1．网卡的安装与配置

网卡的安装很简单，打开主机箱，将它插入计算机主板上相应的扩展槽即可。Windows 10 在安装或启动时，会自动检测网卡并进行配置。Windows 10 在进行自动配置的过程中，如果没有找到网卡对应的驱动程序，则会提示用户手动提供网卡驱动程序。

< 35 >

2．IP 地址的配置

选择"控制面板"→"网络和 Internet"→"网络和共享中心"→"查看网络状态和任务"→"本地连接"命令（也可能是其他连接，如 连接：以太网），打开"本地连接状态"对话框，单击"属性"按钮，在弹出的"本地连接属性"对话框中，选中"Internet 协议版本 4（TCP/IPv4）"选项，再单击"属性"按钮，会出现图 2.16 所示的"Internet 协议版本 4（TCP/IPv4）属性"对话框，在该对话框中可输入相应的 IP 地址，同时配置 DNS（Domain Name System，域名系统）服务器。

图 2.16　"Internet 协议版本 4（TCP/IPv4）属性"对话框

2.6.2　选择网络位置

初次连接网络时，用户需要设置网络位置，系统将为所连接的网络自动设置适当的防火墙和安全选项。在家庭、本地咖啡店或者办公室等不同位置连接网络时，选择一个合适的网络位置，可以确保将计算机设置为适当的安全级别。用户可以根据实际情况选择下列网络位置之一：互联网、工作区、其他网络。

域类型的网络位置由网络管理员控制，普通用户无法选择或更改。

2.6.3　资源共享

计算机资源共享可分为以下几类。

（1）存储资源共享：共享计算机系统中的硬盘、光盘等存储介质，以提高存储效率，方便数据的提取和分析。

（2）硬件资源共享：共享打印机或扫描仪等外部设备，以提高外部设备的使用效率。

（3）程序资源共享：共享网络上的各种程序资源。

共享资源可以采用以下访问权限进行保护。

（1）完全控制：允许其他用户对共享资源进行任何操作，就像使用自己的资源一样。

（2）更改：允许其他用户对共享资源进行修改操作。

（3）读取：其他用户对共享资源只能进行复制、打开或查看等操作，不能对其进行移动、删除、修改、重命名及添加文件等操作。

在 Windows 10 中，用户主要通过家庭组、工作组中的高级共享设置实现资源共享。

2.7　国产操作系统简介

计算机上的应用程序都是在操作系统的支持下工作的，谁掌控了操作系统，谁就掌握了这台计算机上所有的信息。只要计算机连网，操作系统厂商很容易取得用户的各种敏感信息，并有可能把这些信息用于其他目的，这种担心并不是杞人忧天。

我国也在加大力度支持国产操作系统的研发和应用。国产操作系统多为以 Linux 为基础二次开发的操作系统。某些国产 Linux 操作系统无论是布局还是操作方式，与 Windows 操作系统都相差无几（存在差距的主要原因是设备厂商没有对 Linux 操作系统提供很好的支持）。国产操作系统在易用性等方面基本具备替代 Windows 操作系统的能力，但还存在生态环境差等各种问题，缺乏统一的国产操作系统

< 36 >

生态圈。事实上，这也是多年来国产操作系统一直没能打开局面的主要原因。

近年来出现的国产操作系统有很多，如华为鸿蒙系统（HUAWEI HarmonyOS）、麒麟操作系统（KylinOS）、openEuler、深度 Linux（deepin）、威科乐恩 Linux（WiOS）、起点操作系统（StartOS）、凝思磐石安全操作系统、共创 Linux、思普操作系统、COS 操作系统等，部分国产操作系统已被大家熟知。下面着重介绍华为鸿蒙系统和麒麟操作系统。

2.7.1　华为鸿蒙系统

鸿蒙系统是华为公司开发的一款全新的面向全场景的分布式操作系统，它创造了一个超级虚拟终端互连的世界，将人、设备、场景有机地联系在一起。用户在全场景生活中接触的多种智能终端通过鸿蒙系统可实现极速发现、极速连接、硬件互助、资源共享。该系统的开发耗时 10 年，有 4000 多名研发人员参与。鸿蒙系统利用分布式技术，将手机、平板电脑、电视、汽车和智能穿戴设备等融合成一个"超级终端"，使用户便于操作和共享各种设备的资源。由于鸿蒙系统微内核的代码量大约只有 Linux 宏内核代码量的 1/1000，因此其受攻击的概率大幅降低。

2020 年 9 月，开放原子开源基金会接受华为捐赠的智能终端操作系统基础能力相关代码，随后进行开源，并根据命名规则将该开源项目命名为 OpenAtom OpenHarmony（简称 OpenHarmony）。

鸿蒙系统拥有很大的用户体量，据华为 2022 年开发者大会公布的数据，当时使用鸿蒙系统的设备约为 7 亿台。2023 年 8 月，华为推出 HarmonyOS NEXT 开发者预览版，如图 2.17 所示。该版本是鸿蒙放弃 Linux 内核及 AOSP 源代码的首个大版本，仅支持鸿蒙内核和鸿蒙应用程序，不再兼容安卓应用程序。2024 年 1 月，HarmonyOS NEXT 星河版正式向开发者开放申请，此时使用鸿蒙系统的设备已达 8 亿台。

图 2.17　HarmonyOS NEXT 开发者预览版

目前，华为鸿蒙原生应用版图已经成型，导航、新闻、工具、旅游、金融、便捷生活、美食、游戏等多个领域的企业和开发者陆续加入鸿蒙生态系统。

2.7.2　麒麟操作系统

麒麟操作系统是由国防科技大学、中软公司、联想公司、浪潮集团等单位合作研制的商业闭源服务器操作系统，于 2002 年启动。此操作系统是 863 计划重大攻关科研项目，目标是打破国外操作系统的垄断，研发一套中国自主知识产权的服务器操作系统，有高安全、跨平台、中文化的特点。2010 年 12 月，两大国产操作系统——"中标 Linux"操作系统和"银河麒麟"操作系统在上海正式宣布合并，双方共同以"中标麒麟"的新品牌统一出现在市场上。2019 年 12 月，中标软件和继承银河麒麟品牌的天津麒麟整合为麒麟软件（KylinSoft）公司，共同开发麒麟操作系统。

麒麟操作系统包括桌面操作系统和高级服务器操作系统。其中，银河麒麟桌面操作系统是图形化桌面操作系统产品，已适配国产主流软硬件产品，同源支持飞腾、鲲鹏、海思麒麟、龙芯、申威、海光、兆芯等国产 CPU 和 Intel、AMD 等 CPU。通过功耗管理、内核锁及页复制、网络、VFS（Virtual File System，虚拟文件系统）、NVMe 等针对性的深入优化措施，银河麒麟桌面操作系统显著提高了系统性能。其软件商店内有自研应用和第三方商业软件在内的各类应用，同时提供 Android 兼容环境和 Windows 兼容环境，具有支持多 CPU 平台的统一软件升级仓库和版本在线更新功能。银河麒麟高级服务器操作系统针对企业级关键业务，适应虚拟化、云计算、大数据、工业互联网时代对主机系统可靠性、安全性、性能、扩展性和实时性的需求，支持云原生应用，可满足企业当前数据中心及下一代数

< 37 >

据中心对虚拟化（含 Docker 容器）、大数据、云服务的需求。

2024 年 1 月，麒麟操作系统被中国国家博物馆收藏。这也是中国国家博物馆收藏的第一款国产操作系统。

麒麟操作系统已经发展以服务器操作系统、桌面操作系统、嵌入式操作系统、麒麟云、操作系统增值产品为代表的产品线。为弥补我国软件核心技术的短板，麒麟软件公司建设了自主的开源供应链，发起了我国首个开源桌面操作系统根社区 openKylin，并以自主根社区为依托，发布操作系统的最新版本。

比尔·盖茨介绍

Windows 操作系统介绍

习题2

一、选择题

1. 以下有关操作系统的叙述中，不正确的是（　　）。
   A. 操作系统管理系统中的各种资源
   B. 操作系统为用户提供良好的界面
   C. 操作系统是资源的管理者
   D. 操作系统是计算机系统中的一个应用软件

2. 操作系统所管理的资源包括（　　）。
   ①CPU　②程序　③数据　④外部设备
   A. ①和②　　　　　　　B. ②和④　　　　C. ①、②、④　　　D. 全部

3. 分时操作系统的主要特点是（　　）。
   A. 个人独占机器资源　　　　　　　B. 自动控制作业运行
   C. 高可靠性和安全性　　　　　　　D. 多个用户共享计算机资源

4. 实时操作系统的主要目标是（　　）。
   A. 提高计算机系统的交互性　　　　B. 提高计算机系统的利用率
   C. 提高计算机系统的可靠性　　　　D. 提高软件的运行速度

5. 操作系统的作用是（　　）。
   A. 把源程序译为目标程序　　　　　B. 便于进行目标管理
   C. 控制和管理系统资源的使用　　　D. 实现软硬件的转换

6. 与计算机硬件关系最密切的软件是（　　）。
   A. 编译程序　　　　B. 数据库管理程序　　C. 游戏程序　　　D. 操作系统

二、简答题

1. 什么是操作系统？它的主要作用是什么？
2. 进程和程序的区别有哪些？
3. 存储管理的基本功能有哪些？
4. 文件的安全保障措施有哪些？
5. 如何在文件资源管理器中进行文件的复制、移动、重命名？有哪几种方法？
6. 在文件资源管理器中删除的文件可以恢复吗？如果能，如何恢复？如果不能，请说明原因。
7. 在中文版 Windows 10 中，如何切换输入法的状态？
8. Windows 10 的控制面板有何作用？
9. 谈谈你对国产操作系统的认识。

习题参考答案

< 38 >

第 3 章

WPS 办公软件

WPS Office（简称 WPS）是由北京金山办公软件股份有限公司自主研发的一款办公软件套装，是集文字处理、电子表格、演示文稿于一体的信息化办公平台，拥有强大的文档处理能力，符合现代中文办公的需求。WPS Office 主要包括 WPS 文字、WPS 表格、WPS 演示三大组件，并且有 PDF 阅读功能。本章将以 WPS 365 教育版为例进行讲解。

【知识要点】

- 文档基本操作。
- 字符及段落排版，创建及美化表格，图形与图像处理，页面设置与打印。
- 数据录入与数据格式设置，公式的使用与数据的引用，常用函数。
- 数据管理（排序、筛选、分类汇总、合并计算）。
- 图表制作。
- 演示文稿的创建及保存，对象的编辑、设置。
- 演示文稿主题、版式、幻灯片切换方式的设置；声音、动画的使用。
- 演示文稿的放映和打印。

章首导读

3.1 WPS 界面介绍与通用功能

3.1.1 WPS 首页

启动 WPS 365 教育版，进入 WPS 首页。WPS 首页整合了多种服务的入口，也是工作起始页。用户可以从 WPS 首页开始和继续执行各类工作任务，如新建文档、访问最近使用过的文档和查看日程等，让办公轻松、便捷。

WPS 首页主要分为五大功能区，分别是全局搜索框、设置区、账号区、主导航栏、文件列表，如图 3.1 所示。

（1）全局搜索框

全局搜索框拥有强大的搜索功能。它支持搜索本地文档、云文档、应用、模板、Office技巧，并支持访问网页。在全局搜索框中输入搜索关键词后，全局搜索框下方会根据搜索内容展开搜索结果面板。

（2）设置区

设置区包括两个按钮，名称及功能如下。

① "意见反馈" 按钮：用于打开 WPS 服务中心，为使用中遇到的问题查找解决方案，或联系客服进行问题和意见反馈。

图 3.1　WPS 首页功能区

②"全局设置"按钮：通过该按钮可进入设置中心、启动配置和修复工具、查看 WPS 版本号等。

（3）账号区

账号区显示个人账号信息。单击此处按提示操作即可登录，登录后此处显示用户头像及会员状态，单击用户头像可打开个人中心进行账号管理。

（4）主导航栏

主导航栏是用户进行各种操作的重要入口，它提供了快速访问不同功能模块的便捷方式。

（5）文件列表

文件列表位于 WPS 首页的中间位置，用户在这里可以快速查阅文件，并可以在此设置关联手机，以便随时访问计算机中的文件；用户还可以对文件进行筛选等操作。此功能区可帮助用户快速访问和管理文件。

3.1.2　标签页管理模式

1．工作区

WPS 标签栏的右侧有一个"工作区/标签列表"图标。在打开的文档较多时，可以单击该图标以打造不同的工作区，从而对不同的文档进行分区管理，以避免在处理文档时受其他不相关文档的干扰。

工作区可将标签列表保存下来，以便在下次继续工作时一次性打开。

右击文档标签，在弹出的快捷菜单中选择"转移至工作区窗口"命令，将文档标签保存到不同的工作区。再单击"工作区/标签列表"按钮，就可以查看和切换工作区。

注意："多组件模式"不支持将标签列表保存为工作区，用户在体验工作区特性前，需要将窗口管理模式切换至"整合模式"。关闭 WPS 之后，工作区设置会自动留存；重新打开 WPS 后，用户可以快速选择特定的工作区，其包含的所有文档标签会自动还原。

2．窗口管理模式

WPS Office 窗口支持整合模式和多组件模式。

< 40 >

（1）整合模式

整合模式把文字、表格、演示和 PDF 等组件整合在一个窗口内，只在桌面上生成一个快捷方式。用户选择整合模式后即可使用上文介绍的工作区，否则无法使用。

（2）多组件模式

多组件模式是每个组件以单独的窗口形式存在，并在桌面上生成相应的快捷方式。

用户可根据日常习惯和喜好选择不同的窗口管理模式，具体操作步骤如下：WPS 首页，单击"全局设置"→"设置"→"切换窗口管理模式"命令，打开"切换窗口管理模式"对话框，选择窗口管理模式，之后单击"确定"按钮，重启 WPS 后设置生效。

3．文档标签

文档标签是 WPS 特有的文档管理方式，所有文档都默认以标签页的形式打开，文档标签位于 WPS 界面顶部的标签栏中。通过文档标签，用户可以轻松快速地切换到不同的文档，也可通过调整标签的位置等方式，对文档进行归类放置。

3.2　WPS 文字

WPS 文字是 WPS Office 核心组件之一，被应用于日常办公中的文档处理与编辑工作。

3.2.1　WPS 文字概述

1．WPS 文字的启动与退出

（1）启动：通过"开始"菜单、桌面快捷方式或双击文档打开。

（2）退出：单击工作窗口右上角的"关闭"按钮或按<Alt+F4>组合键。若文档已修改但未保存，则会弹出保存提示对话框。

2．WPS 文字工作窗口

WPS 文字工作窗口主要包括标签栏、功能区、导航窗格、文档编辑区、任务窗格和状态栏。

单击对话框启动器，即某些组右下角的小箭头按钮，弹出的对话框将显示与该组相关的更多选项，如"字体"对话框、"段落"对话框。

功能区将 WPS 文字的功能巧妙地集中在一起，以便用户查找使用。用户如果暂时不需要功能区中的功能，并希望拥有更多的工作空间，可以临时隐藏功能区。

WPS 文字工作窗口介绍

3．WPS 文字的基本操作

在使用 WPS 文字进行文档录入与排版前，必须创建文档；在文档编辑排版工作完成后，必须及时地保存文档以备下次使用。这些都属于文档的基本操作。下面介绍如何完成这些基本操作，为后续的编辑和排版工作做准备。

（1）新建文档

启动 WPS 后，可以通过在 WPS 工作窗口的"文件"菜单中选择"新建"命令，再选择"空白文档"，创建一个默认文件名为"文字文稿 1"的文档。

（2）保存文档

① 新文档保存：首次保存新文档时，单击"保存"按钮或按<Ctrl+S>组合键，打开"另存为"对话框；选择保存位置，输入文件名，选择文件的保存类型（默认为".docx"），单击"保存"按钮。

② 旧文档保存：编辑旧文档时，直接单击"保存"按钮或选择"文件"→"保存"命令，系统自动保存新内容。若需要更改文件名、保存位置或保存类型，可通过"另存为"对话框来实现。

< 41 >

③ 文档加密：为保护文档，可在"另存为"对话框中单击"加密"，输入打开文件密码和修改文件密码，按提示确认即可。

说明：对文件设置打开及修改密码，不能阻止文件被删除。

④ 文档的备份

在文档的编辑过程中，通常需要手动保存文档，但是用户可能忘记及时保存。为避免意外，WPS文字提供了多种备份设置。选择"文件"→"选项"→"备份中心"，在"备份中心"窗口中进行设置即可。

（3）打开文档

如果要对已经存在的文档进行操作，必须先将其打开。打开文档的方法很简单，直接双击要打开的文件图标，或者在打开 WPS 文字工作窗口后，选择"文件"→"打开"命令，在弹出的窗口中选择要打开的文件即可。

3.2.2　文档编辑

文档编辑是 WPS 文字的基本功能，主要包括文本的输入、选择、插入、删除、复制及移动等基本操作，并且 WPS 文字为用户提供了查找与替换文本功能、撤销和恢复功能。

1．输入文本

打开 WPS 文字后，用户可以直接在文档编辑区进行输入操作，输入的内容显示在光标所在处。

文本的输入

2．选择文本

（1）按住鼠标左键并拖曳以选择文本，被选中部分显示灰底。

（2）选择大篇幅文本：在起点处单击，在终点处按住<Shift>键并单击。

（3）选中矩形区域：按住<Alt>键的同时，按住鼠标左键并拖曳。

3．插入与删除文本

在文档编辑过程中，用户会经常执行修改操作来对输入的内容进行更正。当遗漏某些内容时，可以通过单击将光标定位到需要补充录入的位置后进行输入。如果要删除某些已经输入的内容，可以选中该内容后按<Delete>键或<Backspace>键直接将其删除。

4．复制与移动文本

当需要重复录入文档中已有的内容或者要移动文档中某些文本的位置时，可以通过复制与移动操作来快速完成。在选中的文本上右击，在弹出的快捷菜单中选择"复制"或"剪切"，将鼠标指针移至目标位置，右击，在弹出的快捷菜单中选择"粘贴选项"中合适的选项。

5．查找与替换文本

利用查找功能可以方便快速地在文档中找到指定的文本，替换操作是在查找操作的基础上进行的，使用该功能可以将文档中的指定文本根据需要有选择地替换。

查找与替换

6．撤销和恢复

单击快速访问工具栏中的"撤销"按钮可撤销上一步操作；单击"撤销"下拉按钮，选择下拉列表中的相应操作可撤销多步操作。单击"恢复"按钮可恢复上一步被撤销的操作。

3.2.3　文档排版

文档编辑完成后，就要对整篇文档进行排版，以使文档具有美观的视觉效果。本节将介绍 WPS 文字中常用的排版技术，包括字符格式设置、段落格式设置、边框与底纹设置、项目符号和编号设置、

< 42 >

分栏设置、格式刷、样式与模板的使用、创建及更新目录以及特殊格式设置等。

WPS 文字中共有 6 种视图模式供用户选择：全屏显示、阅读版式、写作模式、页面视图、大纲视图、Web 版式。

WPS 文字中的
视图显示方式

1．字符格式设置

对字符格式的设置决定了字符在屏幕上显示和打印输出的样式。字符格式设置可以通过功能区、对话框或浮动工具栏来完成，在设置前要先选择字符，即"先选中再设置"。

（1）通过功能区进行设置

打开功能区的"开始"选项卡，可以看到"字体"组中的相关命令。利用这些命令即可完成对字符格式的设置。

（2）通过对话框进行设置

单击对话框启动器"字体"按钮，在弹出的"字体"对话框的"字体"选项卡中，可以进行字体、字形、字号、字体颜色、着重号等的设置；还可以通过"效果"区域的复选框进行特殊效果设置，如加删除线、设为上标或下标等。在"字符间距"选项卡中，可以放大或缩小字符、调整字符间距和位置等。

（3）通过浮动工具栏进行设置

当选中字符并将鼠标指针指向该字符时，在选中字符的右上角会出现一个浮动工具栏，利用它进行设置的方法与通过功能区进行设置的方法相同，这里不再详述。

2．段落格式设置

在 WPS 文字中，我们通常把两个回车换行符之间的部分看作一个段落。段落格式设置包括段落对齐方式、段落缩进、段落间距与行间距等的设置。

（1）设置段落对齐方式

单击功能区"开始"选项卡中的对话框启动器"段落设置"按钮，打开"段落"对话框，选择"对齐方式"下拉列表中的选项即可进行段落对齐方式的设置；或者单击"段落"组中的 5 个对齐方式按钮 ≡ ≡ ≡ ≡ 进行设置。

（2）设置段落缩进

段落缩进设置

缩进决定了段落到页面左右边界的距离，左/右缩进设置的是段落左/右侧到页面边界的距离；首行缩进设置的是段落第一行向内缩进的距离；悬挂缩进设置的是段落除第一行外的所有行由左缩进位置起向内缩进的距离。

（3）设置段落间距与行间距

段落间距设置的是所选段落间的距离，行间距设置的是所选段落内行间的距离。行间距共有 6 个选项供用户选择，分别为单倍行距、1.5 倍行距、2 倍行距、最小值、固定值和多倍行距。

需要注意的是，当选择行距为"固定值"并输入一个磅值时，WPS 文字将忽略字体或图形的大小，这可能导致行与行相互重叠。

3．边框和底纹设置

添加边框与底纹能增加读者对文档内容的兴趣和注意程度，并能对文档起到一定的美化作用。边框和底纹可以通过"边框和底纹"对话框进行设置。

边框和底纹
设置

4．项目符号和编号设置

对于并列的相关文字，如一个问答题的几个要点，用户可以使用项目符号或编号对其进行格式化设置，使内容看起来条理更加清晰。

5．分栏设置

分栏排版就是将文字分成几栏排列，常见于报纸、杂志中。利用"页面布局"选项卡下的"分栏"

< 43 >

下拉按钮即可实现分栏设置。可以直接选择"分栏"下拉列表中的分栏选项来实现分栏设置，也可选择"更多分栏"选项进行设置。在"分栏"对话框中可进行更详细的分栏设置。若要撤销分栏，选择"一栏"即可。

需要注意的是，进行分栏设置时要先选中文字，否则系统会默认对整篇文档进行分栏。而且分栏效果只在页面视图下显示。

6．格式刷

使用格式刷可以快速地将某文本的格式设置应用到其他文本上。单击"格式刷"按钮，使用一次格式刷后其功能就会自动关闭。如果需要将某文本的格式连续应用多次，则可以双击"格式刷"按钮，之后直接用格式刷扫过不同的文本。要结束使用格式刷功能，可再次单击"格式刷"按钮或按<Esc>键。

格式刷的使用

7．样式与模板的使用

样式与模板是用户在 WPS 文字中高效排版的得力助手，熟练使用这两个工具可以简化格式设置的操作，提高排版的质量和速度。

（1）样式

样式是应用于文档中的文本、表格等的一组格式特征，利用其能迅速改变文档的外观。单击功能区的"开始"选项卡→"样式"组→"其他"按钮 ，在打开的下拉列表中列出了可供选择的样式。要对文档中的文本应用样式，可先选中这段文本，然后单击上述下拉列表中需要使用的样式。要删除某文本中已经应用的样式，可先将其选中，再选择上述下拉列表中的"清除格式"选项。

（2）模板

模板是一种预先设定好格式的特殊文档，包含文档的基本结构和文档设置。模板解决了用户每次都要排版和设置的烦恼。WPS 文字提供了丰富实用的模板，通过直接套用模板来创建新文档，可以节省很多时间和精力，提高工作效率。

8．创建及更新目录

在撰写图书或杂志等类型的文档时，通常需要创建目录以快速浏览、定位文档中的内容。在 WPS 文字中，用户可以非常方便地创建目录，并且在目录发生变化时，通过简单的操作就可以对目录进行更新。

（1）标记目录项

在创建目录之前，需要通过"样式"组，将要在目录中显示的目录项，根据所要创建的目录项级别，分别进行"标题1""标题2""标题3"等样式设置。

（2）创建目录

创建目录可以通过"引用"选项卡下"目录"组中的"目录"下拉按钮来实现。将光标放置到需要显示目录的位置后，选择"目录"下拉列表中的"智能目录"选项，即可创建目录。也可选择"自定义目录"，在弹出的"目录"对话框中设置是否显示页码、页码是否右对齐，并设置制表符前导符的样式，以及目录的格式和显示级别。

（3）更新目录

当文档内容发生变化时，需要对目录进行及时更新。要更新目录，可单击功能区的"引用"选项卡→"目录"组→"更新目录"按钮，在弹出的"更新目录"对话框中设置是更新整个目录还是只进行页码更新。也可以将光标定位到目录上，再按<F9>键打开"更新目录"对话框进行更新设置。

9．特殊格式设置

（1）首字下沉

在报纸和杂志中，我经常可以看到正文的第一个字放大突出显示的排版形式，这可以通过设置首字下沉来实现。单击"插入"选项卡→"文本"组→"首字下沉"按钮，打开"首字下沉"对话框，

< 44 >

在对话框中选择"下沉"或"悬挂",并对下沉的文字进行字体及下沉行数的设置。

（2）给中文加拼音

如果需要给中文加拼音,可先选中要加拼音的文字,再单击功能区"开始"选项卡→"拼音指南"按钮 _变,然后在弹出的"拼音指南"对话框中对对齐方式、偏移量、字体和字号等进行设置。

3.2.4 表格制作

表格是用于组织数据的非常有用的工具之一,它以行和列的形式简明扼要地表达信息,便于读者阅读。在 WPS 文字中,用户不仅可以快捷地创建表格,还可以对表格进行修饰以提升其美观程度,而且能对表格中的数据进行排序和简单计算等。

1.创建表格

（1）插入表格

要在文档中插入表格,可将光标定位到要插入表格的位置,单击功能区"插入"选项卡→"表格"下拉按钮,弹出的下拉列表中会显示一个示意网格;在示意网格中移动鼠标指针,至所选网格包含所需行数、列数后单击即可。

也可选择下拉列表中的"插入表格"选项,打开"插入表格"对话框,在"列数"和"行数"中输入列数、行数,再在"列宽选择"区域中根据需要设置"固定列宽"或"自动列宽",即可创建一个表格。

（2）绘制表格

使用插入表格的方法只能创建规则的表格,要插入复杂的不规则表格,可以通过绘制表格来实现。要绘制表格,可选择"表格"下拉列表中的"绘制表格"选项,之后将鼠标指针移到文档编辑区,可看到鼠标指针已变成一个笔状图标,此时我们可以像拿着画笔一样通过拖曳鼠标指针画出所需的任意表格。

需要注意的是,首次拖曳鼠标指针绘制出的是表格的外围边框,之后才可以绘制表格的内部框线。要结束绘制表格,双击或按<Esc>键即可。

2.输入表格内容

表格中的每一个小格叫作单元格,每一个单元格中都有一个段落标记,我们可以把每一个单元格当作一个小的段落来处理。要在单元格中输入内容,需要在单元格中单击或者使用方向键将光标定位至单元格中。

当然,我们也可以修改录入内容的字体、字号、字体颜色等,与文档的字符格式设置方法相同,我们需要先选中内容再设置。

3.编辑表格

（1）选定表格

在对表格进行编辑之前,需要知道如何选中表格中的不同元素,如单元格、行、列或整个表格等。WPS 文字中有以下一些选中技巧。

① 选定一个单元格:将鼠标指针移至单元格左侧,在鼠标指针变成实心箭头时单击。

② 选定一行:将鼠标指针移至表格外该行左侧,在鼠标指针变成空心箭头时单击。

③ 选定一列:将鼠标指针移至表格外该列上方,在鼠标指针变成实心黑箭头时单击。

④ 选定整个表格:拖曳鼠标指针选取或单击表格左上角四向箭头图标。

（2）调整行高和列宽

① 行高:将鼠标指针指向行下边框线,待鼠标指针变成双向箭头后,拖曳鼠标指针调整。

② 列宽:将鼠标指针指向列右边框线,待鼠标指针变成双向箭头后,拖曳鼠标指针调整。

③ 精确调整:定位光标到目标单元格,单击"表格工具"选项卡→"单元格大小"组中的微调

表格的操作

< 45 >

按钮进行调整。

（3）合并和拆分

使用表格的合并与拆分功能可以完成一些不规则表格的创建。通过功能区的"表格工具"选项卡→"合并"组→"合并单元格"和"拆分单元格"按钮可快速实现单元格的合并与拆分。将多个单元格合并后，原来各单元格中的内容将以一列的形式显示在新单元格中；而将一个单元格拆分后，原单元格中的内容将显示在拆分后的首个单元格中。

如果要将一个表格拆分成两个，可先将光标定位到拆分分界处（即第二个表格的首行上），再单击功能区的"表格工具"选项卡→"合并"组→"拆分表格"按钮，即完成表格的拆分。

（4）插入行或列

要在表格中插入新行或新列，可先将光标定位到要在其周围加入新行或新列的那个单元格中，再根据需要选择功能区的"表格工具"选项卡→"插入"→"在上方插入行"/"在下方插入行"/"在左侧插入列"/"在右侧插入列"命令。

（5）删除行或列

要删除表格中的某一列或某一行，可先将光标定位到此行或此列的任一单元格中，再单击功能区的"表格工具"选项卡→"删除"下拉按钮，在弹出的下拉列表中根据需要选择相应选项即可。若要一次删除多行或多列，则需要将其全部选中，再执行上述操作。

需要注意的是，选中行或列后直接按<Delete>键只能删除其中的内容，而不能删除行或列。

（6）更改单元格对齐方式

单元格中文字的对齐方式有9种，默认的对齐方式是靠上左对齐。要更改某些单元格的文字对齐方式，可先选中这些单元格，再单击功能区的"表格工具"选项卡→"对齐方式"组→对齐图例按钮，根据需要的对齐方式单击相应按钮即可；也可以选中单元格后右击，在弹出的快捷菜单中单击"单元格对齐方式"子菜单中的某个图例选项。

（7）绘制斜线表头

在创建一些表格时，有时需要在首行的第一个单元格中同时显示行标题和列标题，有时还需要显示出数据标题，这时就需要绘制斜线表头。

斜线表头的绘制可以通过以下步骤来实现。

① 将光标定位在表格首行的第一个单元格中，并将此单元格的尺寸调大。

② 选择功能区的"表格样式"选项卡→"边框"→"斜下框线"命令，单元格中就会出现一条斜线。

③ 在单元格中的"姓名"文字前输入"科目"后按<Enter>键。

④ 调整两行文字在单元格中的对齐方式分别为"靠上右对齐"和"靠下左对齐"，完成设置后将表中除斜线表头单元格外的所有单元格的对齐方式设置为水平和垂直都居中，效果如图3.2所示。

科目 姓名	英语	计算机	高数	总成绩
李明	86	80	93	
王芳	92	76	89	
张楠	78	87	88	
平均分				

图3.2　插入斜线表头

4．美化表格

（1）修改表格框线

如果要对表格的框线颜色或线型等进行修改，可选中单元格，切换到"表格样式"选项卡，单击

< 46 >

"边框"组中的"边框和底纹"命令，设置线型、颜色和宽度，在预览区中选择应用边框位置。

（2）添加底纹

要为表格添加底纹，可先选中要添加底纹的单元格，若是为整个表格添加底纹，则需要选中整个表格。之后切换到功能区的"表格样式"选项卡，选择"底纹"下拉列表中的颜色即可。

表格的美化

5. 表格中数据的计算与排序

（1）表格中数据的计算

在 WPS 文字中，可以通过在表格中插入公式的方法来对表格中的数据进行计算。例如，要计算图 3.2 中李明的总成绩，可先将光标定位到要插入公式的单元格中，然后单击功能区的"表格工具"选项卡→"数据"组→"公式"按钮，此时会弹出图 3.3 所示的"公式"对话框。在"公式"文本框中已经显示公式"= SUM(LEFT)"，由于要计算的正是公式所在单元格左侧数据之和，因此不需要更改，直接单击"确定"按钮就会计算出李明的总成绩。用类似的方式可以计算其余数据。

表格中数据的
计算与排序

（2）表格中数据的排序

要对表格中的数据进行排序，首先要选中排序区域，如果不选中，则默认对整个表格进行排序；然后单击功能区的"表格工具"选项卡→"数据"组→"排序"按钮，打开"排序"对话框。在该对话框中分别设置排序的"主要关键字""次要关键字"以及排序方法、有无标题行等。

图 3.3　"公式"对话框

3.2.5　图文混排

要使文档更加美观，有时还需要在文档中适当的位置放置一些图片并对其进行编辑。WPS 文字提供了功能强大的图片编辑工具，可完成图片的插入、剪裁和添加特效，以及更改图片亮度、对比度、颜色饱和度和色调等，从而轻松、快速地将简单的文档转换为图文并茂的艺术作品。通过新增的抠除背景功能还能方便地移除所选图片的背景。

1. 在文档中插入图片

在文档中插入图片的操作步骤如下。

① 将光标移到文档中要插入图片的位置。

② 选择"插入"选项卡→"图片"→"来自文件"命令，打开"插入图片"窗口。

③ 定位到保存图片的文件夹，选中要使用的图片文件。

④ 单击"打开"按钮即可将图片插入当前文档。

图片的插入

将图片插入文档后，选中图片，此时图片的四周会出现 8 个控制点；将鼠标指针移动到控制点上，当鼠标指针变成双向黑色箭头时，按住鼠标左键不放进行拖曳可以改变图片的大小。同时功能区中出现了用于图片编辑的"图片工具"选项卡，我们可以对图片进行亮度、对比度、位置及环绕方式等设置。

2. 插入在线流程图

在文档中插入在线流程图的操作步骤如下。

① 将光标移到文档中要显示流程图的位置。

② 选择功能区的"插入"选项卡→"常用对象"组→"流程图"→"在线流程图"命令，在弹出的"流程图"窗口中选择需要的流程图样式即可。

3. 插入艺术字

艺术字是具有特殊效果的文字，用户可以在文档中插入 WPS 艺术字库提供的任一效果的艺术字。

< 47 >

在文档中插入艺术字的方法非常简单，先将光标移到文档中要显示艺术字的位置，在功能区的"插入"选项卡→"常用对象"组→"艺术字"下拉列表中选择一种样式，再在文档编辑区中的"请在此放置您的文字"框中输入文字即可。

艺术字插入文档后，功能区中会出现用于艺术字编辑的"文本工具"选项卡，利用其中的命令可以对艺术字进行轮廓、填充、阴影、发光、三维旋转的设置。与图片一样，我们也可以利用"环绕"下拉列表对艺术字进行环绕方式的设置。

4．插入自选图形

WPS 文字提供了很多自选图形绘制工具，包括各种线条、基本形状（如圆、椭圆及梯形等）、箭头和流程图等。插入自选图形的操作步骤如下。

① 单击功能区的"插入"选项卡→"常用对象"组→"形状"下拉按钮，在弹出的下拉列表中选择所需的图形。

② 移动鼠标指针到文档中要显示自选图形的位置，按住鼠标左键并拖曳至图形为合适大小后松开鼠标左键，即可绘出所选图形。

自选图形插入文档后，功能区中会显示"绘图工具"选项卡。与编辑艺术字类似，我们也可以对自选图形进行轮廓、填充、阴影、发光、三维旋转及环绕方式等设置。

5．插入智能图形

WPS 文字预置了多种智能图形模板，我们可一键套用。使用智能图形工具，我们可以非常方便地在文档中插入用于展示流程、层次结构或循环关系的智能图形。

在文档中插入智能图形的操作步骤如下。

① 将光标移到文档中要显示智能图形的位置。

② 单击功能区的"插入"选项卡→"常用对象"组→"智能图形"按钮，打开"智能图形"对话框，对话框上部显示的是 WPS 文字提供的智能图形类别，有列表、循环、流程、时间轴、组织架构、关系、矩阵、对比等。单击某一类别，对话框中间会显示出该类别下的所有智能图形的图例。

④ 单击某一图例，即可在文档中插入智能图形，我们可根据需要进行内容输入。

在文档中插入智能图形后，功能区会显示用于编辑智能图形的"设计"和"格式"两个选项卡。通过这两个选项卡可以为智能图形添加项目、更改布局、更改颜色、更改形状样式（包括填充、轮廓等效果设置），还能为文字设置填充色等。

6．插入文本框

文本框是存放文本的容器，也是一种特殊的图形对象。要在文档中插入文本框，可以利用"插入"选项卡→"常用对象"组→"文本框"下拉列表中的选项进行设置，也可以直接选择内置的文本框样式。

文本框插入文档后，功能区中会显示"文本工具"选项卡。文本框的编辑方法与艺术字类似，我们可以对其文字设置轮廓、填充、阴影、发光、三维旋转等。若想更改文本框中的文字方向，可单击"文本工具"选项卡→"段落"组→"文字方向" ↓＊ 按钮，进行水平和垂直方向的切换。

3.2.6 文档页面设置与打印

为了使文档具有较好的输出效果，还需要对其进行页面设置，包括页眉与页脚、纸张大小与方向、页边距等的设置。设置完成后，还可以根据需要选择是否打印文档。

1．设置页眉与页脚

页眉与页脚含有在页面的顶部和底部重复出现的信息，我们可以在页眉与页脚中插入文本或图形，如页码、日期、公司徽标、文档标题、文件名或作者名等。页眉与页脚只能在页面视图下看到，在其他视图下无法看到。

设置页眉与
页脚

< 48 >

2．设置纸张大小与方向

在进行文字编辑排版之前，要设置好纸张大小及方向。单击"页面布局"选项卡→"页面设置"组→"纸张方向"下拉按钮，在打开的下拉列表中选择"纵向"或"横向"命令；单击"纸张大小"下拉按钮，可以在打开的下拉列表中选择一种已经列出的纸张大小，或者选择"其他页面大小"命令，在弹出的"页面设置"对话框中进行纸张大小的设置。

3．设置页边距

页边距是页面四周的空白区域。要设置页边距，可以单击"页面布局"选项卡→"页面设置"组→"页边距"下拉按钮，在打开的下拉列表中选择页边距进行设置；也可以选择"自定义页边距"命令，在弹出的"页面设置"对话框中进行设置。

4．打印预览与打印

为了便于阅读和携带，编辑好的文档有时候需要打印出来。利用 WPS 文字的打印预览功能，我们可以快速查看打印效果。在打印文档前，单击"文件"→"打印"→"打印预览"按钮或单击快速访问工具栏的"打印预览"按钮，即可在文档编辑区查看打印效果。在"打印设置"界面中，可选择纸张方向和页边距等，对打印进行相关设置，包括打印份数、打印机、打印范围、纸张大小等，预览并确认无误后，单击"打印"按钮即可。

由于篇幅有限，WPS 文字的很多功能在此没有讲到，有兴趣的读者可以单击功能区的各个按钮自行学习。

3.3　WPS 表格

WPS 表格是 WPS Office 的组件，具备输入、输出和显示数据的功能，并且可以利用公式进行简单的加减法计算。它可以帮助用户制作各种复杂的表格文档，进行烦琐的数据计算。本节从基本的操作入手，内容涉及工作表的编辑、数据处理和图表制作等方面的知识。

WPS 表格环境
介绍

3.3.1　WPS 表格概述

1．WPS 表格的启动与退出

（1）启动

① 选择"开始"菜单→"WPS Office"→"新建"→"表格"命令，即可启动 WPS 表格。

② 双击任意一个表格文件，WPS 表格就会启动并且打开相应的文件。

③ 双击 WPS Office 的快捷方式，通过 WPS 首页打开一个新的表格文档。

（2）退出

如果要退出 WPS 表格，可以用下列方法之一。

① 单击 WPS 表格界面右上角的"关闭"按钮。

② 按<Alt+F4>组合键。

2．WPS 表格工作窗口介绍

新建的 WPS 工作簿默认包含一个工作表，其工作窗口如图 3.4 所示。

3．工作簿的操作

（1）新建工作簿

选择"文件"→"新建"→"表格"→"新建空白表格"命令，或者单击快速访问工具栏中的"新

< 49 >

建"按钮□。

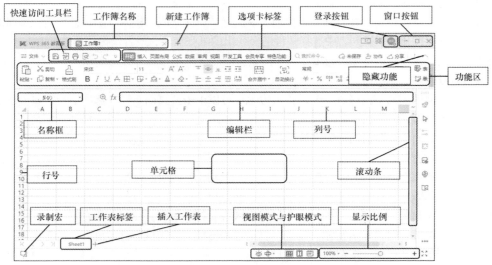

图 3.4 WPS 表格工作窗口

（2）打开工作簿

选择"文件"→"打开"命令，或者单击快速访问工具栏中的"打开"按钮☐，在出现的对话框中输入文件名称或选择要打开的文件，单击"打开"按钮。

（3）保存工作簿

① 选择"文件"→"保存"命令，若该文件已保存过，可直接保存。

② 若是一个新文件，保存时将弹出"另存为"对话框，在"文件名称"文本框中输入文件名称来保存当前的工作簿；如果需要将工作簿保存到其他位置，可以在左侧列表中选择其他的目录；如果需要选择以其他文件格式保存 WPS 表格工作簿，可以在"文件类型"下拉列表中选择其他的文件格式；单击"保存"按钮。

③ 设置安全性选项。在"另存为"对话框中单击"加密"后，会弹出"密码加密"对话框，在该对话框中可进行打开权限密码与编辑权限密码的设置。

（4）关闭工作簿

选择"文件"→"关闭"命令或直接单击工作窗口右上角的✕按钮。

4．工作表的操作

（1）选定工作表

要选定单个工作表，只需要将其变成当前活动工作表，即在工作表标签上单击。

（2）工作表重命名

在创建新的工作簿时，所有的工作表会依次以 Sheet1、Sheet2……命名。在实际操作中，为了更有效地进行管理，可用以下两种方法对工作表重命名。

① 双击要重新命名的工作表标签，输入新名称后按<Enter>键即可。

② 右击某工作表标签，在弹出的快捷菜单中选择"重命名"命令并进行相应操作。

（3）移动工作表

单击要移动的工作表标签，将之拖到目标位置即可。

< 50 >

3.3.2　数据输入

数据输入

1．单元格中数据的输入

（1）文本的输入

单击需要输入文本的单元格，直接输入即可。输入的文本会在单元格中自动以左对齐方式显示。

（2）数值的输入

数值是指能用来计算的数据。单元格中可以输入的数值包括整数、小数、分数及用科学记数法表示的数。在输入分数时应注意，要先输入 0 和空格，再输入分数。例如，要输入 6/7，正确的输入方法是：输入"0 空格 6/7"，按<Enter>键。

默认情况下，输入单元格中的数值将自动右对齐。

（3）日期和时间的输入

在工作表中输入日期时，最好采用 YYYY-MM-DD 的格式，也可在年、月、日之间用"/"连接，如 2008/8/8 或 2008-8-8。

（4）批注的输入

在选定的单元格上右击，在弹出的快捷菜单中选择"插入批注"命令，或者切换到"审阅"选项卡，单击"新建批注"按钮，在选定的单元格右侧将弹出一个批注框，在其中输入批注内容即可。

2．自动填充数据

（1）智能填充

"智能填充"功能可以使一些不太复杂但需要重复操作的字符串处理工作变得简单，如实现字符串的分列和合并、提取身份证出生日期、分段显示手机号码等。选择"数据"选项卡→"数据工具"组→"填充"→"智能填充"命令，可利用"智能填充"功能填充余下内容。

（2）自动重复列中已输入的数据项

WPS 表格会自动补全与列中已有文本或文本与数值的组合匹配的输入，但不支持纯数值、日期或时间。

（3）使用"填充"命令填充相邻单元格

① 实现单元格复制填充

在"开始"选项卡中单击"填充"下拉按钮，在打开的下拉列表中选择"向上填充""向下填充""向左填充"或"向右填充"，可以实现指定方向相邻单元格的复制填充。

② 实现单元格序列填充

选定要填充区域的第一个单元格并输入序列中的初始值；选定含有初始值的单元格区域；在"开始"选项卡中选择"填充"→"序列"命令，将弹出"序列"对话框，按需求对弹出的对话框进行设置。

（4）使用填充柄填充数据

填充柄是位于选定区域右下角的小方块。将鼠标指针指向填充柄，鼠标指针变为黑十字形状；双击即可向下填充。

（5）使用自定义填充序列填充数据

自定义填充序列可以基于工作表中已有的序列。

选择"文件"→"选项"→"自定义序列"→"新序列"命令，在"输入序列"文本框中输入各个数据项。输入完成后，依次单击"添加"和"确定"按钮。在工作表中，输入初始值，拖曳填充柄 填充单元格。

< 51 >

（6）使用推荐输入列表

使用 WPS 表格提供的推荐输入列表功能，可大大提高输入效率。在单元格中输入文本时，若输入内容与列中字符串开头匹配，系统将自动补齐；若输入内容匹配多个开头或非开头部分，系统将调出推荐输入列表。

3.3.3 格式化

1．设置工作表的行高和列宽

为使工作表输出在屏幕上或打印出来能有比较好的效果，用户可以对列宽和行高进行适当调整。

（1）使用鼠标调整

将鼠标指针移至列号或行号分隔线上，鼠标指针变成双向箭头✛后，按住鼠标左键并拖曳箭头至适当位置，松开鼠标左键后即可看到表格的变化。双击分隔线可自动调整行高或列宽以完整显示数据。

（2）使用命令调整

选定单元格区域，选择"开始"选项卡→"单元格"组→"行和列"→"行高"/"列宽"命令，在弹出的对话框中设置行高/列宽；也可以选择"最适合的行高"/"最适合的列宽"命令。

2．单元格的操作

在对单元格进行操作之前，必须选定单元格使之成为活动单元格。

单元格操作

（1）选定单元格或区域

① 选定一个单元格：单击单元格。

② 选定一行：单击行号。

③ 选定整个表格：单击工作表左上角行号和列号交叉处的"全选"按钮。

④ 选定一个矩形区域：在区域左上角的第一个单元格内单击，按住鼠标左键沿着对角线拖曳到区域右下角的最后一个单元格后松开鼠标左键。

⑤ 选定不相邻的矩形区域：按住<Ctrl>键，单击单元格或拖曳鼠标选择矩形区域。

（2）插入行、列、单元格

在需要插入单元格的位置单击相应的单元格，选择"开始"选项卡→"单元格"组→"行和列"→"插入单元格"→"插入单元格"命令，会弹出"插入"对话框。选择插入单元格的方式后单击"确定"按钮，即可完成插入操作。

插入行、列的操作与插入单元格的操作类似。

（3）删除行、列、单元格

单击相应的行号或列号将其选定后，右击，通过弹出的快捷菜单删除行或列。

（4）单元格内容的复制与粘贴

① 利用鼠标拖曳完成。选定要复制内容的单元格，按住<Ctrl>键和鼠标左键并拖曳鼠标，至目标单元格位置后释放。拖曳时鼠标指针会变成✛形状，释放鼠标左键即可完成复制粘贴操作。

② 利用剪贴板完成。单击需要复制内容的单元格，再单击"开始"选项卡→"剪贴板"→"复制"按钮，选中目标单元格，单击"粘贴"或"选择性粘贴"，即可完成复制粘贴操作。

（5）清除单元格内容

选中要清除内容的单元格，单击"开始"选项卡→"单元格"→"清除"下拉按钮，在弹出的下拉列表中选择"内容"命令，单元格中的内容即会被删除；选择"格式"命令，可清除格式；选择"批注"命令可清除批注。如果想一并清除内容、格式和批注，则选择"全部"命令。

< 52 >

3．设置单元格格式

（1）字符的格式化

选定要设置字体格式的单元格后，可以通过以下两种方法进行设置。

① 使用选项卡中的"字体"组命令设置。

② 通过"设置单元格格式"对话框设置。

（2）数字格式化

在表格中，数字是最常见的单元格内容，所以系统提供了多种数字格式。将数字格式化后，单元格中呈现的是格式化后的结果，编辑栏中呈现的是系统实际存储的数据。

（3）对齐及缩进设置

默认情况下，单元格中文本左对齐，数值右对齐。"开始"选项卡的"对齐方式"组提供了几个对齐和缩进按钮，可用于改变字符的对齐方式。用户也可以通过"设置单元格格式"对话框进行详细设置。

① 合并居中：将多个单元格合并成一个更大的单元格，新单元格中的内容居中。在"开始"选项卡中单击"合并"下拉按钮，弹出的下拉列表中会根据所选列范围的不同显示可用的合并单元格选项。

② 自动换行：通过多行显示使单元格所有内容都可见。按<Alt+Enter>组合键可以强制换行。

（4）边框和底纹

屏幕上显示的网格是为用户输入和编辑方便而预设的，在进行打印和输出时，用户可以用它作为表格线，也可以自己定义边框样式和底纹颜色，具体途径有以下两种。

① 使用"开始"选项卡"单元格"组中的命令设置。

② 通过"单元格格式"对话框设置。

4．使用条件格式

条件格式基于条件更改单元格区域的外观，有助于突出显示应关注的单元格或单元格区域，强调异常值。

（1）快速设置条件格式

条件格式

选择单元格区域后，选择"开始"选项卡→"样式"组→"条件格式"→"突出显示单元格规则"→"小于"命令，会弹出"小于"条件格式对话框。设置条件格式后，在数据区域可以看到设置显示效果。

（2）高级条件格式

选择单元格区域后，选择"开始"选项卡→"样式"组→"条件格式"→"新建规则"命令，将弹出"新建格式规则"对话框。选择"只为包含以下内容的单元格设置格式"，设置所需条件后，单击"确定"按钮即可实现高级条件格式的设置。

5．套用表格格式

WPS 表格提供了一些已经制作好的表格格式，用户在制作报表时，可以套用这些格式，以快速制作出既漂亮又专业的表格。

3.3.4　公式和函数

1．公式的使用

公式的使用

在 WPS 表格中，公式是对工作表中的数据进行计算的有效手段之一。在工作表中输入数据后，运用公式即可对表格中的数据进行计算并得到需要的结果。

在 WPS 表格中，公式是以等号开始的，运用各种运算符，将值或常量和单元格引用、函数返回值等组合起来，就形成了等号右边的表达式。WPS 表格会自动计算表达式的结果，并将其显示在相应的单元格中。

< 53 >

（1）公式运算符及其优先级

在构造公式时，经常要使用各种运算符。常用的运算符有 4 类，如表 3.1 所示。

表 3.1　运算符及其优先级

优先级别	类别	运算符
高 ↓ 低	引用运算	:（冒号）、,（逗号）、 （空格）
	算术运算	−（负号）、%（百分号）、^（乘方）、* 和 /、+和 −
	字符运算	&（字符串连接）
	比较运算	=、<、<=、>、>=、< >（不等于）

在 WPS 表格中，计算并非简单地从左到右依次执行，运算符的运算顺序为冒号、逗号、空格、负号、百分号、乘方、乘除、加减、&、比较。注意，使用括号可以改变运算符的运算顺序。

（2）公式的输入

输入公式的操作类似于输入文本类型的数据，不同的是，在输入一个公式前，要先输一个等号"="，然后输入公式的表达式。

通过拖曳填充柄，可以复制引用公式。利用"公式"选项卡中的"追踪引用"按钮可对被公式引用的单元格及单元格区域进行追踪。

（3）公式异常信息

用户在运用公式计算时，经常会看到一些异常信息，即错误值，它们通常以符号#开头，以感叹号或问号结尾。公式错误值及可能的出错原因如表 3.2 所示。

表 3.2　公式错误值及可能的出错原因

错误值	可能的出错原因
#####	单元格中输入的数值或公式太长，单元格显示不下，这不代表公式有错
#DIV/0!	做除法时，分母为 0
#NULL?	应当用逗号将函数的参数分开，却误用了空格
#NUM!	与数字有关的错误，如计算产生的结果太大或太小，以致无法在工作表中准确表示出来
#REF!	公式中出现了无效的单元格地址
#VALUE!	在公式中输入了错误的运算符，对文本进行了算术运算

2．单元格的引用

我们在公式中可以引用本工作簿或其他工作簿中任何单元格区域的数据。公式中输入的是单元格区域地址，引用后，公式的运算值会随着被引用单元格的变化而变化。

单元格的引用

（1）单元格引用类型

单元格的引用类型分为相对引用、绝对引用和混合引用 3 种。

① 相对引用。相对引用给出的是当前单元格与公式所在单元格的相对位置。运用相对引用，当公式所在单元格的位置发生改变时，引用也随之改变。

② 绝对引用。绝对引用指向工作表中固定位置的单元格，它的位置与公式所在的单元格无关。绝对引用要在列号与行号前面均加上$符号。

③ 混合引用。混合引用是指在一个单元格地址中使用绝对列和相对行，或者相对列和绝对行，如$A1 或 A$1。当公式因复制等原因发生行、列引用的变化时，公式中相对引用的部分会随着位置的变化而变化，而绝对引用部分不随位置的变化而变化。

（2）同一工作簿不同工作表的单元格引用

要在公式中引用同一工作簿不同工作表的单元格内容，则需要在单元格或单元格区域前注明工作表名。

< 54 >

3．函数的使用

一个函数包含函数名和函数参数两部分。函数名表达函数的功能，每一个函数都有唯一的函数名，函数中的参数是函数运算的对象，可以是数值、文本、逻辑值、表达式、引用或其他函数。插入函数可以使用 WPS 表格工作窗口中的"公式"选项卡。若熟悉使用的函数及其语法规则，也可在编辑栏内直接输入函数形式。建议使用"公式"选项卡插入函数。

（1）使用"插入函数"对话框

具体操作步骤如下。

① 选定要输入函数的单元格。

② 单击"公式"选项卡中的"插入"按钮，会出现"插入函数"对话框。

③ 在"或选择类别"下拉列表中选择"常用函数"或其他函数类别，在"选择函数"列表框中选择要用的函数。单击"确定"按钮。

④ 在弹出的"函数参数"对话框中输入参数。如果要选择单元格区域作为参数，则可单击参数框右侧的"折叠对话框"按钮　来缩小对话框，选择完毕，再单击参数框右侧的"展开对话框"按钮　恢复对话框。

（2）常用函数

① 求和函数 SUM()

格式：SUM(数值 1,数值 2,…)。

功能：计算数值 1、数值 2、…的总和。

说明：此函数的参数是必不可少的，参数允许是数值、单元格地址、单元格区域地址、简单算式，最多允许使用 30 个参数。

② 求平均值函数 AVERAGE()

格式：AVERAGE(数值 1,数值 2,…)。

功能：计算数值 1、数值 2、…的平均值。

说明：对所有参数进行累加，并计数，再用总和除以计数结果。空白单元格不参与计数，单元格中的数据为"0"时参与运算。

③ 最大值函数 MAX()

格式：MAX(数值 1,数值 2,…)。

功能：计算数值 1、数值 2、…的最大值。

说明：参数可以是数字或包含数字的引用。如果参数为错误值或为不能转换为数值的文本，则显示异常信息。

④ 最小值函数 MIN()

格式：MIN(数值 1,数值 2,…)。

功能：计算数值 1、数值 2、…的最小值。

参数说明同③。

⑤ 计数函数 COUNT()

格式：COUNT(值 1,值 2,…)。

功能：计算单元格区域中包含数字的单元格个数。

说明：只有数值或日期会被计数，而空白单元格、逻辑值、文本和错误值都会被忽略。

⑥ 条件计数函数 COUNTIF()

格式：COUNTIF(range,criteria)。

功能：计算单元格区域中满足条件的单元格个数。

说明：条件的形式可以是数值、表达式或文本。

计数函数

< 55 >

⑦ 条件函数 IF()

格式：IF(测试条件,真值,[假值])。

功能：根据逻辑值"测试条件"进行判断，若为 true，返回真值；否则返回假值。

条件函数

说明：IF()函数可以嵌套使用，最多嵌套 7 层，用"测试条件"和"真值"参数可以构造复杂的测试条件。

⑧ 排名函数 RANK()

格式：RANK(number, ref, order)。

功能：返回单元格 number 在一个垂直区域中的排位名次。

排名函数

说明：order 是排位的方式，为 0 或省略时会按降序排名次（值最大的为第一名），不为 0 就按升序排名次（值最小的为第一名）。

函数 RANK()对重复数的排位相同，但重复数的存在会影响后续数值的排位。

4．快速计算与自动求和

（1）快速计算

在分析、计算工作表的过程中，有时需要得到临时计算结果，而它们不用在工作表中呈现出来，这时可以使用快速计算功能。

方法：用鼠标选定需要计算的单元格区域，即可得到选定区域数据的平均值、计数结果及求和结果，这些结果显示在窗口下方的状态栏中。

（2）自动求和

由于经常用到的公式是求和、求平均值、计数、求最大值和最小值，因此可以使用"开始"选项卡中的"自动求和"下拉列表，也可以使用"公式"选项卡中的"自动求和"下拉列表，来快速得到结果。

3.3.5 数据管理

WPS 表格不但具有数据计算的能力，而且具有强大的数据管理功能。用户在做数据计算与分析前，通常需要对原始数据进行整理，通过删除重复项、数据排序、数据筛选、分类汇总、合并计算功能来实现对复杂数据的分析与处理。

1．删除重复项

在 WPS 表格中，通过"数据"选项卡→"数据工具"组→"重复项"→"删除重复项"命令，可以快速删除单列或多列数据中的重复项，并在原始数据区域返回删除重复项后的清单。如果需要将删除重复项后的数据输出到其他位置，则需要将原始数据复制到目标区域进行操作。

2．数据排序

WPS 表格提供了强大的数据排序功能。数据排序可以快速直观地显示数据，并有助于用户更好地理解数据、组织并查找所需数据，最终做出更有效的决策。

数据排序

工作表是包含标题及相关数据的一组数据行。通常工作表中的第一行是标题行，由多个字段名（关键字）构成，表中的每一列对应一个字段。

（1）快速排序

如果只对单列进行排序，首先单击所要排序字段的任意一个单元格，然后选择"数据"选项卡→"排序和筛选"组→"排序"→"升序"命令/"降序"命令，工作表中的记录就会以所选字段为排序关键字进行相应的排序操作。

（2）自定义排序

自定义排序是指通过"排序"对话框设置多个排序条件来实现对工作表中的数据内容进行排序。

< 56 >

工作表中的记录首先按照主要关键字排序，若主要关键字相同，则按次要关键字排序。若记录的主要关键字和第一次要关键字都相同，则按第二次要关键字排序。

排序时，如果要排除标题行，可选中"数据包含标题"复选框；如果工作表中没有标题行，则不选中"数据包含标题"复选框。

3．数据筛选

数据筛选的主要功能是将符合要求的数据集中显示在工作表中，不符合要求的数据暂时隐藏。

（1）自动筛选

自动筛选是进行简单条件的筛选，具体方法如下：选择工作表中的任一单元格，单击"数据"选项卡→"排序和筛选"组→"筛选"按钮，此时，每个列标题的右侧会出现一个下拉按钮；单击某字段的下拉按钮，将弹出一个下拉列表，其中列出了该列中的所有数据项，从下拉列表中选择需要显示的数据项即可。要取消筛选，可再次单击"筛选"按钮。

（2）自定义筛选

在工作表自动筛选的前提下，单击某字段的下拉按钮，在弹出的下拉列表中选择"数字筛选"/"文本筛选"→"自定义筛选"命令，在弹出的"自定义自动筛选方式"对话框中设置筛选条件。

（3）高级筛选

高级筛选是以用户设定的条件对工作表中的数据进行筛选，可以筛选出同时满足两个或两个以上条件的数据。

在工作表中设置条件区域，条件区域至少为两行，第一行为字段名，第二行及以下为筛选条件。先将工作表的字段名复制到条件区域的第一行单元格中，当作条件字段，然后在其下一行输入条件。同一行不同列单元格中的条件互为"与"逻辑关系，同一列不同行单元格中的条件互为"或"逻辑关系。条件区域设置完成后，进行高级筛选的具体操作步骤如下。

① 单击工作表中的任一单元格。

② 选择"数据"选项卡→"排序和筛选"组→"筛选"→"高级筛选"命令，将弹出"高级筛选"对话框。

③ 设置要筛选的数据区域。

④ 单击"条件区域"文本框，在工作表中选定条件区域。

⑤ 在"方式"区域中选中"在原有区域显示筛选结果"或"将筛选结果复制到其他位置"单选按钮。单击"确定"按钮完成筛选。

4．分类汇总

在实际工作中，我们往往需要对一系列数据进行小计和合计，这时使用分类汇总功能就十分方便了。

（1）对分类字段进行排序，使相同的记录集中在一起。

（2）单击工作表中的任一单元格。单击"数据"选项卡→"分级显示"组→"分类汇总"按钮，将弹出"分类汇总"对话框。

（3）设置完成后，单击"确定"按钮，即实现了分类汇总。

5．合并计算

使用"合并计算"功能，可以对多张工作表上的数据进行合并。

3.3.6　图表

为使表格中的数据关系更加直观，可以将数据以图表的形式表示出来。通过创建图表，我们可以

< 57 >

更加清楚地了解各个数据之间的关系以及数据的变化情况，方便对数据进行对比和分析。

根据数据特征和观察角度的不同，WPS 表格提供了柱形图、折线图、饼图、条形图、面积图、XY 散点图、股价图、雷达图、组合图等类型图表供用户选用，每一类图表又包括若干个子类型。

图表制作

图表由图表区和绘图区组成。图表区是整个图表的背景区域；绘图区是用于呈现数据的区域。

建立图表以后，可通过增加图表元素，如数据标签、坐标轴标题、文字等，来美化图表及强调某些信息。大多数图表元素是可以被移动及调整大小的。当然，我们也可以通过图案、颜色、对齐、字体及其他属性来设置图表元素的格式。

1. 创建图表

创建图表的过程如下。

① 选择要包含在图表中的单元格或单元格区域。

② "插入"选项卡下的"图表"组给出了图表的样式，我们可以从中选择所需的图表样式，或者单击"全部图表"按钮，在左侧选择图表类型，再在右侧选择具体的图表样式，即可完成图表的创建。

2. 图表的编辑

利用"图表工具""绘图工具""文本工具"选项卡中的命令，可以很方便地对图表进行更多的设置与美化。

（1）图表设计

单击图表，打开"图表工具"选项卡。

① 图表的数据编辑。单击"图表工具"选项卡→"数据"组→"选择数据"按钮，会出现"编辑数据源"对话框，在该对话框中可以对图表中引用的数据进行添加、编辑、删除等操作。

② 图表类型与样式的快速改换。单击"图表工具"选项卡→"类型"组→"更改类型"按钮，重新选定所需图表类型。选定图表类型后，在"图表工具"选项卡的"图表样式"组中，可以重新选定所需图表样式。

（2）图表布局

单击图表，再单击"图表工具"选项卡→"图表布局"组→"添加元素"下拉按钮，使用弹出的下拉列表中的命令可以设置图表标题、坐标轴标题、图例、数据标签等。

（3）设置图表元素的格式

在"绘图工具"→"形状样式"组中可选择要设置的格式，并可设置"填充""轮廓""效果"等。

创建迷你图

3. 快速突显数据的迷你图

WPS 表格提供了"迷你图"功能，利用它在一个单元格中可绘制出简洁、漂亮的小图表，使数据中潜在的价值信息醒目地呈现在屏幕上。

3.3.7 表格的打印

1. 页面布局

在 WPS 表格的工作窗口中，用户可以通过"页面布局"选项卡中的命令对页面布局效果进行快速设置。

单击"页面布局"选项卡中的对话框启动器"页面设置"按钮，会出现"页面设置"对话框。在"页面设置"对话框中可以对"页面""页边距""页眉/页脚""工作表"等进行更详细的设置。

< 58 >

2. 打印预览

（1）在打印前预览工作表

选择要打印的工作表后，可选择"文件"→"打印"→"打印"命令进行打印。若选择"文件"→"打印"→"打印预览"命令，则会显示"打印预览"窗口。若选择了多个工作表，或者一个工作表中含有多页数据，要预览下一页和上一页，可在"打印预览"窗口的顶部单击"下一页"和"上一页"按钮。单击"页边距"按钮，"打印预览"窗口中会显示页边距，若要更改页边距，直接拖曳页边距标志线即可。也可以通过拖曳页面顶部的控点来更改列宽。

（2）利用"分页预览"命令设置分页符

分页符是为了便于打印，将一张工作表分隔为多页的分隔符。用户可通过"页面布局"选项卡中的"分页预览"命令轻松地实现添加、删除或移动分页符的操作。手动插入的分页符是以实线显示的，而虚线指示 WPS 表格自动分页的位置。

3. 打印设置

选择"文件"→"打印"→"打印"命令，在打开的对话框中可以设置打印选定区域、活动工作表、多个工作表或整个工作簿。

打印设置

若要连同行标题和列标题一起打印，可单击"页面布局"选项卡中的"打印标题"按钮进行设置。

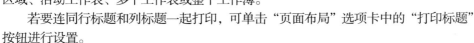

3.4 WPS 演示

WPS 演示是 WPS 的主要组件之一，可用于创建漂亮的幻灯片，支持多种模板、主题和布局。用户可插入文字、图片、图表、视频等元素来提升效果。本节将详细介绍 WPS 演示文稿的制作、编辑、放映和打印全过程，帮助读者掌握基本操作和设置方法，制作包含多媒体元素的演示文稿。

WPS 演示工作
窗口

3.4.1　WPS 演示概述

WPS 演示的启动、退出与 WPS 文字类似，在此就不详细介绍了。

1. 工作窗口的组成

启动 WPS 演示，创建空白演示文稿后，用户将会看到被命名为"演示文稿 1.pptx"的文件。

2. 视图模式的切换

WPS 演示提供了几种演示文稿视图模式，即普通视图、大纲视图、幻灯片浏览视图、备注页视图和阅读视图，此外还有一个用于播放的幻灯片放映视图。

在视图模式之间进行切换，可以使用工作窗口底部的视图模式切换按钮，也可以使用"视图"选项卡中相应的视图模式按钮。

视图模式的
切换

3. 创建新的演示文稿

启动 WPS 演示后，用户一般会选择新建一个空白演示文稿，并利用此空白演示文稿进行工作。

选择"文件"→"新建"命令，系统会弹出新建演示文稿界面，用户可以选择列出的模板来创建演示文稿，也可以利用搜索框搜索模板和主题来创建演示文稿。

演示文稿的
创建

< 59 >

4．演示文稿的保存

演示文稿制作完毕需要保存起来以备后用，同时在编辑的过程中，为了防止意外情况造成数据丢失，也需要进行及时保存。保存演示文稿的操作方法与 WPS 文字类似，在此不再详述。

演示文稿的
保存

3.4.2　演示文稿的设置

1．编辑幻灯片

（1）输入文本

在幻灯片中添加文本的方法有很多种，最简单的方法是直接将文本输入幻灯片的占位符或文本框中。

① 在占位符中输入文本

占位符就是一种由虚线或阴影线围成的框。在这些框内，可以放置标题、正文、表格、图片等对象。

编辑幻灯片

当用户创建一个空白演示文稿时，系统会自动插入一张"标题幻灯片"。该幻灯片中共有两个虚线框，这两个虚线框就是占位符，占位符中显示"空白演示"和"单击此处输入副标题"字样。将鼠标指针移至占位符中，单击后即可输入文字。

② 使用文本框输入文本

如果要在占位符之外的其他位置输入文本，可以先在幻灯片中插入文本框。单击"插入"选项卡中的"文本框"按钮，在幻灯片的适当位置绘制一个文本框，之后就可以在文本框的光标处输入文本了。默认插入的是"横向文本框"，如果需要"竖向文本框"，可以单击"文本框"下拉按钮，在弹出的下拉列表中进行选择。将鼠标指针指向文本框的边框，按住鼠标左键可以拖曳文本框到任意位置。

WPS 演示中对文字的复制、粘贴、删除、移动和对文字字体、字号、颜色等的设置，以及对段落格式的设置等操作，均与 WPS 文字中的相关操作类似，在此就不详细叙述了。

（2）插入幻灯片

在普通视图或幻灯片浏览视图中均可插入空白幻灯片，可以通过单击"开始"选项卡中的"新建幻灯片"按钮，或在大纲/幻灯片浏览窗格中选中一张幻灯片后按<Enter>键等方法实现该操作。

（3）幻灯片的复制、移动和删除

在 WPS 演示中，对幻灯片的复制、移动和删除等操作均与 WPS 文字中对文本对象的相关操作类似，在此就不详细叙述了，读者可参考 WPS 文字的相关操作，掌握其操作方法。

2．编辑图片和图形

演示文稿中只有文字信息是远远不够的。在 WPS 演示中，用户可以插入图片，并且可以利用绘图工具绘制自己需要的简单图形对象。另外，用户还可以对插入的图片进行修改。

编辑图片和
图形

（1）编辑来自文件的图片

WPS 演示允许插入各种来源的图片文件。

单击"插入"选项卡中的"图片"下拉按钮，打开下拉列表，选择"本地图片"命令，会弹出"插入图片"对话框。选择所需图片后，单击"打开"按钮可以将本地图片插入幻灯片。

在"插入"选项卡的"图片"下拉列表中，还可以选择"分页插图"或"手机图片/拍照"，也可以选择将联机图片插入幻灯片。

插入图片后，选中图片，工作窗口会出现"图片工具"选项卡，如图 3.5 所示。

< 60 >

图 3.5　"图片工具"选项卡

在"图片工具"选项卡中可以对图片进行裁剪、调色、添加边框和效果等操作。

（2）编辑形状

单击"插入"选项卡中的"形状"下拉按钮，弹出下拉列表，其中显示线条、矩形、基本形状、箭头总汇、公式形状、流程图、星与旗帜、标注、动作按钮等。单击所需形状后，在幻灯片中拖出所选形状。在封闭图形中右击，在弹出的快捷菜单中选择"编辑文字"命令，就可以在形状中添加文字。

（3）编辑智能图形

选择"插入"→"智能图形"命令，打开"智能图形"对话框。用户可以在并列、列表、总分、时间轴、关系、循环、流程、组织结构、金字塔等图形中进行选择。单击所需图形，根据提示输入图形中所需的必要文字即可。如果需要对加入的智能图形进行编辑，则需要先选中该图形，然后通过工具栏上的"绘图工具"和"文本工具"选项卡中的命令进行相应操作。

（4）编辑图表

图表具有较好的视觉效果，当演示文稿中需要用数据说明问题时，用图表显示更为直观。利用 WPS 演示可以制作出常用的图表形式，包括二维图表和三维图表。用户在 WPS 演示中可以链接或嵌入 WPS 表格文件中的图表，并可以在 WPS 演示提供的工作表窗口中进行修改和编辑。

（5）编辑艺术字

艺术字以普通文本为基础，经过一系列的加工，具有阴影、形状、色彩等艺术效果。但艺术字是一种图形对象，它具有图形的属性，不具备文本的属性。

3．幻灯片美化

要改变演示文稿的外观，最方便快捷的方法就是幻灯片美化。WPS 演示提供了许多适应各类主题的皮肤，可以快速地帮助用户生成美观的演示文稿。

在"设计"选项卡中可以单击"全文美化"按钮对所有幻灯片进行美化，也可以单击"单页美化"按钮对某一张幻灯片进行美化。

4．应用幻灯片版式

在创建演示文稿后，用户可能需要对某一张幻灯片的版式进行更改，这在演示文稿的编辑中是比较常见的事情。最简单的改变幻灯片版式的方法就是用其他的版式去替代现有版式。选择"开始"选项卡，打开"版式"下拉列表，单击所需的版式后，当前幻灯片的版式就被改变了。

5．使用母版

WPS 演示提供了 3 种母版：幻灯片母版、讲义母版和备注母版。

（1）幻灯片母版

幻灯片母版是一张包含占位符的幻灯片，这些占位符是为标题、主要文本和所有幻灯片中出现的背景项目设置的。用户可以在幻灯片母版上为所有幻灯片设置默认版式和格式。

母版的设置与使用

单击"视图"选项卡中的"幻灯片母版"按钮，幻灯片窗格中显示幻灯片母版样式。此时用户可以改变标题的样式，如设置标题的字体、字号、字形、对齐方式等。用同样的方法也可以设置其他文本的样式。用户还可以通过"插入"选项卡将对象（如图片、图表、艺术字等）添加到幻灯片母版上。例如，在幻灯片母版上加入一个图形，单击"幻灯片母版"选项卡中的"关闭"按钮，切换到幻灯片浏览视图，可以看到，幻灯片母版上插入的图形在所有的幻灯片上出现了。

< 61 >

（2）讲义母版

讲义是演示文稿的打印版本，为了在打印出来的讲义中留有足够的注释空间，可以设定在每一页中打印幻灯片的数量。也就是说，讲义母版可用于编排讲义的格式，此外还可以设置页眉页脚、占位符等。

（3）备注母版

备注母版主要用于控制备注页的格式。备注是用户输入的对幻灯片的注释内容。利用备注母版，可以修改备注页中输入的备注内容与外观。另外，备注母版还可以用于调整幻灯片的大小和位置。

6．设置幻灯片背景

用户可以通过修改幻灯片母版、为幻灯片插入图片等方式来美化幻灯片。实际上，幻灯片由两部分组成，一部分是幻灯片本身，另一部分就是母版。在播放幻灯片时，母版是固定的，更换的是幻灯片本身。有时为了获得所需的播放效果，需要修改部分幻灯片的背景，这时可以对幻灯片的背景进行设置。

幻灯片背景的设置

选择"设计"选项卡中的"背景"→"背景填充"命令，工作窗口的右侧显示"对象属性"任务窗格，在其中可对幻灯片背景进行"填充"设置，包括"纯色填充""渐变填充""图片或纹理填充""图案填充"等。

7．使用幻灯片动画效果

在WPS演示中，用户可以通过"动画"选项卡中的命令为幻灯片上的文本、形状、声音和其他对象设置动画，这样就可以突出重点，并提高演示文稿的趣味性。

对象动画效果的设置

在幻灯片中，选中要添加自定义动画的项目或对象，如选择一个图片。单击"动画"选项卡标签，可以从"动画"组中选择一种动画，完成初步设置。在下拉列表中可以选择更多动画效果。

为幻灯片项目或对象添加动画效果后，该项目或对象的旁边会出现一个带有数字的灰色矩形标识，且"动画窗格"任务窗格中会列出该动画效果。若"动画窗格"任务窗格没有显示在工作窗口中，可单击"动画窗格"按钮。此时用户还可以对刚刚设置的动画进行修改。

为同一张幻灯片中的多个对象设定动画效果后，对于它们的播放顺序，还可以在"动画窗格"任务窗格中用鼠标拖曳来调整。

8．使用幻灯片多媒体效果

为了丰富幻灯片放映时的视听效果，用户可以在幻灯片中插入声音、视频等多媒体对象。

（1）添加声音

单击"插入"选项卡中的"音频"下拉按钮，打开的下拉列表中有"嵌入音频""链接到音频""嵌入背景音乐""链接背景音乐"几个选项。

多媒体效果的设置

插入音频文件后，幻灯片上会出现一个喇叭图标，用户可以通过"音频工具"选项卡对插入的音频文件的播放、音量等进行设置。完成设置后，该音频文件会按照设置在放映幻灯片时播放。

（2）插入视频

单击"插入"选项卡中的"视频"下拉按钮，打开的下拉列表中有"嵌入视频""链接到视频""屏幕录制""开场动画"几个选项。用户可以通过"视频工具"选项卡对插入的视频文件的播放、音量等进行设置。完成设置后，该视频文件会按照设置在放映幻灯片时播放。

3.4.3　演示文稿的放映

在演示文稿制作完成后，用户就可以观看演示文稿的放映效果了。放映之前，可以设置幻灯片放

< 62 >

映方式：可以从头开始放映，也可以从当前幻灯片开始放映。

1．放映设置

（1）设置幻灯片放映

单击"放映"选项卡中的"放映设置"按钮，打开"设置放映方式"对话框。

演示文稿放映
的设置

"放映类型"区域有两个选项：演讲者放映（全屏幕）、展台自动循环放映（全屏幕）。用户可以根据需要在"放映类型""放映幻灯片""放映选项"和"换片方式"区域进行选择，所有设置完成后，单击"确定"按钮即可。

（2）隐藏或显示幻灯片

在放映演示文稿时，如果不希望播放某张幻灯片，可以将其隐藏起来。隐藏幻灯片并不是将其从演示文稿中删除，而是在放映演示文稿时不显示这一张幻灯片，其仍然保留在文件中。隐藏或显示幻灯片的操作步骤如下。

单击"放映"选项卡中的"隐藏幻灯片"按钮，选中的幻灯片会被设置为隐藏状态；再次单击该按钮即可解除隐藏状态。

（3）放映幻灯片

启动幻灯片放映的方法有很多，常用的有以下几种。

① 单击"放映"选项卡中的"从头开始""当页开始"或"自定义放映"按钮。

② 按<F5>键。

③ 单击工作窗口右下角的橙色按钮 ▶ 。

按<F5>键，将从第一张幻灯片开始放映；单击工作窗口右下角的橙色按钮 ▶ ，将从演示文稿的当前幻灯片开始放映。

（4）控制幻灯片放映

在幻灯片放映时，可以用鼠标和键盘进行翻页、定位等操作。单击或滚轮下滚可切换到下一页，滚轮上滚可切换到上一页。也可使用键盘的<Space>键、<Enter>键、<Page Down>键、<→>键、<↓>键将幻灯片切换到下一页，用<Backspace>键、<↑>键、<←>键将幻灯片切换到上一页。还可以右击，从弹出的快捷菜单中选择相关命令。

（5）对幻灯片进行标注

在放映幻灯片过程中，可以通过鼠标操作在幻灯片上画图或写字，从而对幻灯片中的一些内容进行标注。在 WPS 演示中，还可以将放映演示文稿时所使用的墨迹保存在幻灯片中。

在放映时，屏幕的左下角会出现"幻灯片放映"控制栏，单击画笔按钮，或右击，在弹出的快捷菜单中选择"墨迹画笔"，再在子菜单中选择箭头、圆珠笔、水彩笔、荧光笔或墨迹颜色后，就可以在幻灯片中进行标注。

2．设置幻灯片的切换效果

幻灯片的切换效果是指当前页消失和下一页出现的形式。设置幻灯片的切换效果，可以使幻灯片以多种不同的动态出现在屏幕上，并且可以在切换时添加声音，从而增加演示文稿的趣味性。

设置幻灯片切换效果的操作步骤如下。

① 选中要设置切换效果的一张或多张幻灯片。

② 在"切换"选项卡中可以选择多种切换效果。

③ 选择切换的"速度""声音"和换片方式。如果在这里没有单击"应用到全部"按钮，则前面的设置只对选中的幻灯片有效。

3.4.4　设置链接

链接是指从一张幻灯片到另一张幻灯片、一个网页或一个文件的连接，包括超链接和动作链接。

< 63 >

链接可以设置在文本、图片、形状或艺术字等对象上。设置了链接的文本会显示下画线，设置了链接的图片、形状和其他对象没有附加格式。

1. 编辑超链接

超链接的设置

首先选中要创建超链接的文本或其他对象，然后单击"插入"选项卡中的"超链接"按钮，打开"插入超链接"对话框，在此可以选择链接到某一个文件或网页、本演示文稿中的某一张幻灯片、某一个电子邮件地址或者链接附件，最后单击"确定"按钮完成设置。

2. 编辑动作链接

编辑动作链接的步骤：先选中要创建动作链接的文本或其他对象，再单击"插入"选项卡中的"动作"按钮，打开"动作设置"对话框，设置超链接到的位置即可。

3.4.5 演示文稿的打印

选择"文件"→"打印"→"打印"命令，弹出"打印"对话框，在这个对话框中，可以设置打印机、打印份数等。单击"打印内容"下拉按钮，在打开的下拉列表中可以选择打印"幻灯片""备注页"等。

单击"打印"对话框左下角的"预览"按钮，还可以在其中对打印方式、纸张信息、打印范围、打印内容及页眉页脚进行设置。

习题3

一、选择题

1. WPS 文字中文件默认的扩展名是（　　）。
   A. doc　　　　　　B. docx　　　　　　C. dot　　　　　　D. dotx
2. 对文档进行分两栏设置后，在（　　）视图下可以显示。
   A. 大纲　　　　　　B. 草稿　　　　　　C. 页面　　　　　　D. Web
3. 在 WPS 文字的（　　）选项卡中，可以为选中文字设置艺术效果。
   A. 开始　　　　　　B. 插入　　　　　　C. 页面布局　　　　D. 引用
4. 通过 WPS 文字打开一个文档并做了修改，之后执行关闭文档操作，则（　　）。
   A. 文档被关闭，并自动保存修改后的内容
   B. 文档被关闭，修改后的内容不能保存
   C. 弹出对话框，并询问是否保存对文档的修改
   D. 文档不能关闭，并提示出错
5. 对于 WPS 文字中表格的叙述，正确的是（　　）。
   A. 不能删除表格中的单元格　　　　　　B. 表格中的文本只能垂直居中
   C. 可以对表格中的数据排序　　　　　　D. 不可以对表格中的数据进行公式计算
6. 要向 A5 单元格中输入分数并显示为"1/10"，正确的输入方法是（　　）。
   A. 1/10　　　　B. 0 空格 1/10　　　　C. '1/10　　　　D. 0.1
7. 在 WPS 表格中，"B1:C2"代表的单元格是（　　）。
   A. C1、C2　　　　　　　　　　　　B. B1、B2
   C. B1、B2、C1、C2　　　　　　　　D. B1、C2
8. 若在工作簿 1 的工作表 Sheet2 的 C1 单元格内输入公式时，需要引用工作簿 2 的工作表 Sheet1

< 64 >

中 A2 单元格的数据，正确的引用为（　　）。

    A．Sheet1!A2   B．工作簿 2!Sheet1(A2)

    C．工作簿 2Sheet1A2   D．[工作簿 2]Sheet1!A2

9．在 WPS 表格中，假设在 D4 单元格内输入公式"C3+$A$5"，再把公式复制到 E7 单元格中，则在 E7 单元格内，公式实际上是（　　）。

    A．C3+$A$5   B．D6+$A$5   C．C3+$B$8   D．D6+B8

10．在 WPS 表格的工作表中，若要按 A1：A20 中的成绩，在 C1:C20 中计算出 A 列对应行成绩的名次，则应在 C1 中输入公式（　　）后复制填充到 C2:C20。

    A．=RANK(C1,A1：A20)   B．=RANK($C$1,A1：A20)

    C．=RANK(A1,A$1：A$20)   D．=RANK(A1：A20,C1)

11．下面关于 WPS 演示的说法中，不正确的是（　　）。

    A．它不是 Windows 应用程序   B．它是演示文稿制作软件

    C．它可以制作幻灯片   D．它是 WPS 组件之一

12．设置 WPS 演示的幻灯片母版，可使用（　　）命令。

    A．"开始"→"幻灯片母版"   B．"设计"→"幻灯片母版"

    C．"视图"→"幻灯片母版"   D．"加载项"→"幻灯片母版"

13．在 WPS 演示中，要调整幻灯片的排列顺序，最好在（　　）下进行。

    A．大纲视图   B．幻灯片浏览视图   C．幻灯片视图   D．普通视图

14．在 WPS 演示中设置文本动画，要先（　　）。

    A．选定文本   B．指定动画效果   C．设置动画参数   D．选定动画类型

15．在 WPS 演示中，若希望在文字预留区外的区域输入其他文字，可通过（　　）按钮来插入文字。

    A．图表   B．格式刷   C．文本框   D．剪贴画

二、简答题

1．简述 WPS 文字工作窗口基本组成及各部分的主要功能。

2．简述利用格式刷进行格式复制的操作步骤。

3．简述创建一个演示文稿的主要步骤。

4．在 WPS 演示中输入和编排文本与在 WPS 文字中的操作有哪些类似的地方？

三、操作题

1．启动 WPS 文字，输入以下内容后将文档以"WPS 排版作业"为名进行保存。

信息检索简介

    信息检索是指将杂乱无序的信息有序化，形成信息集合，并根据需要从信息集合中查找出特定信息的过程，其全称是信息存储与检索（Information Storage and Retrieval）。信息的存储主要是指对一定范围内的信息进行筛选，描述其特征，加工使之有序化形成信息集合，即建立数据库，这是检索的基础；信息的检索是指采用一定的方法与策略从数据库中查找出所需信息，是存储的反过程。存储与检索是相辅相成的过程。为了迅速、准确地检索，就必须了解存储的原理。通常人们所说的信息检索主要指后一过程，即信息查找过程，也就是狭义的信息检索（Information Search）。

2．按照以下要求对以上文档进行设置。

（1）将标题设为艺术字，华文行楷、一号，环绕方式为"上下型环绕"，居中显示；设置正文为小四号、宋体，首行缩进 2 字符，1.5 倍行距。

（2）对正文进行分栏设置，栏数为 2 栏。

（3）对正文段落添加"茶色，背景 2，深色 25%"的底纹。

（4）在正文最后间隔一行创建一个 5 行×6 列的空表格，将表格外框线设置为宽度为 1.5 磅的双实

线，再将表格的第一行单元格和最后一行单元格分别合并。

（5）在表格下方插入形状"爆炸形1"，将其设为居中显示，并设置填充色为"茶色，背景2，深色25%"，添加"紧密映像，接触"的映像效果。

（6）在页脚处插入页码，设置对齐方式为居中，页码数字格式为"Ⅰ,Ⅱ,Ⅲ,…"。

3. 图3.6所示为成绩统计表，上机完成下列操作。

	A	B	C	D	E	F	G	H
1	成绩统计表						
2	学号	姓名	数学	计算机	英语	平均成绩	总成绩	名次
3	90203001	李莉	78	92	93			
4	90203002	张斌	58	67	43			
5	90203003	魏娜	91	87	83			
6	90203004	郝仁	68	78	92			
7	20203005	程功	88	56	79			
8	各科成绩与平均成绩不及格人数：						
9	各科成绩与平均成绩最高分：						
10	平均成绩优秀比例：						

图3.6　成绩统计表

（1）在Sheet1中制作图3.6所示的成绩统计表，并将Sheet1更名为"成绩统计表"。

（2）利用公式或函数分别计算平均成绩、总成绩、名次，并统计各科成绩与平均成绩不及格人数、各科成绩与平均成绩最高分、平均成绩优秀的比例（平均成绩大于等于85分的人数/考生总人数，并以百分数表示）。

（3）利用条件格式将各科成绩与平均成绩不及格的单元格数据改为红色字体。

（4）以"平均成绩"为关键字降序排序。

（5）以表中的"姓名"为水平轴标签，"平均成绩"为垂直序列，制作簇状柱形图，并将图形放置于成绩统计表的下方。

4. 制作一个个人简历演示文稿，要求如下。

（1）选择一个合适的模板。

（2）整个文件中应有不少于3张的相关图片。

（3）幻灯片中的部分对象应有动画设置。

（4）幻灯片之间应有切换效果设置。

（5）幻灯片的整体布局合理、美观大方。

（6）幻灯片不少于5张。

习题参考答案

< 66 >

第 **4** 章　多媒体技术及应用

本章首先介绍多媒体技术的基本概念，然后详细讲述多媒体系统的组成和多媒体信息在计算机中的表示与处理，接着简单介绍图像处理软件和视频处理软件的使用方法，最后介绍虚拟现实/增强现实技术和元宇宙。通过本章的学习，读者应掌握多媒体技术的基本概念和基本知识。

【知识要点】
- 多媒体技术的基本概念。
- 多媒体系统的组成。
- 多媒体信息在计算机中的表示与处理。
- 图像和视频处理软件。
- 虚拟/增强现实技术、元宇宙。

章首导读

4.1　多媒体技术的基本概念

多媒体技术的出现标志着信息技术的革命性飞跃。多媒体计算机可处理文字、图像、音频、动画和视频等多种媒体，并采用图形用户界面、窗口操作、触摸屏等技术，大大提高了人机交互的能力。

4.1.1　多媒体概述

媒体是信息表示、传输和存储的载体。例如，文本、声音、图像等都是媒体，它们会向人们传递各种信息。我们可以把直接作用于人的感官、让人产生感觉（视、听、嗅、味、触觉）的媒体称为感觉媒体。多媒体（Multimedia）是融合两种或两种以上感觉媒体的一种人机交互式信息交流和传播媒体，是多种媒体信息的综合。

4.1.2　多媒体技术的定义和特征

多媒体技术是指能对多种媒体上的信息进行处理的技术。具体来说，它是一种把文字、图形、图像、视频、动画和声音等表现信息的媒体结合在一起，并通过计算机进行综合处理和控制，将媒体的各个要素进行有机组合，完成一系列随机性交互式操作的技术。

多媒体的定义

多媒体技术的特征主要有多样性、集成性、交互性、实时性。

4.1.3　多媒体技术的分类

多媒体技术是多学科、多技术交叉的综合性技术，主要分为多媒体数据压缩技术、多媒体信息存储技术、多媒体网络通信技术、多媒体计算机专用芯片技术、多媒体软件技术以及虚拟/增强现实技术等。

1．多媒体数据压缩技术

数字化后的多媒体信息的数据量非常庞大，因此需要使用多媒体数据压缩技术来解决数据存储与信息传输的问题。

2．多媒体信息存储技术

多媒体信息存储技术主要研究多媒体信息的逻辑组织，存储体的物理特性，逻辑组织到物理组织的映射关系，多媒体信息的存取方法、访问速度、存储可靠性等问题。

3．多媒体网络通信技术

多媒体网络通信技术是指通过对多媒体信息特点和网络技术的研究，建立适合传输多媒体信息的信道、通信协议和交换方式等，解决多媒体信息传输中的实时与媒体同步等问题。

4．多媒体计算机专用芯片技术

多媒体计算机专用芯片可归纳为两种类型：一种是固定功能的芯片，其主要用来提高图像数据的压缩比；另一种是可编程数字信号处理器芯片，其主要用来提高图像数据的运算速度。多媒体计算机专用芯片技术主要用于实现音、视频信号的快速压缩、解压缩和实时播放等功能。其技术特点包括高性能、低功耗、高集成度、可编程性等。

5．多媒体软件技术

多媒体软件技术包括多媒体操作系统、多媒体数据库技术、多媒体信息处理技术、多媒体应用开发技术。

6．虚拟/增强现实技术

虚拟现实（Virtual Reality，VR）是一种基于多媒体计算机技术、传感技术、仿真技术的沉浸式交互环境。增强现实（Augmented Reality，AR）技术是在虚拟现实技术的基础上发展起来的一种新兴技术。4.6 节将详细介绍虚拟/增强现实技术。

4.1.4　多媒体技术的应用

1．多媒体技术在教育培训系统中的应用

多媒体教学的模式可以使教学内容更充实、更形象、更有吸引力，提高学习者的学习兴趣和接受效率。多媒体课件可由教学者自行创建，同时可上传至资源中心进行共享。

2．多媒体技术在通信工程中的应用

多媒体技术可以把计算机的交互性、通信的分布性以及电视的真实性融为一体。它已经应用在可视电话、计算机支持的协同工作、视频会议、检索网络多媒体信息资源、多媒体邮件等方面。

3．多媒体技术在影音娱乐中的应用

用户通过乐器数字接口（Music Instrument Digital Interface，MIDI）可以将各种音乐设备与计算机连接起来，自己编曲演奏、存储乐曲等。虚拟现实技术可以向人们提供三维立体化的双向影视服务，使人们足不出户就能"进入"世界著名的博物馆、美术馆和旅游景点，并能根据自己的意愿选择观赏的场景。

4．多媒体技术在电子出版物中的应用

电子出版物是指以数字代码方式将图、文、声、像等信息存储在磁、光、电介质上，通过计算机

< 68 >

或类似设备阅读使用，并可复制发行的大众传播媒体。多媒体技术将图像、文字、音频、视频等元素融合，使电子出版物的内容更加丰富多彩，提升了读者的阅读体验，提高了读者的参与度和阅读的趣味性。

5. 多媒体技术在医疗诊断中的应用

医疗诊断中经常采用的实时动态视频扫描、声影处理等技术都是多媒体技术成功应用的例子，并且实现了影像存储管理。这些多媒体技术的应用必将改善人类的医疗条件，提高医疗水平。

6. 多媒体技术在工业及军事领域中的应用

利用多媒体技术可对工业生产进行实时监控，特别是在危险环境和恶劣环境中的作业。在军事领域，多媒体技术也起到了不可忽视的作用，主要表现在作战指挥与作战模拟、军事信息管理系统、军事教育及训练等方面。

4.2 多媒体系统的组成

多媒体系统是一个能处理多媒体信息的计算机系统。一个完整的多媒体系统是由硬件和软件两大部分组成的。硬件部分包括计算机主机及可以接收和表示多媒体信息的各种输入输出设备；软件部分包括音频/视频处理核心程序、多媒体操作系统及各种多媒体工具软件和应用软件。

多媒体系统

4.2.1 多媒体系统的硬件

多媒体系统中主要有以下硬件。

（1）主机：作为整个系统的运算与控制核心，主机的性能直接关乎多媒体数据处理速度，CPU运算能力越强、内存越大，多媒体系统处理高清视频、三维图形这类复杂多媒体内容就越高效。

（2）多媒体输入设备：摄像头、数码相机、话筒、扫描仪等。

（3）多媒体输出设备：显示器、投影仪、电视、音箱、耳机、打印机等。

（4）存储设备：硬盘、光盘、U盘与移动硬盘等。

（5）多媒体接口卡：显卡、声卡等。

4.2.2 多媒体系统的软件

按功能划分，多媒体系统的软件可分为多媒体核心软件、多媒体工具软件和多媒体应用软件。

1. 多媒体核心软件

多媒体核心软件不仅具有综合使用各种媒体、灵活调度多媒体数据进行传输和处理的能力，而且要控制各种媒体硬件设备协调地工作。多媒体核心软件包括多媒体操作系统、音频/视频支持系统、音频/视频设备驱动程序等。

2. 多媒体工具软件

多媒体工具软件包括多媒体数据处理软件、多媒体软件工作平台、多媒体软件开发工具和多媒体数据库系统等。

3. 多媒体应用软件

多媒体应用软件是面向应用领域的软件系统，通常由应用领域的专家和多媒体开发人员协作完成，如多媒体模拟系统、多媒体导游系统等。

< 69 >

4.3 多媒体信息在计算机中的表示与处理

多媒体融合声、文、图、形、数，其中"文"和"数"在计算机中的表示和处理方法第 1 章已经介绍过，本节将着重介绍声音媒体与视觉媒体在计算机中的表示和处理方法。

4.3.1 声音媒体的数字化

声波是指能引起听觉的由机械振动产生的机械波，振动越强，声音越大；振动频率越高，音调越高。人耳能听到的声音频率为 20Hz～20kHz，而人能发出的声音频率为 300Hz～3000Hz。

在计算机内，所有的信息均以数字（0 或 1）表示，用一组数字表示的声音信号，我们可称之为数字音频。数字音频与模拟音频的区别在于：模拟音频在时间上与幅度上是连续的，而数字音频是一个数值序列，在时间上与幅度上是离散的。若要用计算机处理音频信号，就要将模拟信号（如语音、音乐等）转换成数字信号。这一转换过程称为模拟音频数字化。模拟音频数字化的过程涉及音频的采样、量化和编码，如图 4.1 所示。

图 4.1 模拟音频数字化

1. 采样

采样是每隔一定时间就在模拟波形上取一个幅度值，把时间上的连续信号变成时间上的离散信号。该时间间隔为采样周期 T，其倒数为采样频率，如图 4.2 所示。

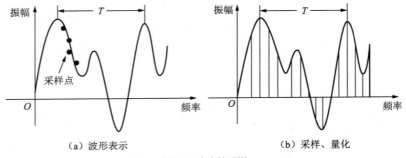

（a）波形表示　　　　　　（b）采样、量化

图 4.2 声音的采样

采样频率即每秒的采样次数。采样频率越高，数字音频的质量就越高，但数据量也越大。

2. 量化

量化是对每个采样点得到的表示声音强弱的模拟电压的幅度值进行离散化处理的过程。量化位数（即采样精度）表示存放采样点幅度值的二进制位数，它决定了模拟音频数字化后的动态范围。量化位数越大，对音频信号的采样精度就越高，信息量也相应提高。

3. 编码

编码是将采样和量化后得到的数字以特定的二进制形式记录下来。常用的编码方式是脉冲编码调制（Pulse Code Modulation，PCM），其优点是抗干扰能力强，失真小，传输特性稳定。常见的声音文件格式有 WAV、MIDI、MP3、AU、AIFF 等。

< 70 >

4.3.2　视觉媒体的数字化

多媒体创作常用的视觉元素分为静态图像和动态图像两大类。

1. 静态图像

对于静态图像，根据其在计算机中生成的原理不同，可将其分为位图（光栅）图像和矢量图形。

在计算机中，图形（Graphics）与图像（Image）是一对既有联系又有区别的概念。图形一般是指通过绘图软件绘制的由直线、圆、圆弧、任意曲线等图元组成的画面，以矢量图形文件形式存储。图像是由扫描仪、数字照相机、摄像机等输入设备捕捉的真实场景画面产生的映像，数字化后以位图图像文件形式存储。

静态图像的定义

静态图像的数字化是指将一幅真实的图像转变成计算机能够接受的数字形式的图像，这涉及对图像的采样、量化以及编码等。

静态图像是以多种不同的格式存储在计算机中的，在设计输出时用户就能根据自己的需要有针对性地选择输出格式。常见的静态图像存储格式有 BMP、JPEG、GIF、PNG、TIFF、PSD 等。

2. 动态图像

动态图像常被统称为视频，但狭义上，我们习惯将通过摄像机拍摄得到的动态图像称为视频，而将由计算机或用绘画的方法生成的动态图像称为动画。视频是由一系列的静态图像按一定的顺序排列组成的，每一幅画面称为一帧（Frame）。电影、电视通过快速播放每帧画面，再加上人眼视觉暂留效应，便产生了连续运动的效果。当帧速率达到 12 帧/s 以上时，即可产生连续运动效果。

动态图像数字化过程同音频相似，即在一定的时间内以一定的时间间隔对单帧视频信号进行采样、量化、编码，实现模数转换、彩色空间变换和编码压缩等，可通过视频捕捉卡和相应的软件来实现。

常见的动态图像存储格式有 AVI、MPEG、MP4、MOV、ASF、WMV、RM、RMVB 等。

4.3.3　多媒体数据压缩技术

近年来，随着计算机网络技术的广泛应用，信息传输的需要促进了数据压缩相关技术和理论的研究与发展。

数据为什么可以压缩呢？这是因为数据中常存在一些重复部分，即冗余。在一份计算机文件中，某些符号会重复出现，如下面的字符串：

KKKKKKAAAAVVVVAAAAAA

这个字符串可以用更简洁的方式来编码，那就是将每一个重复的字符串替换为单个的实例字符加上记录重复次数的数字。上面的字符串可以被编码为下面的形式：

6K4A4V6A

在这里，6K 意味着 6 个字符 K，4A 意味着 4 个字符 A，以此类推。

实际上，数据压缩也允许一定的失真。通过对数据的压缩，可减少数据占用的存储空间，从而减少传输数据所需的时间，减小传输数据所需信道的带宽。数据压缩方法种类繁多，可以分为无损压缩和有损压缩两大类。

目前常见的数据压缩标准有用于静态图像压缩的 JPEG 标准，用于视频和音频编码的 MPEG 系列标准，用于音频编码的 MP3 标准，用于视频和音频通信的 H.264、H.265 标准等。

4.4　图像处理软件

图像处理软件有很多，本节主要介绍常用的 Adobe Photoshop、醒图和美图秀秀。

< 71 >

4.4.1 Adobe Photoshop

Adobe Photoshop 是由 Adobe 公司开发和发行的图像处理软件，主要处理由像素构成的数字图像。使用其众多的工具，用户可以有效地进行图片编辑工作。本小节将以 Adobe Photoshop 2022 为例进行讲解。

1．Adobe Photoshop 2022 概述

下载和安装 Adobe Photoshop 2022，打开工作界面，如图 4.3 所示。

图 4.3　Adobe Photoshop 2022 的工作界面

Adobe Photoshop 2022 的工作界面主要包括以下几个部分。

（1）属性栏：选中工具箱中的某个工具后，属性栏就会显示相应工具的属性设置选项。

（2）菜单栏：包括文件、编辑、图像、图层、文字、选择、滤镜、3D、视图、增效工具、窗口、帮助等菜单。

（3）图像编辑窗口：Adobe Photoshop 的主要工作区，用于显示图像。图像编辑窗口带有自己的标题栏，显示当前打开文件的基本信息，如文件名、缩放比例、颜色模式等。

（4）状态栏：工作界面底部是状态栏，主要显示当前图像的尺寸、颜色模式、分辨率、文档大小、缩放比例等关键信息，以及当前正在使用的工具名称等。

（5）工具箱：工具箱中的工具可用来选择、绘制、编辑以及查看图像。拖曳工具箱的标题栏，可移动工具箱。单击选中工具，属性栏会显示该工具的属性。

（6）控制面板：Adobe Photoshop 共有 14 个控制面板，用户可通过单击"窗口"→"显示"命令来显示控制面板。按<Tab>键，隐藏控制面板、属性栏和工具箱；再次按<Tab>键，显示以上组件。按<Shift+Tab>组合键，隐藏控制面板，保留工具箱。

2．认识工具箱

默认情况下，工具箱出现在屏幕左侧。用户可通过拖曳工具箱的标题栏来移动它，也可以通过单击"窗口"→"工具"命令，显示或隐藏工具箱。

利用工具箱中的工具，用户可以进行文字输入、选择对象、绘制图形、取样、编辑文本、移动对象、查看图像等操作，还可以更改前景色/背景色，以及在不同的模式下工作。

工具箱如图 4.4 所示。

图4.4　工具箱

< 72 >

3．Adobe Photoshop 2022 使用示例

下面利用 Adobe Photoshop 2022 给一张图片更换背景颜色，具体操作步骤如下。

（1）打开 Adobe Photoshop 2022，选择"文件"→"打开"命令，如图 4.5 所示。在打开的对话框中选择想要改变背景色的图片。

（2）在"图层"控制面板中双击导入的背景图层，在弹出的图 4.6 所示的对话框中为图层命名，之后单击"确定"按钮。

图 4.5　打开文件

给图片换
背景色

图 4.6　设置背景图层

（3）在工具箱里选择"魔棒工具"，如图 4.7 所示，接着单击图片背景，得到存在虚线框的选区图片，如图 4.8 所示。

图 4.7　选择"魔棒工具"

图 4.8　选区图片

（4）在工具箱里单击"前景色"进入"拾色器"对话框，选择想要设置的背景色，如选择红色，如图 4.9 所示，单击"确定"按钮。

（5）按<Alt+Delete>组合键填充背景色，效果如图 4.10 所示，再按<Ctrl+D>组合键取消选区。

图 4.9　"拾色器"对话框

图 4.10　填充背景色

< 73 >

（6）选择"文件"→"存储副本"命令保存图片，如图 4.11 所示。在弹出的对话框中选择保存图片的位置和图片类型，输入保存文件的名称后单击"保存"按钮。在弹出的图 4.12 所示的对话框中设置参数，单击"确定"按钮，这样就更换了图片的背景色。

图 4.11　保存图片

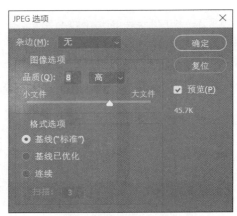

图 4.12　"JPEG 选项"对话框

4.4.2　醒图

醒图是一款极简式的手机修图软件。该软件具有一键美颜功能，可以修出高级质感肤质，并且功能强大、全面，无须切换，一站式满足用户修图需求。同时，醒图还提供精准美型功能和立体五官功能。此外，该软件还有自拍相机和美容美妆功能。下面简单介绍醒图的操作步骤。

1．安装与启动

下载并安装醒图。安装完成后，打开应用可看到一个简洁直观的界面，如图 4.13 所示。

2．导入图片

在醒图的主界面，点击"导入"按钮，从设备中选择想要编辑的图片。图片导入后，将出现在编辑区域的中央。

3．基本编辑

醒图提供了多种基本编辑工具，包括裁剪、旋转、滤镜和调节等。

裁剪和旋转：在底部工具栏中找到这两个工具，可以调整图片的大小和角度，如图 4.14 所示。

图 4.13　醒图界面

滤镜：醒图提供了多种滤镜效果，用户可以一键应用到图片上，改变图片的整体色调和风格，如图 4.15 所示。

调节：在"调节"选项中，用户可以微调图片的亮度、对比度、饱和度等参数，以达到想要的效果，如图 4.16 所示。

4．高级编辑

除了基本编辑，醒图还提供了一些高级编辑功能。

文字添加：如果用户想在图片上添加文字，可以使用文字工具，如图 4.17 所示。

贴纸和素材：醒图拥有丰富的贴纸和素材库，用户可以从中选择适合的贴纸或素材并添加到图片中，如图 4.18 所示。

人像编辑：醒图还提供了针对人像的编辑功能，如美颜、美妆、面部重塑等，可以使人像更加美

< 74 >

观，如图 4.19 所示。

5．保存与分享

图片编辑完成后，点击"保存"按钮，可以将图片保存到设备中，如图 4.20 所示。同时，醒图也支持将编辑后的图片直接分享到社交媒体平台。

图 4.14　裁剪功能

图 4.15　滤镜功能

图 4.16　调节功能

图 4.17　文字功能

图 4.18　贴纸功能

图 4.19　人像功能

图 4.20　保存后界面

4.4.3　美图秀秀

美图秀秀是一款免费影像处理软件，不仅提供了基础的图片编辑功能，如滤镜、美容、拼图、场景、边框、饰品等，还支持多种语言。

1．软件功能介绍

从官网下载软件并安装美图秀秀，运行主程序来到主界面，在这里可以快速选择核心功能进行使

< 75 >

用，如图 4.21 所示。

图 4.21　美图秀秀主界面

（1）通过"美化图片"选项卡可以对图片进行美化和滤镜设置，并对图片进行裁剪操作。

（2）通过"人像美容"选项卡可以进行面部重塑、皮肤调整、头部调整、增高塑形等操作，此外，还有一键美颜方案可供选择。

（3）通过"文字"选项卡可以方便地输入文字，并且可以为文字设置各种文字特效。

（4）通过"贴纸饰品"选项卡可以制作各种类型的贴纸，还可以选择官网提供的贴纸模板进行设计。

（5）通过"边框"选项卡可以设计海报边框、简单边框、炫彩边框、文字边框、撕边边框、纹理边框等。

（6）通过"拼图"选项卡可以使用智能拼图、自由拼图、模板拼图、海报拼图等功能。此外，该模块还提供了图片拼接和海报拼接功能。

（7）通过"抠图"选项卡可以使用自动抠图、手动抠图、形状抠图、AI 人像抠图等功能对图片进行快速抠图操作。

2．利用拼图功能拼接两张图片

（1）打开软件，选择"拼图"选项卡，进入图 4.22 所示界面，单击"打开图片"按钮，通过弹出的对话框选择一张需要进行拼图的图片，再单击左侧的"海报拼图"按钮。

图 4.22　添加图片

< 76 >

（2）进入图 4.23 所示界面，单击"添加图片"按钮，通过弹出的对话框再选择一张图片；在右侧"海报拼图"模板中选择一款，接着单击"保存"按钮，即可保存图片，如图 4.24 所示。

图 4.23　添加图片

图 4.24　保存图片

4.5　视频处理软件

视频处理软件有很多，本节主要介绍常见的视频处理软件 Premiere 和剪映，简单介绍它们的功能和常用操作。

4.5.1　Premiere

Premiere 是 Adobe 公司推出的一款影视编辑软件，Premiere 提供了采集、剪辑、调色、美化音频、字幕添加、输出、DVD 刻录等一整套功能，可与其他 Adobe 软件高效集成。

本节所使用的软件版本为 Premiere Pro 2022。

1．Premiere Pro 2022 概述

Premiere Pro 2022 的工作界面如图 4.25 所示。

图 4.25　Premiere Pro 2022 工作界面

< 77 >

相较于先前的版本，此版本新增和优化了很多功能。下面简要介绍 Premiere Pro 2022 的新功能。

（1）简化序列

Premiere Pro 2022 可创建当前序列的空白副本，并可将其导出为 EDL、XML 或 AAF 文件。当时间轴杂乱时，简化序列可用于删除空轨道、禁用具有特定标签的剪辑、删除标记或其他用户指定的元素。

（2）"语音到文本"的改进

从转录到最终导出，Premiere Pro 2022 中的"语音到文本"是用于创建和自定义字幕的完全集成且自动化的工具，与旧版本相比，其提高了流行文化术语的转录准确性，改进了日期和数字的格式。

（3）H.264 和 H.265 的色彩管理

Premiere Pro 2022 会在导入 H.264 和 H.265 标准文件时正确呈现色彩空间。对于导出，Premiere Pro 2022 会使导出文件中包含正确的色彩空间元数据，从而确保色彩能够在目标平台上正确显示。

（4）全新彩色矢量示波器

全新彩色矢量示波器为图像中的颜色分量提供了更丰富的呈现效果。用户可以更轻松地查看校色调整时颜色的变化情况。双击全新彩色矢量示波器可将其放大，以便于对白平衡或皮肤色调等进行精确调整。

（5）改进的直方图支持 HDR

改进后的直方图显示更明亮、更清晰，用户可以更准确地分析颜色分布。直方图支持单数据速率（Single Data Rate，SDR）和高数据速率（High Data Rate，HDR）内容。

（6）高效的 Lumetri 曲线优化

借助更宽广的矩形窗口、更高的亮度及 RGB 曲线上更易选择的调整点，Lumetri（卢梅特里）曲线优化可使调整更加高效。

（7）恢复选区

剪辑时，用户可选择多个编辑点，如果意外单击了选区之外的区域，则会丢失所选内容，但是可以设置快捷键来恢复它。

2．Premiere Pro 2022 基本操作

要制作符合要求的影视作品，首先要创建一个符合要求的项目，然后对项目文件的各个属性进行设置，这些是基本操作。下面详细讲解如何新建项目并保存。

（1）双击桌面上的 Adobe Premiere Pro 2022 快捷方式，如图 4.26 所示，启动 Premiere Pro 2022。

（2）进入 Premiere Pro 2022 开始界面，单击"新建项目"按钮，新建一个项目文件，如图 4.27 所示。

图 4.26　桌面快捷方式　　　　　　　　　图 4.27　Premiere Pro 2022 开始界面

（3）弹出"新建项目"对话框，在其中设置项目名称及存储位置，单击"位置"下拉列表框后面的"浏览"按钮，选择保存项目文件的位置，选择好后单击"确定"按钮，如图 4.28 所示。

（4）选择"文件"→"新建"→"序列"命令，新建序列，如图 4.29 所示。

< 78 >

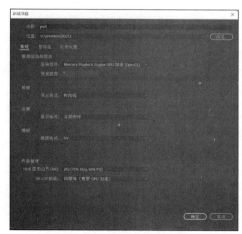

图 4.28　"新建项目"对话框

图 4.29　新建序列操作

（5）弹出"新建序列"对话框，设置完成后，单击"确定"按钮，如图 4.30 所示。

图 4.30　"新建序列"对话框

（6）进入 Premiere Pro 2022 的工作界面，可以看到新建了一个项目，如图 4.31 所示。

（7）选择"文件"→"保存"命令，如图 4.32 所示，保存项目文件。

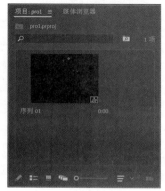

图 4.31　新建的项目

图 4.32　保存项目文件

< 79 >

4.5.2 剪映

剪映是一款手机视频编辑应用。它具有全面的剪辑功能，支持变速，有多种滤镜和美颜效果，有丰富的曲库资源。

1．主要功能

（1）视频剪辑：让用户快速剪切和拼接视频片段，调整视频的长度和顺序。

（2）视频滤镜和特效：用户可以为视频添加不同的风格和效果。

（3）文字和字幕：用户可以自定义文字内容、字体、大小、颜色等。

（4）音乐和音效：用户可以选择合适的音乐和音效，为视频增添背景音乐或特定音效，提升观影体验。

（5）画面调整：用户可以对视频的亮度、对比度、饱和度等进行调整，让视频的画面效果更加出色。

（6）图片和视频素材：用户可以直接使用这些素材，或者将自己的照片和视频导入进行编辑。

（7）快速分享：分享到社交媒体平台，如微信、抖音、快手等。

2．常用操作

（1）下载剪映并安装，打开软件，界面如图 4.33 所示。点击"开始创作"按钮以导入视频。

（2）添加视频。选择需要剪辑的视频，点击"添加到项目"按钮。PC 端用户可以直接导入视频到时间轴。

（3）剪辑视频。按住视频缩略图滑动到合适位置，点击"剪辑"按钮。使用"分割"功能分割视频，点击分割点右边的视频并滑动到新的时间位置，可以进一步分割视频。

（4）删除或调整视频片段。选中不需要的视频片段，点击"删除"按钮，如图 4.34 所示。如果需要调整视频顺序或长度，可以通过拖曳或使用"分割"功能来实现。

图 4.33　剪映界面

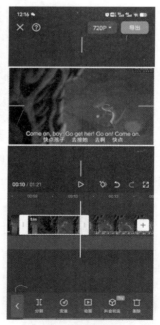

图 4.34　删除片段

（5）添加音频和背景音乐。可以录制画外音或从软件的音乐库中添加背景音乐。

（6）导出视频。完成编辑后，点击"播放"按钮预览视频，确认无误后点击"导出"按钮，即可保存视频。

< 80 >

4.6　虚拟现实/增强现实技术

虚拟现实（VR）是指利用计算机模拟产生一个三维空间的虚拟世界，向使用者提供视觉、听觉、触觉等体验，让使用者如同身临其境一般，可以即时、没有限制地观察三维空间内的事物。增强现实（AR）则是指利用计算机技术，将虚拟的信息应用到真实世界，真实环境和虚拟物体实时地叠加在同一个画面或空间，同时存在，使用者能在一个空间里面切切实实地见到虚拟的物品，甚至虚拟的人。

4.6.1　虚拟现实技术

1. 概述

虚拟现实技术又称虚拟实境或灵境技术，是 20 世纪发展起来的一项全新的实用技术。虚拟现实技术囊括计算机技术、电子信息技术、仿真技术，其基本实现方式是以计算机技术为主，利用并综合三维图形技术、多媒体技术、仿真技术、显示技术、伺服技术等的最新成果，借助计算机等设备产生一个逼真的三维虚拟世界，从而使处于虚拟世界中的人产生一种身临其境的感觉。

2. 主要特点

（1）沉浸性

沉浸性是虚拟现实技术最主要的特点，也就是让用户感到自己是计算机系统所创造环境中的一部分。虚拟现实技术的沉浸性取决于用户的感知，当用户感知到虚拟世界的刺激时，包括触觉、味觉、嗅觉、运动感知等，便会产生思维共鸣，感觉如同进入了真实世界。

（2）交互性

交互性是指用户可操作虚拟环境内的物体，并从环境得到反馈。用户进入虚拟世界后，相应的技术让用户跟环境产生相互作用；当用户进行某种操作时，周围的环境也会做出某种反应。

（3）多感知性

多感知性是指虚拟现实拥有很多感知方式，如听觉、触觉、嗅觉等。

（4）构想性

构想性也称想象性。用户在虚拟世界中，可以与周围物体进行互动，可以拓宽认知范围，可以创造客观世界不存在的场景。

（5）自主性

自主性是指虚拟环境中物体可依据物理定律动作的逼真程度。例如，当受到力的推动时，物体会向力的方向移动、翻倒、从桌面落到地面等。

3. 关键技术

虚拟现实的关键技术有动态环境建模技术、实时三维图形生成技术、立体显示和传感技术、应用系统开发工具、系统集成技术。

4. 应用领域

虚拟现实的主要应用领域包括影视娱乐、设计、医学、军事、航空航天、工业等，其在教育和教学中的应用也非常广泛，如虚拟教研室。

虚拟教研室是一种基于现代信息技术平台，由不同区域、不同学校、不同学科或专业教师动态组织，联合开展协同教学研究与改革实践的教师共同体。虚拟教研室不打乱原来的教研室格局，不影响原有的教学团队和教研室成员，在此基础上，聚焦对解决某些问题有共同意愿的教师，通过构建虚拟的教研室，促使这些教师围绕学术研究开展协同研讨与实践活动。

< 81 >

4.6.2　增强现实技术

1．概述

增强现实技术是一种将真实世界信息和虚拟世界信息"无缝"集成的新技术，是把我们在真实世界的一定时间、空间范围内很难体验到的实体信息（视觉信息、声音、味道、触觉信息等），通过计算机技术等模拟仿真后再叠加到真实世界，使它们被人类感官所感知，从而提供超越现实的感官体验。真实的环境和虚拟的物体在同一个空间同时存在。

2．主要特点

增强现实技术具有 3 个突出的特点：真实世界和虚拟世界的信息集成，具有实时交互性，在三维空间中定位虚拟物体。

3．应用领域

增强现实技术与虚拟现实技术有相似的应用领域，如飞行器的研制与开发、数据模型的可视化、虚拟训练、娱乐与艺术等领域。由于其能够对真实环境进行增强显示，所以其在医疗、军事、工业维修领域比虚拟现实技术更具优势。

4.7　元宇宙

元宇宙（Metaverse）一词由"Meta"（超越）和"Universe"（宇宙）组成，直译为"超越宇宙"，代表了平行于现实世界运行的虚拟空间。

4.7.1　元宇宙的概念

元宇宙也称为后设宇宙、形上宇宙、元界、超感空间、虚空间。2022 年 9 月，全国科学技术名词审定委员会举行元宇宙及核心术语概念研讨会。与会专家、学者经过深入研讨，对"元宇宙"等 3 个核心概念的名称、释义形成共识——"元宇宙"英文对照名"Metaverse"，释义为"人类运用数字技术构建的，由现实世界映射或超越现实世界，可与现实世界交互的虚拟世界"。

元宇宙是指经由人体感知与人机交互设备（如头戴式虚拟现实或增强现实设备、手机、脑机接口或其他人体感知和交互设备），使用户通过专属数字身份互联，在其中实现社交、工作、娱乐、生产、消费等活动，并实现与现实社会交互、映射的数字虚拟空间和虚实融合社区。元宇宙具备永续时空、虚实共生、沉浸交互、开放生态等特点。

4.7.2　元宇宙的特征

1．身份特征

元宇宙中，每个现实中的人对应不同数据模拟空间的数字身份。数字身份可能有多个，但在各自的数据模拟空间里都具有独特性。这些数字身份与现实身份可能相关，也可能不相关，但它们都是用户在元宇宙中的标识。

2．沉浸感

元宇宙通过 VR、AR 等技术，为用户提供逼真的沉浸式体验。随着新技术和新材料的发展，元宇宙将可能构建出完整的感官生态系统。这种沉浸感让用户仿佛置身于一个真实的世界，能够全身心地投入其中。

< 82 >

3．社交性

元宇宙是一个立体的、真实的社交空间。用户在其中可以像在现实生活中一样，与其他人的数字身份进行沟通交流。通过 VR/AR 等技术，用户可以在元宇宙中体验到与现实世界同等的社交体验，甚至更加丰富和多样。这种社交方式打破了地域和时间的限制，让人们能够更加方便地建立联系和分享经验。

4．低时延

元宇宙要求数据快速响应，以提供良好的沉浸感，因此，它对网络环境的要求非常高。基础的网络环境是 5G，但随着元宇宙不断发展完善，其对网络环境的要求可能会提升至 6G，甚至更高。低时延的特性确保了用户在元宇宙中的体验是流畅和连贯的。

5．大规模

元宇宙涉及许多不同类型的数据模拟空间，如游戏、社交、购物、旅游、影院等。这些数据模拟空间可以相互关联，用户可以自由切换进入不同的数据模拟空间。这就要求元宇宙能够支持接近无限的同时在线用户数量，超越现有的任何互联网平台。

6．创造性

元宇宙是一个由用户共同创造和推动演进的虚拟空间。用户可以在其中创造内容、构建场景、设计物品等，并与其他用户分享和互动。这种创造性不仅丰富了元宇宙的内容，也激发了用户的创造力和想象力。

7．经济性

元宇宙拥有自己的经济系统，这一经济系统与现实世界的经济系统紧密相连。在元宇宙中，用户可以创建、交易和拥有数字资产，如虚拟商品、艺术品等。这些数字资产具有独特的价值和属性，可以使用区块链等技术进行保护和交易。此外，元宇宙中的经济活动也推动了现实世界的经济发展和创新。

8．文明性

元宇宙可能是数字文明时代的一种生活、生产方式，是数字革命以来技术与社会现实融合发展的必然产物。它提供了一种全新的感官体验，对人们的生活、生产方式产生了深刻的影响。同时，元宇宙也促进了不同文化、不同背景的人们之间的交流和融合，提升了全球文化的多样性和包容性。

4.7.3 元宇宙的应用

元宇宙是人们对现实世界的虚拟化、数字化。如今这项技术已经被广泛地运用到工业、农业、教育、文旅、商业、能源、金融、医学等诸多领域。

1．工业元宇宙

以 XR、数字孪生为代表的新型信息通信技术，在建立与现实工业经济深度融合的工业生态过程中，通过高新技术实现人、机、物、系统的无缝对接，将数字技术和现实工作有机结合在一起，从而促进现实工作效率提升，之后重新构建覆盖工业全产业链、全价值链的全新制造体系，把工业产业数字化、智能化发展到了一个全新阶段。

2．农业元宇宙

把元宇宙应用到农业中涉及各种农业生产操作。例如，将农作物、牲畜、农业设备、天气、灌溉记录、微生物和其他涉农条件作为变量，利用元宇宙技术，打造无人大田、无人果园、无人温室，实现农业精准预测及环境资源最优配置管理，开展现代化农业生产。

3．教育元宇宙

教育元宇宙采用"VR+直播"形式，展示各种博物馆、展览馆、科技馆，学生借助 VR/AR 终端获

< 83 >

得沉浸式体验。教育元宇宙也可以在教学过程中使用虚拟仿真技术，让学生凭借视觉、听觉、触觉、嗅觉等感官通道，开展自主探究学习和小组合作学习，与教学环境、教学场景、教学资源真实互动。

4．文旅元宇宙

在一个全时在线、互联互通、应用互操作的统一三维时空内，人们可以建设面向文旅行业的元宇宙数字资源、数字资产、公共服务和运营标准支撑体系，通过统一入口，以平台化和市场化的方式提供资源管理与价值变现服务，助力文旅行业数字化转型，加快实现高质量发展。

5．商业元宇宙

从元宇宙打造的虚拟空间出现至今，我们的商业活动已经开始改变。伴随技术的不断提升，一些新模式出现，如文化产品的数字化藏品销售、购物的沉浸式体验。

6．能源元宇宙

能源元宇宙基于一个不断进化的系统，这个系统可以实时开放共享、超时空生态融合，以满足人们对能源的使用需求。随着现实能源世界的智能化、数字化、网络化，现实能源世界与虚拟能源世界充分映射和交互。

7．金融元宇宙

金融元宇宙可以从狭义和广义两方面去理解：狭义的金融元宇宙，其重要的特征是金融服务于元宇宙经济，助力元宇宙经济体系的清算和支付活动；广义的金融元宇宙，是一种新兴的金融模式和金融业态，并与元宇宙世界的金融实现交互操作。

8．医学元宇宙

医学元宇宙就是使用 VR、AR 等技术和相关硬件设备，利用医疗物联网平台，融合全息构建、全息仿真、虚实融合、虚实互联等智能技术，在虚拟世界中对疾病进行治疗。

习题4

一、选择题

1．多媒体技术的主要特征是（   ）。

    A．多样性、同步性、交互性、实时性

    B．集成性、同步性、交互性、实时性

    C．多样性、层次性、交互性、实时性

    D．多样性、集成性、交互性、实时性

2．一般来说，要求声音的质量越高，则（   ）。

    A．量化位数越低、采样频率越低   B．量化位数越高、采样频率越高

    C．量化位数越低、采样频率越高   D．量化位数越高、采样频率越低

二、简答题

1．什么是多媒体？什么是多媒体技术？

2．多媒体系统包括哪些组成部分？

3．模拟音频如何转换为数字音频？

4．图形和图像有什么区别与联系？

5．元宇宙的概念是什么？

习题参考答案

< 84 >

第 **5** 章 数据库与大数据

本章首先对数据库（DataBase，DB）的基本概念、数据库的发展和数据模型等进行介绍；然后对常见的数据库管理系统（DataBase Management System，DBMS）进行简要介绍，并以 Microsoft Office 2016 中的 Access 2016 为例讲解数据库的创建，数据表（Access 2016 中简称"表"）的创建及应用，查询、窗体和报表的创建及应用等；最后对大数据的概念、关键技术及其应用进行介绍。

【知识要点】

- 数据库、数据库管理系统、数据库系统的概念。
- 数据模型。
- SQL 语句。
- 数据表、查询、窗体、报表等数据库对象的创建及应用。
- 大数据的概念、关键技术及其应用。

章首导读

5.1 数据库系统概述

5.1.1 数据库的基本概念

要了解数据库技术，就要理解信息、数据、数据库、数据库管理系统、数据库应用系统（DataBase Application System，DBAS）、数据库系统等基本概念。

1．信息

信息是通信系统传输和处理的对象，泛指人类社会传播的一切消息，是对客观事物存在方式的反映和表述，它广泛存在于我们的周围。信息是社会机体进行活动的纽带，社会的各个组织通过信息网相互了解并协同工作，使整个社会协调发展。

2．数据

数据是用来记录信息的可识别的符号，是信息的载体和具体表现形式。尽管信息有多种表现形式，它可以通过手势、眼神、声音或图形等方式表达，但数据是信息的最佳表现形式。数据这一表现形式不仅包括数字和文字，还包括图形、图像、声音等。人们可用多种不同的数据形式表示同一信息，而信息不因数据形式的不同而改变。

3．数据库

数据库是存储在计算机内，有组织、可共享的数据集合。它将数据按一定的数据模型组织、描述和储存，具有较小的冗余、较高的数据独立性和易扩展性，可被多个不同的用户共享。形象地说，"数据库"就是为了实现一定的目的按某种规则组织起来的"数据"的"集合"。在现实生活中，这样的"数据库"随处可见。例如，学校图书馆的所有藏书及借阅情况、公司的人事档案、企业的商务信息等都是"数据库"。

人们为数据库设计了严谨的体系结构，数据库领域公认的标准结构是三级模式，即外模式（又称子模式或用户模式）、概念模式（又称逻辑模式）、内模式。通过这三级模式，人们可有效地组织、管理数据，提高数据库的逻辑独立性和物理独立性。数据库的三级模式体系结构如图 5.1 所示。

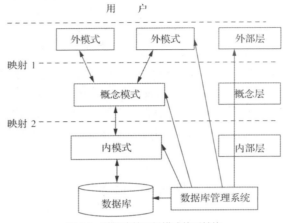

图 5.1　数据库的三级模式体系结构

外模式是某个或某几个用户所看到的数据库的数据视图，是与某一应用有关的数据的逻辑表示；概念模式是由数据库设计者综合所有用户的数据，按照统一的观点构造的全局逻辑结构，是对数据库中全部数据的逻辑结构和特征的总体描述，是所有用户的公共数据视图（全局视图）；内模式是数据库中全部数据的内部表示或底层描述，对应实际存储在外存储介质上的数据库。

4．数据库管理系统

数据库管理系统（DBMS）是专门用于管理数据库的计算机系统软件，用于建立、使用和维护数据库。数据库管理系统能够为数据库提供数据的定义、建立、维护、查询、统计等操作功能，并具有对数据的完整性、安全性进行控制的功能。

数据库管理系统具有以下 4 方面的主要功能。

（1）数据定义功能。数据库管理系统能够提供数据定义语言（Data Definition Language，DDL），并提供相应的建库机制。用户利用 DDL 可以方便地建立数据库，当需要时，用户还可以将系统中的数据及结构情况用 DDL 描述。数据库管理系统能够根据 DDL 的描述执行建库操作。

（2）数据操纵功能。实现数据的插入、修改、删除、查询、统计等数据存取操作的功能称为数据操纵功能。数据操纵功能是数据库的基本功能，数据库管理系统通过数据操纵语言（Data Manipulation Language，DML）来实现其数据操纵功能。

（3）数据库的建立和维护功能。数据库的建立功能是指数据的载入、存储、重组功能及数据库的恢复功能。数据库的维护功能是指数据库结构的修改、变更及扩充功能。

（4）数据库的运行管理功能。数据库的运行管理功能是数据库管理系统的核心功能，具体包括并发控制、数据的存取控制、数据完整性条件的检查和执行、数据库内部的维护等。所有的数据库操作都要在这些控制程序的统一管理下进行，以保证计算机事务的正确运行，保证数据库正确、有效。

5．数据库应用系统

数据库应用系统（DBAS）是在数据库管理系统支持下建立的计算机应用系统，具体包括数据库、数据库管理系统、数据库管理员、硬件平台、软件平台、应用软件、应用界面。数据库应用系统的 7 个部分以一定的逻辑层次结构组成了一个有机的整体，最下层（离用户最远的）是硬件平台，最上层

< 86 >

（离用户最近的）是应用软件和应用界面。

数据库应用系统的应用非常广泛，它可以用于事务管理、计算机辅助设计、计算机图形分析和处理、人工智能等系统中，即所有数据量大、数据成分复杂的地方都可以使用数据库技术进行数据管理。

6．数据库系统

数据库系统是为适应数据处理的需要而发展起来的一种较为理想的数据处理系统，也是一个为实际可运行的存储、维护和应用系统提供数据的软件系统，是存储介质、处理对象和管理系统的集合体。

一个数据库系统由数据库、计算机硬件、计算机软件（包括操作系统、数据库管理系统及应用程序）和人员（包括开发人员、数据库管理员、用户）4 部分构成，如图 5.2 所示。

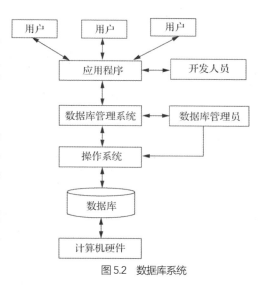

图 5.2　数据库系统

5.1.2　数据库的发展

计算机的数据管理随着计算机的硬件技术、软件技术以及计算机应用范围的发展而不断发展，数据管理技术经历了人工管理、文件系统管理和数据库技术管理 3 个发展阶段。

1．人工管理阶段

20 世纪 50 年代以前，计算机主要用于数值计算。从当时的硬件看，外存只有纸带、卡片、磁带，没有可直接存取的存储设备；从软件看（实际上，当时还未形成软件的整体概念），那时还没有操作系统，没有管理数据的软件；从数据看，数据量小，由用户直接管理，且数据间缺乏逻辑组织，数据依赖于特定的应用程序，缺乏独立性。数据处理由程序员直接与外部物理设备打交道，数据管理与外部设备高度相关，一旦物理存储发生变化，数据则不可恢复。人工管理阶段的特点如下。

（1）用户完全负责数据管理工作，如数据的组织、存储、输入/输出等。

（2）数据完全面向特定的应用程序，每个用户使用自己的数据，用完就撤走。

（3）数据与程序没有独立性，程序中存取数据的子程序随着物理结构的改变而改变。

2．文件系统管理阶段

1951 年出现了第一台商业数据处理电子计算机 UNIVAC（Universal Automatic Computer，通用自动计算机），这标志着计算机开始应用于以加工数据为主的事务处理阶段。20 世纪 50 年代后期到 20 世纪 60 年代中期，出现了磁鼓、磁盘等直接存取数据的存储设备。基于计算机的数据处理系统也从此迅速发展起来。

这种数据处理系统把计算机中的数据组织成相互独立的数据文件，系统可以按照文件的名称对其进行访问，对文件中的记录进行存取，并可以实现对文件的修改、插入和删除，这就是文件系统。文件系统实现了记录内的结构化，即给出了记录内各种数据间的关系，但是，文件从整体来看却是无结构的。其数据面向特定的应用程序，因此，数据的共享性、独立性差，且冗余大，管理和维护的代价也很大。文件系统管理阶段的特点如下。

（1）系统提供了一定的数据管理功能，即支持对文件的基本操作（如增添、删除、修改、查询等），用户不必考虑物理细节。

（2）数据的存取基本是以记录为单位的，数据仍是面向应用的，一个数据文件对应一个或多个用户程序。

< 87 >

（3）数据与程序在一定程度上相互独立，文件的逻辑结构与物理结构由系统进行转换，数据在存储上的改变不一定反映在程序上。

这一阶段数据管理的优点是数据的逻辑结构与物理结构有了区别，文件组织呈现多样化；缺点是存在数据冗余性和数据不一致性，数据间的联系弱。

3. 数据库技术管理阶段

20 世纪 60 年代后期，计算机的性能得到了大幅提高，重要的是出现了大容量磁盘，存储容量大大增加且价格下降。在此基础上，数据管理人员得以克服文件系统管理数据的不足，而去满足和解决实际应用中多个用户、多个应用程序共享数据的要求，从而使数据能为尽可能多的应用程序服务，这就出现了数据库这样的数据管理技术。数据库的特点是数据不再只针对某一特定应用，而是面向全组织，具有整体的结构性，共享度高，冗余小，具有一定的程序与数据间的独立性，并且实现了对数据进行统一的控制。

数据库系统与文件系统相比具有以下特点。

（1）面向数据模型对象。数据库设计的基础是数据模型，在进行数据库设计时，要站在全局需求的角度组织数据，完整、准确地描述数据自身和数据之间联系的情况。数据库系统是以数据库为基础的，各种应用程序应建立在数据库之上。数据库系统的这种特点决定了它的设计方法，即系统设计时应先设计数据库，再设计功能程序，而不能像文件系统那样，先设计程序，再考虑程序需要的数据。

（2）数据冗余小。由于数据库系统是从整体的角度看待和描述数据的，数据不再是面向某个应用，而是面向整个系统的，因此数据库中同样的数据不会重复出现。这就使数据库中的数据冗余小，从而避免了由数据冗余带来的数据冲突问题，也避免了由此产生的数据维护麻烦和数据统计错误。

（3）数据共享度高。数据库系统通过数据模型和数据控制机制提高了数据的共享度。数据共享度高会提高数据的利用率，使数据更有价值，更容易、更方便地被使用。

（4）数据和程序具有较高的独立性。由于数据库中的数据定义功能（即描述数据结构和存储方式的功能）和数据管理功能（即实现数据查询、统计和增删改的功能）是由数据库管理系统提供的，因此数据对应用程序的依赖程度大大降低了，数据和程序之间具有较高的独立性。数据独立性高使程序中不需要有关于数据结构和存储方式的描述，从而减轻了程序设计的负担。

（5）统一的数据库控制功能。数据库是系统中各用户的共享资源，数据库系统通过数据库管理系统对数据进行安全性控制、完整性控制、并发控制和数据恢复等。

（6）数据的最小存取单位是数据项。在文件系统中，数据的最小存取单位是记录，这给使用和操作数据带来了许多不便。而数据库系统的最小数据存取单位是数据项，使用时可以按数据项或数据项组存取数据，也可以按记录或记录组存取数据。系统在进行查询、统计、修改及数据再组合等操作时，能以数据项为单位进行条件表达和数据存取处理，这给系统带来了高效性、灵活性和方便性。

5.1.3 数据模型

数据是描述事物的符号，数据只有通过加工才能成为有用的信息。模型（Model）是现实世界的抽象。数据模型（Data Model）是数据特征的抽象，它不是描述个别的数据，而是描述数据的共性。它一般包括两方面：一是数据的静态特性，包括数据的结构和限制；二是数据的动态特性，即在数据上定义的运算或操作。数据库是根据数据模型建立的，因而数据模型是数据库系统的基础。

1. 数据模型的内容

数据模型是一组严格定义的概念集合，这些概念精确地描述了系统的数据结构、数据操作和数据完整性约束条件。也就是说，数据模型所描述的内容包括数据结构、数据操作、数据约束 3 部分。

（1）数据结构。数据模型中的数据结构主要描述数据的类型、内容、性质以及数据间的联系等。

< 88 >

数据结构是数据模型的基础,是所研究的对象类型的集合,它包括数据的内部组成和对外联系。

(2)数据操作。数据操作是指对数据库中各种数据对象允许执行的操作的集合,数据模型中的数据操作主要描述在相应的数据结构上的操作类型和操作方式。

(3)数据约束。数据约束是一组数据完整性规则的集合,它是数据结构内的数据及其联系所受的制约和所遵循的依存规则。数据模型中的数据约束主要描述数据结构内数据间的语法、词义联系,它们之间的制约和依存关系以及数据动态变化的规则,可保证数据的正确、有效和相容。数据操作和数据约束都建立在数据结构上,不同的数据结构具有不同的操作和约束。

2.数据模型的类型

数据模型按不同的应用层次分为 3 种类型:概念数据模型(Conceptual Data Model)、逻辑数据模型(Logical Data Model)、物理数据模型(Physical Data Model)。

(1)概念数据模型:简称概念模型,是面向数据库用户的现实世界的模型,它使数据库的设计人员在设计的初始阶段,摆脱了计算机系统及数据库管理系统的具体技术问题,集中精力分析数据以及数据之间的联系。概念数据模型必须换成逻辑数据模型,才能在数据库管理系统中实现。概念数据模型是整个数据模型的基础,最常用的是 E-R 模型,即实体-联系模型(Entity-Relationship Model)。

(2)逻辑数据模型:简称逻辑模型,是用户从数据库层面看到的模型,是具体的数据库管理系统所支持的数据模型。此模型既要面向用户,又要面向系统,主要用于数据库管理系统的实现。在逻辑数据模型中,常用的是层次模型、网状模型、关系模型。

目前应用最为广泛的是关系模型,它是使用二维结构表示实体及实体之间联系的数据模型,用一张二维表来表示一种实体类型,表中一行数据描述一个实体,如表 5.1 所示。

表 5.1　关系模型示例

学号	姓名	性别	出生日期	籍贯
2012010101	李雷	男	1998/10/12	吉林
2012010102	刘刚	男	1989/6/7	辽宁
2012010103	王小美	女	1987/5/21	河北
2012010201	张悦	男	1989/12/22	湖北
2012010202	王永林	女	1987/1/2	湖南
2012020101	张可可	女	1990/9/3	湖南
2012030102	李佳	女	1990/11/12	江苏

在数据库技术中,支持关系模型的数据库管理系统称为关系数据库管理系统。例如,目前广泛使用的 Access、SQL Server 和 Oracle 都采用了关系模型,即它们都是关系数据库管理系统。

在设计关系时,要遵照数据库范式(Normal Form,NF)(即一个数据关系表的表结构所符合的某种设计标准的级别)。引入数据库范式的目的主要是解决关系数据库中数据冗余、更新异常、插入异常、删除异常等问题。数据库范式的级别由低到高依次为 1NF、2NF、3NF、BCNF、4NF、5NF。符合 1NF(即关系中的每个属性不可再分)是对关系模型的最基本要求。

(3)物理数据模型:简称物理模型,是面向计算机物理表示的模型,描述了数据在存储介质上的组织结构,它不但与具体的 DBMS 有关,而且与操作系统和硬件有关。每一种逻辑数据模型在实现时都有其对应的物理数据模型。DBMS 为了保证独立性与可移植性,大部分物理数据模型的实现工作都由系统自动完成,而设计者只设计索引、聚集等特殊结构。

数据模型是数据库系统与用户的接口,是用户所能看到的数据形式。从这个意义上来说,人们希望数据模型尽可能自然地反映现实世界和接近人类对现实世界的观察与理解,也就是说,数据模型要面向用户。但是数据模型同时又是 DBMS 实现的基础,它对系统的性能影响颇大。从这个意义上来说,

< 89 >

人们又希望数据模型能够接近计算机中的物理表示形式，这样既便于实现，又能降低系统开销，也就是说，数据模型还不得不在一定程度上面向计算机。

5.1.4 常见的数据库管理系统

目前，流行的数据库管理系统有许多种，大致可分为文件系统、小型桌面数据库管理系统、大型商业数据库管理系统及开源数据库管理系统等。文件多以文本字符形式出现，常用来保存论文、公文、电子书等。小型桌面数据库管理系统主要是运行在 Windows 操作系统环境下的桌面数据库管理系统，如 Access、Visual FoxPro 等，适合于初学者学习和管理小规模的数据。以 Oracle 为代表的大型商业数据库管理系统，更适合大型、集中式数据管理场合，这些数据库管理系统中的数据库可存放大量的数据，并且支持多客户端访问。开源数据库管理系统即开放源代码的数据库管理系统，如 MySQL，它在网站建设中应用较广。

1．Access

Access 是一个面向对象的、采用事件驱动的关系数据库管理系统，也是 Windows 操作系统环境下一个非常流行的小型桌面数据库管理系统。使用 Access 无须编写任何代码，通过直观的可视化操作就可以完成大部分的数据库管理工作。

2．SQL Server

SQL Server 是大型的关系数据库管理系统，适合中型企业使用，其提供功能强大的客户机/服务器（Client/Server，C/S）平台。一般可以使用 Visual Basic、Visual C++等作为客户端开发工具，使用 SQL Server 作为存储数据的后台服务器软件，开发出高性能的 C/S 结构的数据库应用系统。

SQL（Structure Query Language，结构查询语言）是一种介于关系代数与关系演算之间的语言，也是通用的、功能极强的关系数据库标准语言。SQL 在关系数据库中的地位非常重要，用户利用它可以用几乎同样的语句在不同的数据库系统上执行同样的操作。

SQL 是与数据库管理系统进行通信的一种语言和工具，其功能包括查询、操纵、定义和控制 4 方面。SQL 简单易学、风格统一，用户利用几个简单的英语单词的组合就可以完成所有的操作。下面简要介绍 SQL 的常用语句。

（1）创建基本表

创建基本表，即定义基本表的结构，可用 CREATE 语句实现。其语法格式为

```
CREATE TABLE <表名>
            (<列名 1><数据类型 1>[列级完整性约束条件 1]
            [,<列名 2><数据类型 2>[列级完整性约束条件 2]]…
            [,<表级完整性约束条件>]);
```

定义基本表结构，要指定表名，表名在一个数据库中是唯一的。表可以由一个或多个属性组成，属性的数据类型可以是基本数据类型，也可以是用户自定义的数据类型。建表的同时可以指定与该表有关的完整性约束条件。

定义表的各个属性时需要指定其数据类型及长度。下面是 SQL 提供的一些基本数据类型。

INTEGER：长整数（也可写成 INT）。

SMALLINT：短整数。

REAL：取决于机器精度的浮点数。

FLOAT(n)：浮点数，精度至少为 n 位数字。

NUMERIC(p,d)：带固定精度和小数位数的数值数据，由 p 位数字（不包括符号、小数点）组成，小数点后面有 d 位数字，也可写成 DECIMAL(p,d)或 DEC(p,d)。

< 90 >

CHAR(n)：长度为 n 的定长字符串。

VARCHAR(n)：最大长度为 n 的变长字符串。

DATE：包含年、月、日，形式为 YYYY-MM-DD。

TIME：含一日的时、分、秒，形式为 HH:MM:SS。

（2）创建索引

索引是数据库中关系的一种顺序（升序或降序）的表示，利用索引可以提高数据库的查询速度。创建索引可使用 CREATE INDEX 语句，其语法格式为

```
CREATE [UNIQUE] [CLUSTER] INDEX <索引名> ON <表名>
        (<列名 1>[<次序 1>][,<列名 2>[<次序 2>]]…);
```

相关说明如下。

① 索引名是给建立的索引指定的名字。因为在一个表上可以建立多个索引，所以要用索引名加以区分。

② 表名指定要创建索引的基本表的名字。

③ 索引可以创建在该表的一列或多列上，列名用逗号隔开。还可以用次序指定该列在索引中的排列次序。次序的取值为 ASC（升序）或 DESC（降序），默认设置为 ASC。

④ UNIQUE 表示每一个索引只对应唯一的数据记录。

⑤ CLUSTER 表示索引是聚簇索引。其含义是，索引项的顺序与表中记录的物理顺序一致。

（3）创建查询

数据库查询是数据库中最常用的操作，也是核心操作。SQL 提供了 SELECT 语句用于数据库查询，该语句具有灵活的使用方式和丰富的功能。其语法格式为

```
SELECT [ALL→DISTINCT] <目标列表达式 1>[,<目标列表达式 2>]…
        FROM <表名或视图名 1>[,<表名或视图名 2>]…
        [WHERE <条件表达式>]
        [GROUP BY <列名 3>[HAVING <组条件表达式>]]
        [ORDER BY <列名 4>[ASC/DESC],…];
```

整个 SELECT 语句的含义是，根据 WHERE 子句的条件表达式，从 FROM 子句指定的基本表或视图中找出满足条件的元组，再按 SELECT 子句中的目标列表达式，选出元组中的属性值。如果有 GROUP 子句，则将结果按<列名 3>的值分组，该属性列的值相等的元组为一个组。如果 GROUP 子句带有 HAVING 短语，则只有满足组条件表达式的组才被输出。如果有 ORDER 子句，则结果要按<列名 4>的值进行升序或降序排序。

SELECT 语句

（4）插入元组

插入元组的语法格式为

```
INSERT INTO <表名>[(<属性列 1>[,<属性列 2>]…)]
        VALUES(<常量 1>[,<常量 2>]…);
```

其功能是将新元组插入指定表。

（5）删除元组

删除元组的语法格式为

```
DELETE FROM <表名> [WHERE <条件>];
```

其功能是从指定表中删除满足 WHERE 子句条件的所有元组。如果省略 WHERE 子句，则会删除表中全部元组。

< 91 >

（6）修改元组

修改元组的语法格式为

```
UPDATE <表名>
     SET <列名>=<表达式>[,<列名>=<表达式>]…
     [WHERE <条件>];
```

其功能是修改指定表中满足 WHERE 子句条件的元组，用 SET 子句的表达式的值替换相应属性列的值。如果 WHERE 子句省略，则会修改表中所有元组。

3．Oracle

Oracle 是一种对象关系数据库管理系统，采用目前较为流行的 C/S 结构，属于大型关系数据库管理系统，具有易移植、使用方便、性能强大等特点，适合于各类大型机、中型机、小型机、微型机和专用服务器环境。

4．DB2

DB2 是 IBM 公司开发的关系数据库管理系统，它主要的运行环境为 UNIX（包括 IBM 的 AIX）、Linux、IBM i（旧称 OS/400）、z/OS，以及 Windows 服务器版本。DB2 主要应用于大型应用系统，具有较好的伸缩性，从大型机到单用户环境均可支持，可应用于所有常见的服务器操作系统平台。DB2 提供了高层次的数据可利用性、完整性、安全性、可恢复性，以及小规模到大规模应用程序的执行能力，具有与平台无关的基本功能和 SQL 命令。

5．Sybase

Sybase 由 Sybase 公司开发，是一种典型的 UNIX 或 Windows NT 平台上 C/S 结构的大型关系数据库管理系统。

5.1.5　云数据库及常见的国产数据库

1．云数据库

云技术是把在广域网或局域网内的硬件、软件、网络等资源统一起来，实现数据的计算、存储、处理和共享的一种托管技术。随着云技术的不断发展，相应地出现了云数据库。

云数据库是指被优化或部署到一个虚拟计算环境中的数据库，它具有按需付费、按需扩展、高可用性以及存储整合等优势。云数据库是专业、高性能、高可靠的云服务。云数据库不仅提供 Web 界面来配置、操作数据库实例，还提供可靠的数据备份和恢复、完备的安全管理、完善的监控、轻松扩展等功能支持。相对于用户自建的数据库，云数据库具有更经济、更专业、更高效、更可靠、简单易用等特点，使用户能更专注于核心业务。

云数据库根据数据库类型一般分为关系型云数据库和非关系型云数据库。关系型云数据库有阿里云关系数据库服务（Relational Database Service，RDS）、亚马逊 Redshift 和亚马逊 RDS；非关系型云数据库有阿里云云数据库 MongoDB 版、亚马逊 DynamoDB。

阿里云 RDS 是一种稳定可靠、可弹性伸缩的在线数据库服务。基于阿里云分布式文件系统和 SSD 高性能存储，阿里云 RDS 支持 MySQL、SQL Server、PostgreSQL、PPAS（Postgre Plus Advanced Server，Postgre Plus 高级服务器）和 MariaDB TX 引擎，并且提供了容灾、备份、恢复、监控、迁移等方面的全套解决方案，简化了数据库运维。

2．国产数据库

近年来，国产数据库得到了飞速发展，目前较常见的国产数据库有 OceanBase（奥星贝斯）、openGauss、TiDB、PolarDB、达梦数据库等。下面简要介绍 OceanBase 和 openGauss。

< 92 >

（1）OceanBase

OceanBase 是由蚂蚁集团完全自主研发的分布式关系数据库，具有高可用、高性能、可扩展等优点，兼容 MySQL 和 Oracle。

OceanBase 始创于 2010 年，已连续十几年平稳支撑"双 11"，推出了"三地五中心"城市级容灾新标准，是一个在 TPC-C 和 TPC-H 测试上都刷新了世界纪录的国产原生分布式数据库。OceanBase 采用自研的一体化架构，兼顾分布式架构的扩展性与集中式架构的性能优势，用一套引擎同时支持联机事务处理（Transaction Processing，TP）和联机分析处理（Analytical Processing，AP）的混合负载，具有数据强一致、高可用、高性能、在线扩展、低成本、高度兼容 SQL 标准和主流关系数据库等特点，助力金融、零售、互联网等多个行业的客户实现核心系统升级。

2020 年 5 月，OceanBase 以每分钟处理 7.07 亿笔交易的在线事务处理性能，打破了自己在 2019 年 10 月创造的世界纪录。

2020 年 6 月，蚂蚁集团将自研数据库产品 OceanBase 独立进行公司化运作，成立由蚂蚁集团 100% 控股的数据库公司。

目前，OceanBase 已在银行、保险、证券等金融机构上线，同时支持石化、移动等企业与机构的数字化转型升级。全国 200 家头部金融客户中，超过 1/4 的客户将 OceanBase 作为核心系统升级首选。

（2）openGauss

openGauss 是由华为公司采用 C++ 开发的关系数据库，于 2020 年 6 月上线。它是一款企业级开源关系数据库，提供面向多核架构的极致性能、全链路的数据安全保障、基于 AI 的调优和高效运维能力。openGauss 深度融合华为在数据库领域多年的研发经验和企业级场景需求，持续构建竞争力。同时，openGauss 也是一个开源、免费的数据库平台，鼓励社区贡献、合作。

openGauss 主要的应用场景如下。

① 交易型应用。openGauss 适用于大并发、大数据量、以联机事务处理为主的交易型应用，如电商、金融、O2O、电信等类型的应用。

② 物联网数据。openGauss 适用于传感监控设备多、采样率高、数据存储采用追加模型、操作和分析并重的场景，如工业监控、远程控制、智慧城市的延展、智慧家居、车联网等物联网场景。

openGauss 相比于其他开源数据库有高性能、高可用、高安全、易运维和全开放等特点；提供了面向多核架构的并发控制技术，并与鲲鹏硬件优化相结合；支持主备同步、主备异步及级联备机多种部署模式；支持全密态计算和访问控制、加密认证、数据库审计、动态数据脱敏等安全特性，提供全方位端到端的数据安全保护；基于 AI 进行智能参数调优和索引推荐，提供 AI 自动参数推荐；采用木兰宽松许可证协议，允许对代码进行自由修改、使用、引用。

5.2　Access 2016 简介

Access 作为 Microsoft Office 办公软件的组件之一，是一个面向对象的、采用事件驱动的关系数据库管理系统，通过开放式数据库互连（Open DataBase Connectivity，ODBC）可以与其他数据库相连，实现数据交换和数据共享，也可以与 Word、Excel 等办公软件进行数据交换和数据共享，还可以采用对象链接与嵌入（Object Linking and Embedding，OLE）技术在数据库中链接和嵌入音频、视频、图像等多媒体数据。Access 不但能用于存储和管理数据，还能用于编写数据库管理软件，用户可以通过它提供的开发环境及工具方便地构建数据库应用程序。也就是说，Access 既是后台数据库，又是前台开发工具。作为前台开发工具，它还支持多种后台数据库，可以连接 Excel 文件、FoxPro 数据库、dBase 数据库、SQL Server 数据库，甚至可以连接 MySQL 数据库、文本文件、XML 文件、Oracle 数据库等。

< 93 >

Access 2016 的基本功能包括组织数据、创建查询、生成窗体、打印报表等。

1. 组织数据

组织数据是 Access 最主要的功能。一个数据库就是一个容器，Access 用它来容纳数据并提供对对象的支持。

Access 中的表对象是用于组织数据的基本模块，用户可以将每一种类型的数据放在一个表中，可以定义各个表之间的关系，从而将各个表中相关的数据有机地联系在一起。

2. 创建查询

查询是关系数据库中的一个重要概念，是用户操纵数据库的一种主要方法，也是建立数据库的目的之一。根据指定的条件对数据表或其他查询进行检索，筛选出符合条件的记录，构成一个新的数据集合，就是查询。创建查询有利于用户对数据库进行查看和分析。

3. 生成窗体

窗体是用户和数据库应用程序之间的主要接口，Access 2016 提供了丰富的控件，可以生成美观的窗体。通过窗体可以直接查看、输入和更改表中的数据，用户不必在数据表中直接操作，这极大地提高了数据操作的安全性。

4. 打印报表

报表是以特定的格式打印、显示数据的最有效的方法。报表可以将数据库中的数据以特定的格式显示和打印出来，同时可以对有关数据实现汇总、求平均值等计算。

Access 2016 提供了功能强大的模板，用户可以使用系统提供的数据库模板，也可以通过"搜索联机模板"下载最新的或修改后的模板。使用模板可以快速创建数据库，每个模板都是一个完整的跟踪应用程序，具有预定义的表、窗体、报表、查询、宏和关系。如果模板设计满足用户需要，用户便可以直接开始工作了。用户也可以使用模板来创建满足个人特定需要的数据库。

选择一个模板或选择"空白桌面数据库"并输入文件名（默认的扩展名是 accdb，存储位置是用户文件夹下的 Documents 文件夹），进入 Access 2016 的工作窗口，如图 5.3 所示，整个工作窗口由快速访问工具栏、选项卡标签、功能区、导航窗格、工作区、状态栏等几部分组成。数据库常用的具体操作，包括数据表、查询、窗体、报表的创建等，都可以在这个工作窗口中完成，具体操作请参考配套的实验教程。

图 5.3　Access 2016 工作窗口

< 94 >

5.3　大数据简介

5.3.1　大数据的概念

大数据又称巨量数据，指的是所涉及的数据量巨大到无法使用目前的主流软件工具在合理时间内获取、管理、处理。从数据的类别来看，大数据指的是无法使用传统流程及工具处理或分析的数据。但"大数据"这个概念远不止大量的数据和处理大量数据的技术，它涵盖人们在大规模数据的基础上可以做的任何事情，而这些事情在小规模数据的基础上是无法实现的。大数据科学家约翰·劳瑟（John Rauser）提出了一个简单的定义：大数据就是任何超过了一台计算机处理能力的庞大数据量。麦肯锡全球研究院也给出了定义：大数据是一种规模大到在获取、存储、管理、分析方面大大超出了传统数据库软件工具能力范

大数据的定义

围的数据集合，具有海量的数据规模、快速的数据流转、多样的数据类型和价值密度低四大特征。总之，大数据是继云计算、物联网之后 IT 产业的又一种革命性技术，对国家治理模式、企业决策、组织和业务流程以及个人生活方式等都将产生巨大的影响。我们正在从 IT 时代进入数据技术（Data Technology，DT）时代。

5.3.2　大数据的特征

大数据不仅"大"，还具有很多其他的特征，可以用"5V"来概括。

（1）规模大（Volume）。大量自动或人工产生的数据通过互联网聚集到特定地点，形成了大数据之海。据预测，2025 年全球每天产生的数据量将达到 491EB。

（2）种类多（Variety）。大数据与传统数据相比，数据来源广、维度多、类型杂，在各种机器仪表自动产生数据的同时，人自身的行为也在不断创造数据，除了企业、组织内部的业务数据，还有外部的海量相关数据。

（3）速度快（Velocity）。随着现代感测、互联网、计算机技术的发展，数据生成、储存、分析、处理的速度远远超出人们的想象，这是大数据区别于传统数据或小数据的一个显著特征。

（4）价值高（Value）。大数据有巨大的潜在价值，但同其爆发式增长相比，单一对象或模块的数据的价值密度较低，这增加了挖掘大数据价值的难度和成本。合理运用大数据，以低成本创造高价值是大数据应用的一个挑战。

（5）真实性（Veracity）。数据的重要性就在于对决策的支持。数据的规模并不能决定其能否为决策提供帮助，数据的真实性和质量才是从中获得真知与思路的最重要因素，是做出成功决策的坚实基础，但互联网上充斥大量虚假信息，如何保证数据的真实可靠是一个充满挑战的问题。

5.3.3　大数据的关键技术

大数据的关键技术包括大数据采集、大数据预处理、大数据存储及管理、大数据分析及挖掘、大数据展现和应用（如大数据检索、大数据可视化、大数据应用、大数据安全等）等技术。

1．大数据采集

大数据采集指通过采集射频识别（Radio Frequency Identification，RFID）数据、传感器数据、社交网络数据、移动互联网数据等方式获得各种类型的结构化、半结构化及非结构化的海量数据。由于可能有成千上万的用户同时进行并发访问和操作，因此必须采用专门针对大数据的采集方法，主要有以

< 95 >

下 3 种。

（1）数据库采集：目前大多数企业采用传统的结构化关系数据库（如 MySQL 和 Oracle 等）来存储数据，通过使用结构化关系数据库中的抽取-转换-装载（Extract-Transform-Load，ETL）工具来实现与 HDFS、HBase 等主流 NoSQL 数据库之间的数据同步和集成。

（2）网络数据采集：借助网络爬虫或网站公开 API 从网站获取数据信息。通过这种途径可将非结构化数据、半结构化数据从网页中提取出来，并以结构化的方式将其存储为统一的本地数据文件。

（3）文件采集：可使用 Flume 等工具进行实时的文件采集和处理，也可使用 ELK（Elasticsearch、Logstash、Kibana 三大开源框架及其组合）对日志文件进行处理，实现基于模板配置的增量实时文件采集。

2．大数据预处理

采集到的原始数据会存在残缺、虚假、重复、过时等情况，因此必须对采集到的原始数据进行清洗、填补、平滑、合并、规格化以及检查一致性等操作，以将那些杂乱无章的数据转化为相对单一且便于处理的结构，为后期的数据分析奠定基础。大数据预处理主要包括数据清洗、数据集成、数据转换以及数据规约 4 个部分。

（1）数据清洗

数据清洗主要包括遗漏数据处理、噪声数据处理、不一致数据处理。遗漏数据可用全局常量、属性均值、可能值填充或者直接忽略该数据等方法处理；噪声数据可用分箱（对原始数据进行分组，对每一组内的数据进行平滑处理）、聚类、计算机检查和人工检查相结合、回归等方法去除噪声；对于不一致数据，则要进行手动更正。

（2）数据集成

数据集成是指将多个数据源中的数据合并存放到一个数据存储库中。这一过程要着重解决 3 个问题：模式匹配、数据冗余、数据值冲突的检测与处理。

来自多个数据源的数据会因命名差异导致对应的实体名称不同，通常实体需要利用元数据来进行区分，以对来源不同的实体进行匹配。数据冗余可能来源于数据属性命名的不一致，在解决过程中可以利用皮尔逊相关系数来衡量数值属性，绝对值越大表明二者之间相关性越强。数据值冲突问题主要表现为来源不同的同一实体具有不同的数据值。

（3）数据转换

数据转换就是处理抽取上来的数据中存在的不一致问题。数据转换一般包括两类：第一类，数据名称及格式的统一，即数据粒度转换、商务规则计算，以及统一命名、数据格式、计量单位等；第二类，字段的组合、分割或计算。数据转换实际上还包含数据清洗的工作，需要根据业务规则对异常数据进行清洗，以保证后续分析结果的准确性。

（4）数据规约

在尽可能保持数据原貌的前提下，最大限度地精简数据量，通过数据立方体聚集、维度规约、数据压缩、数值规约和概念分层等方法得到数据集的规约表示。这样既可使数据集变小，又有利于保证数据的完整性。

3．大数据存储及管理

大数据存储及管理是指通过存储器把采集到的数据存储起来，建立相应的数据库，以方便用户管理和调用。目前典型的大数据存储技术有以下 3 种。

（1）基于大规模并行处理架构的新型数据库集群。该技术面向行业大数据，可支撑 PB 级别的结构化数据分析。它采用无共享（Shared Nothing）架构，通过列存储、粗粒度索引等大数据处理技术，结合大规模并行处理架构高效的分布式计算模式，实现对分析类大数据应用的支撑。其运行环境多为低成本 PC 服务器，但具有高性能和高扩展性的特点，在企业分析类应用领域获得了极其广泛的应用。

< 96 >

（2）基于 Hadoop 的分布式文件系统（Hadoop Distributed File System，HDFS）。HDFS 具有高容错性，并且可部署在低廉的硬件上。它提供高吞吐量（High Throughput）来访问应用程序的数据，适合那些有超大数据集（Large Data Set）的应用程序。利用 Hadoop 开源的优势，人们打造出 Hadoop 技术生态，HDFS 应用场景也会逐步扩大，目前最为典型的应用场景就是通过扩展和封装 Hadoop 来实现对互联网大数据存储、分析的支撑，其涉及几十种 NoSQL 数据库技术，实现了非结构化和半结构化数据处理、复杂的 ETL 流程、复杂的数据挖掘和计算模型。

（3）大数据一体机。它是专为大数据的分析处理而设计的软硬件结合的产品，由一组集成的服务器、存储设备、操作系统、数据库管理系统以及为数据查询、处理、分析而预先安装及优化的软件组成，具有良好的稳定性和纵向扩展性。

4．大数据分析及挖掘

大数据分析及挖掘是指从一大批看似杂乱无章的数据中萃取、提炼潜在的、有用的信息和所研究对象的内在规律的过程。其技术包括可视化分析、数据挖掘算法、预测性分析、语义引擎以及数据质量与管理 5 方面。

（1）可视化分析。可视化分析借助图形化手段，清晰有效地传达信息，常用于海量数据关联分析。由于大数据所涉及的信息比较分散、数据结构有可能不一致，因此需要借助可视化数据分析平台对数据进行关联分析，并做出完整、简单、清晰、直观的分析图表。

（2）数据挖掘算法。大数据分析的理论核心就是数据挖掘算法。数据挖掘算法多种多样，常见的有 Logistic 回归、支持向量机、朴素贝叶斯、决策树、随机森林、K-means（K 均值聚类）、KNN（K 最近邻）等。它们都能够深入数据内部，挖掘出数据的潜在价值，但不同的算法基于不同的数据类型和格式，呈现出数据所具备的不同特点。

（3）预测性分析。预测性分析是指结合多种高级分析功能，包括统计分析、预测建模、数据挖掘、文本分析、实体分析、优化、实时评分、机器学习等，对未来或其他不确定的事件进行预测。它可帮助用户分析结构化和非结构化数据中的趋势、模式和关系，运用这些指标来洞察、预测将来的事件，并做出相应决策。

（4）语义引擎。语义技术可以将用户从烦琐的搜索条目中解放出来，让用户更快、更准确、更全面地获得所需信息，提高用户的互联网体验。语义引擎给已有的数据加上语义，即在现有结构化或非结构化的数据库上叠加一个语义层。

（5）数据质量与管理。它是指对数据从计划、获取、存储、共享、维护、应用到消亡的生命周期每个阶段里的各类数据质量问题进行识别、度量、监控、预警等，并通过改善和提高组织的管理水平使数据质量进一步提高。对大数据进行有效分析的前提是保证数据的质量，高质量的数据和有效的数据管理无论是在学术研究领域还是在商业应用领域都极其重要。

5．大数据展现和应用

利用大数据技术能够将隐藏于海量数据中的信息和知识挖掘出来，为人类的社会经济活动提供依据，从而提高各个领域的运行效率，大大提高整个社会经济的集约化程度。大数据展现和应用的具体技术有商业智能技术、政府决策技术、电信数据信息处理与挖掘技术、电网数据信息处理与挖掘技术、气象信息分析技术、环境监测技术、警务云应用系统（道路监控、视频监控、网络监控、智能交通、反电信诈骗、指挥调度等）、大规模基因序列分析比对技术、Web 信息挖掘技术、多媒体数据并行化处理技术、影视制作渲染技术，以及其他各种行业的云计算和海量数据处理应用技术等。

5.3.4　大数据的应用

大数据的关键并不在于"大"，而在于"有用"，大数据的应用是其创造价值的关键。大数据的应

< 97 >

用涉及统计分析、机器学习、多学科融合、大规模应用开源技术等领域。随着大数据技术的飞速发展，大数据应用已经融入各行各业。通过对数量巨大、来源分散、格式多样的数据进行采集、存储和关联分析，人们可以发现新知识、创造新价值、提升新能力。

　　大数据的应用主要体现在"感知现在"和"预测未来"两方面。例如，城市管理部门利用手机定位数据和交通数据来进行城市规划；商场根据需求和库存的情况实现实时定价；医疗行业利用可穿戴设备实时采集患者的生理数据，对患者的健康状况进行判断。

习题 5

一、选择题

1. 数据库系统的核心是（　　　）。

　　A. 数据库应用系统　　B. 数据库管理员　　C. 数据库管理系统　　D. 数据库

2. 以下不是数据库技术管理阶段的特点的是（　　　）。

　　A. 数据以文件为单位共享　　　　　　B. 数据共享度高

　　C. 具有统一的数据库控制功能　　　　D. 数据冗余小

3. 公司中有多个部门和多名职员，每名职员只能属于一个部门，一个部门可以有多名职员，从部门到职员的联系类型是（　　　）。

　　A. 一对一　　　　　B. 多对一　　　　C. 多对多　　　　D. 一对多

4. 在 E-R 模型中，（　　　）用来表示实体。

　　A. 线段　　　　　　B. 椭圆　　　　　C. 矩形　　　　　D. 菱形

5. 在表中能唯一确定元组的属性或属性组合称为（　　　）。

　　A. 关键字　　　　　B. 字段　　　　　C. 记录　　　　　D. 域

6. 下列不属于数据库系统的主要特点的是（　　　）。

　　A. 数据结构化　　　　　　　　　　　B. 较高的数据独立性

　　C. 数据冗余小　　　　　　　　　　　D. 程序的标准化

7. 以下不是大数据的特征的是（　　　）。

　　A. 价值密度低　　B. 数据类型繁多　　C. 访问时间短　　D. 处理速度快

8. （　　　）反映了数据的精细化程度，越精细的数据，价值越高。

　　A. 规模　　　　　　B. 活性　　　　　C. 颗粒度　　　　D. 关联度

二、简答题

1. 简述数据库、数据库管理系统、数据库系统的概念。

2. 简述关系模型中关系、元组、属性、码的概念。

3. 简述概念模型、逻辑模型、物理模型的概念及其之间的联系。

了解 MySQL

习题参考答案

< 98 >

第 **6** 章　计算机网络和信息安全

本章首先介绍计算机网络的定义、发展、组成与分类，以及网络协议和体系结构；然后对计算机网络的硬件组成、常见的网络设备和局域网技术、Internet 基础知识、搜索引擎等进行介绍；接着阐述信息安全的概念，介绍几种常用的信息安全技术，如密码技术、认证技术、访问控制技术、防火墙技术和云安全技术；随后介绍计算机病毒和黑客的概念、特点、危害以及防范方法；最后介绍云计算、物联网和区块链的相关知识。

【知识要点】

- 计算机网络的相关知识。
- 计算机网络硬件。
- 计算机局域网。
- Internet 及其应用。
- 信息安全概述及技术。
- 计算机病毒与黑客的防范。
- 云计算、物联网和区块链。

章首导读

6.1　计算机网络概述

6.1.1　计算机网络的定义

计算机网络是指将地理位置不同的具有独立功能的多台计算机及其外部设备，通过通信线路连接起来，在网络操作系统、网络管理软件及网络协议的管理和协调下，实现资源共享和信息传递的计算机系统。

在理解计算机网络定义的时候，要掌握以下 3 个特征。

（1）自主。计算机之间没有主从关系，所有计算机都是平等独立的。

（2）互连。计算机之间由传输介质相连，并且能够互相交换信息。

（3）集合。网络是计算机的群体。

6.1.2　计算机网络的发展

计算机网络经历了一个从简单到复杂、从地区到全球的发展过程。其发展过程大致可分为 4 个阶段：计算机技术与通信技术相结合的初级计算机网络阶段；具有网络体系结构与协议的计算机网络阶段；连网与互连标准化的计算机网络阶段；互连、高速、智能化、移动化和全球化的计算机网络阶段。

计算机网络
发展史

1．计算机技术与通信技术相结合的初级计算机网络阶段

在这一阶段，计算机技术与通信技术相结合，形成了初级的计算机网络模型。这一阶段的网络严格说来仍然是多用户系统的变种，是由一台中央主计算机连接大量的地理位置分散的终端。

2．具有网络体系结构与协议的计算机网络阶段

这一阶段人们在初级计算机网络的基础上实现了网络体系结构与协议。数据处理主机和数据通信主机分工协作，提供网络通信、保障网络连通，实现了网络数据和网络硬件设备共享。这一阶段的里程碑是阿帕网（Advanced Research Project Agency Network，ARPAnet）。

3．连网与互连标准化的计算机网络阶段

这一阶段人们主要解决了计算机连网与互连标准化的问题，特别是国际标准化组织（International Organization for Standardization，ISO）提出的开放系统互连参考模型（Open System Interconnect Reference Model，OSI/RM）极大地促进了计算机网络技术的发展。此阶段最具有代表性的系统是 NSFnet。

4．互连、高速、智能化、移动化和全球化的计算机网络阶段

自 20 世纪 90 年代末至今，计算机网络向着互连、高速、智能化、移动化和全球化方向发展，电子商务、电子支付等新应用也得到普及，实现了全球化的广泛应用。此阶段最具有代表性的系统是 Internet。

6.1.3 计算机网络的组成

计算机网络由 3 部分组成：网络硬件、传输介质（通信线路）和网络软件，如图 6.1 所示。

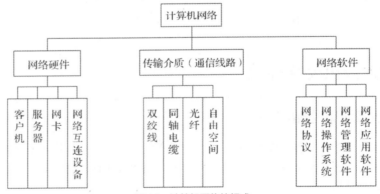

图6.1 计算机网络的组成

1．网络硬件

网络硬件包括客户机、服务器、网卡和网络互连设备。

（1）客户机指用户上网使用的计算机，也可理解为网络工作站、节点机、主机。

（2）服务器是提供某种网络服务的计算机，由运算功能强大的计算机担任。

（3）网卡即网络适配器，是计算机与传输介质相连接的接口设备。

（4）网络互连设备包括集线器、中继器、网桥、交换机、路由器、网关等。

2．传输介质

传输介质是网络通信中不可或缺的元素，负责在发送器和接收器之间传输信息。根据物理形态和传输方式的不同，传输介质可分为两大类：有线传输介质和无线传输介质。

有线传输介质是指通过物理线路进行数据传输的介质。这类介质在通信网络中有广泛的应用，主

< 100 >

要包括以下几种。

（1）双绞线：这是最常用的有线传输介质，特别是在局域网环境中。双绞线由两根相互绝缘的铜导线组成，通常用于以太网连接。按照电气性能的不同，双绞线可分为非屏蔽双绞线和屏蔽双绞线两类。

（2）同轴电缆：由内导体、绝缘层、网状编织的外导体和塑料外层构成，主要用于有线电视信号传输和宽带网络。

（3）光纤：一种利用光脉冲进行数据传输的介质，由非常细的玻璃纤维或塑料纤维构成，能够传输大量的数据且速度极快。光纤传输具有带宽大、衰减小、抗干扰能力强等优点，是长途通信和高速网络的首选。

无线传输介质是指利用电磁波进行数据传输的介质。与有线传输介质相比，无线传输介质具有更高的灵活性和便捷性，主要包括以下几种。

（1）微波：一种频率在 300MHz～300GHz 的电磁波，可用于长距离通信。微波通信具有传输容量大、质量稳定、抗灾能力强等优点，但易受天气和地形的影响。

（2）红外线：一种波长在 0.75～1000μm 的电磁波，主要用于短距离通信。红外线传输具有成本低、速度快、保密性好等优点，但传输距离有限且易受障碍物阻挡。

（3）无线电波：一种频率低于 300GHz 的电磁波，可用于长距离和短距离的无线通信。无线电波传输具有覆盖范围广、传输距离远等优点，但易受其他无线信号的干扰。

3．网络软件

网络软件是在计算机网络环境中，用于支持数据通信和各种网络活动的软件。网络软件由网络协议、网络操作系统、网络管理软件和网络应用软件 4 部分组成。

6.1.4 计算机网络的分类

计算机网络种类繁多，性能各不相同。根据不同的分类原则，计算机网络有不同的分类方法。

1．按照网络的地理范围分类

将计算机网络按照其覆盖的地理范围进行分类，可以很好地反映不同类型网络的技术特征。按地理范围，计算机网络可以分为局域网（Local Area Network，LAN）、城域网（Metropolitan Area Network，MAN）和广域网（Wide Area Network，WAN）。

（1）局域网。局域网是最常见、应用最广的一种网络。所谓局域网，就是在一个局部的地理范围内（如一个学校、工厂或机关），一般是方圆几千米以内，将各种计算机、外部设备和数据库等互相连接起来组成的计算机网络，用于连接个人计算机、工作站和各类外围设备以实现资源共享和信息交换。它的特点是分布距离近、传输速率高、连接费用低、数据传输可靠、误码率低等。

（2）城域网。城域网的覆盖范围介于局域网和广域网之间，为方圆 10km～100km。MAN 与 LAN 相比，扩展的距离更长，连接的计算机数量更多，在地理范围上可以说是 LAN 的延伸。在一个大型城市中，一个 MAN 通常连接多个 LAN。

（3）广域网。广域网也称远程网，它的连网设备分布范围广，一般从几千米到几千千米。广域网是通过一组复杂的分组交换设备和通信线路将各主机与通信子网连接起来的，因此，网络覆盖的范围可以是市、地区、省、国家，乃至全球。

2．按照网络的拓扑结构分类

抛开网络中的具体设备，把网络中的计算机等设备抽象为点，把网络中的传输介质抽象为线，这样从拓扑学的角度去看计算机网络，就看到了由点和线组成的几何图形，从而抽象出了网络系统的具体结构，即网络的拓扑结构。计算机网络常用的基本拓扑结构有总线型结构、环形结构、星形结构。

< 101 >

具体介绍见 6.3 节。

6.1.5　计算机网络体系结构和 TCP/IP

1．计算机网络体系结构

1974 年，IBM 公司公布了世界上第一个计算机网络体系结构——系统网络体系结构（System Network Architecture，SNA），凡是遵循 SNA 的网络设备都可以很方便地进行互连。1977 年 3 月，国际标准化组织（ISO）的技术委员会 TC97 成立了一个新的技术分委会 SC16 专门研究"开放系统互连"，并于 1983 年提出了 OSI/RM。OSI/RM 采用三级抽象——参考模型（即体系结构）、服务定义、协议规范（即协议规格说明），自上而下逐步求精。OSI/RM 并不是一般的工业标准，而是一个制定标准用的概念性框架。

OSI 与 TCP/IP
体系结构的
比较

经过各国专家的反复研究，OSI/RM 采用了表 6.1 所示的 7 个层次。

表 6.1　OSI/RM 的 7 个层次

层号	名称	主要功能
7	应用层	作为用户应用进程的接口，负责用户信息的语义表示，并在两个通信者之间进行语义匹配。它不仅要完成应用进程所需要的信息交换和远程操作，还要作为互相作用的应用进程的用户代理来实现一些为进行语义上有意义的信息交换所必需的功能
6	表示层	对源站点内部的数据结构进行编码，形成适合于传输的位流，到了目的站再进行解码，转换成用户所要求的格式并保持数据的意义不变。该层主要用于数据格式转换
5	会话层	提供一个面向用户的连接服务。它给会话用户之间的对话和活动提供组织与同步所必需的手段，以便控制和管理数据传输。它主要用于会话的管理和数据传输的同步
4	传输层	从端到端经网络透明地传送报文，完成端到端通信链路的建立、维护和管理
3	网络层	分组传送、路由选择和流量控制，主要用于实现端到端通信系统中中间节点的路由选择
2	数据链路层	通过一些数据链路层协议和链路控制规程，在不太可靠的物理链路上实现可靠的数据传输
1	物理层	实现相邻计算机节点之间位流的透明传送，尽可能屏蔽掉具体的传输介质和物理设备的差异

它们由低到高分别是物理层、数据链路层、网络层、传输层、会话层、表示层、应用层。每层实现一定的功能，每层都直接为其上层提供服务，并且所有层次都互相支持。第 4 层到第 7 层主要负责互操作性，第 1 层到第 3 层则用于创建两个网络设备间的物理连接。

2．TCP/IP

OSI/RM 是理想的概念性框架，在实际网络中并没有完全被采用。目前最常用的是传输控制协议/互联网协议（Transmission Control Protocol/Internet Protocol，TCP/IP），它是当前异种网络通信使用的唯一协议体系，其使用范围极广，既可用于局域网，又可用于广域网，许多厂商的计算机操作系统和网络操作系统产品都采用或含有 TCP/IP。TCP/IP 已成为目前事实上的国际标准和工业标准。TCP/IP 也是一个分层的网络协议，它简化了 OSI/RM 的七层模型，没有表示层和会话层，并且把数据链路层和物理层合并为网络接口层。TCP/IP 从下到上分为网络接口层、网际层、传输层、应用层 4 个层次。

6.2　计算机网络硬件

6.2.1　网络传输介质

网络传输介质连接网络设备，也是信号传输的载体。常用的传输介质有双绞线、同轴电缆、光纤（见图 6.2），以及电磁波等。

< 102 >

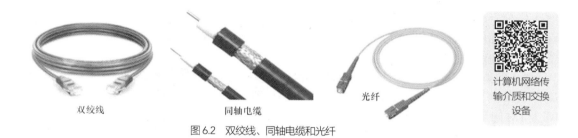

双绞线　　　　　　　　　同轴电缆　　　　　　　　光纤

图 6.2　双绞线、同轴电缆和光纤

6.2.2　网卡

网卡（Network Interface Card，NIC）也称网络适配器或网络接口卡，在局域网中用于将用户计算机与网络相连。大多数局域网采用以太网卡，如 ISA 网卡、PCI 网卡、PCMCIA 卡（常用于笔记本计算机）、USB 网卡等。图 6.3 展示了几种网卡。

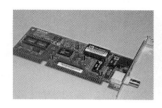
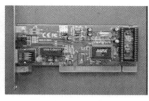

图 6.3　网卡实例

网卡是一块插在微机 I/O 槽中，发出和接收不同的信息帧、计算帧检验序列、执行编码解码转换等，以实现微机通信的集成电路卡。

6.2.3　交换机

交换机是一种用于转发电（光）信号的网络设备。它可以为接入交换机的任意两个网络节点提供独享的电信号通路。最常见的交换机是以太网交换机。其他常见的交换机有电话语音交换机、光纤交换机等。

从设计理念上讲，交换机只有两种：一种是机箱式交换机（也称作模块化交换机），其最大的优点是具有很强的可扩展性，能提供一系列扩展模块，最大的缺点是价格昂贵，一般是作为骨干交换机来使用的；另一种是独立式固定配置交换机，它的可扩展性不如机箱式交换机，但成本低得多。

6.2.4　路由器

路由器（Router）是工作在 OSI/RM 第 3 层（网络层）上、具有连接不同类型网络的能力并能够选择数据传送路径的网络设备，如图 6.4 所示。路由器有 3 个特征：工作在网络层上；能够连接不同类型的网络；具有路径选择能力。

1．路由器工作在网络层上

路由器是工作在第 3 层的网络设备，这样说有些难以理解。为此我们介绍一下集线器和交换机。集线器工作在第 1 层（物理层），它没有智能处理能力，对它来说，数据只是电流而已。当一个端口

图 6.4　路由器

的电流传到集线器中时，它只是简单地将电流传送到其他端口，至于其他端口连接的计算机接收不接收这些数据，它就不管了。交换机工作在第 2 层（数据链路层），它要比集线器智能一些，对它来说，

< 103 >

网络上的数据就是介质访问控制（Media Access Control，MAC）地址的集合，它能分辨出帧中的源MAC 地址和目的 MAC 地址，因此可以在任意两个端口间建立联系。

2．路由器能连接不同类型的网络

常见的集线器和交换机都是用于连接以太网的，但是如果想将两种类型的网络连接起来，如以太网与 ATM 网，集线器和交换机就派不上用场了。路由器能够连接不同类型的局域网和广域网，如以太网、ATM 网、FDDI 网、令牌环网等。不同类型的网络，其传送的数据单元——帧（Frame）的格式和大小是不同的，数据从一种类型的网络传输至另一种类型的网络，必须进行帧格式转换。路由器就有这种能力，而交换机和集线器就没有这种能力。

3．路由器具有路径选择能力

在互联网中，从一个节点到另一个节点，可能有许多路径，路由器选择通畅快捷的近路，会大大提高通信速度，减轻网络系统通信负荷，节约网络系统资源，这是集线器和交换机所不具备的性能。

6.3 计算机局域网

6.3.1 局域网概述

20 世纪 70 年代末以来，微机由于价格不断下降而获得了日益广泛的应用，这就促使计算机局域网技术得到了飞速发展，并在计算机网络中占据非常重要的地位。

1．局域网的特点

局域网的主要特点是：网络为一个单位所拥有，且地理范围和站点数目均有限。在局域网刚刚出现时，局域网比广域网具有更高的传输速率、较低的时延和误码率。但随着光纤技术在广域网中普遍使用，现在的广域网也具有很高的传输速率和很低的误码率。

2．局域网拓扑结构

网络拓扑结构是指一个网络中各个节点互连构成的几何形状。局域网拓扑结构通常是指局域网的通信链路和工作节点在物理上连接在一起而形成的布线结构，常见的有 3 种：总线型拓扑结构、星形拓扑结构和环形拓扑结构。

（1）总线型拓扑结构

所有节点都通过相应硬件接口连接到一条无源公共总线上，任何一个节点发出的信息都可沿着总线传输，并被总线上其他任何一个节点接收。信息的传输方向是从发送点向两端扩散，因此，这是一种广播式结构。总线型拓扑结构的优点是安装简单，易于扩充，可靠性高，一个节点损坏不会影响整个网络工作；缺点是一次只能让一个端用户发送数据，其他端用户必须等到获得发送权才能发送数据，MAC机制较复杂。总线型拓扑结构如图 6.5 所示。

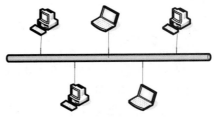

图6.5　总线型拓扑结构示意

（2）星形拓扑结构

星形拓扑结构也称为辐射网，它将一个节点作为中心节点，该节点与其他节点之间均有线路连接。具有 N 个节点的星形拓扑结构至少需要 N-1 条通信链路。星形拓扑结构的中心节点就是转接交换中心，其余 N-1 个节点间的相互通信都要经过中心节点。中心节点可以是主机或集线器，该设备的交换能力和可靠性会影响网内所有用户。星形拓扑结构的优点：利用中心节点可方便地提供服务和重新配置网络；单个节点的故障只影响一个设备，不会影响全网，容易检测和隔离故障，便于维护；任何一

< 104 >

条通信链路只涉及中心节点和另一个节点，因此 MAC 方法很简单，访问协议也十分简单。星形拓扑结构的缺点：每个节点都直接与中心节点相连，需要大量电缆，因此费用较高；如果中心节点产生故障，则全网不能工作，所以对中心节点的可靠性和冗余度要求很高，中心节点通常采用双机热备份来提高系统的可靠性。星形拓扑结构如图 6.6 所示。

（3）环形拓扑结构

环形拓扑结构中的各节点通过有源接口连接到一条闭合的环形通信线路，是点对点结构，每个节点发送的数据按环路设计的流向流动。为了提高可靠性，可采用双环或多环等冗余措施。目前的环形拓扑结构采用了一种多路访问部件 MAU（Media Access Unit，介质访问单元），当某个节点发生故障时，MAU 可以自动隔离故障点，这也使可靠性得到了提高。环形拓扑结构的优点是实时性好，信息吞吐量大，网络的周长可达 200km，节点可达几百个。但因环路是封闭的，所以扩充不便。IBM 公司于 1985 年率先推出了令牌环网，目前的 FDDI 网络就使用了这种结构。环形拓扑结构如图 6.7 所示。

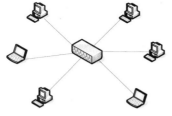

图 6.6　星形拓扑结构示意

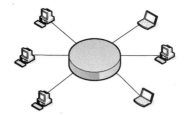

图 6.7　环形拓扑结构示意

6.3.2　带冲突检测的载波监听多路访问协议

在总线型拓扑结构和环形拓扑结构中，网络上的设备必须共享通信线路，为解决同一时间几个设备争用传输介质的问题，需要有某种访问控制方式，以便协调各设备使用传输介质的顺序。带冲突检测的载波监听多路访问（Carrier Sense Multiple Access with Collision Detection，CSMA/CD）协议是一种 MAC 技术，也就是计算机访问网络的控制方式。

6.3.3　以太网

以太网（Ethernet）是最早出现的局域网，最初由美国施乐（Xerox）公司研制，当时其传输速率只有 2.94Mbit/s。1981 年，施乐公司与数字设备公司（Digital Equipment Corporation，DEC）及英特尔（Intel）公司合作，联合提出了以太网规约，即 DIX 1.0 规范。后来以太网的标准由电气电子工程师学会（Institute of Electrical and Electronics Engineers，IEEE）来制定，DIX 1.0 就成了 IEEE 802.3 标准的基础。IEEE 802.3 标准是 IEEE 802 系列中的一个标准，由于它是从以太网规约 DIX 1.0 演变而来的，所以又被叫作以太网标准。

6.4　Internet 及其应用

6.4.1　Internet 概述

Internet（因特网）采用 TCP/IP 作为共同的通信协议，将世界范围内许许多多的计算机网络连接在一起。用户只要与 Internet 相连，就能主动地利用这些网络资源，还能以各种方式和其他 Internet 用户交流信息。

< 105 >

Internet 是由美国国防部高级研究计划署于 1969 年 12 月建立的实验性网络 ARPAnet 发展演化而来的。ARPAnet 是全世界第一个分组交换网，是一个实验性的计算机网络，最初用于军事目的。其设计要求是支持军事活动，特别是研究如何建立网络才能承受如核战争那样的破坏或其他灾害性破坏，当网络的一部分（某些主机或部分通信线路）受损时，整个网络应该仍然能够正常工作。

Internet 技术与应用

Internet 的真正发展是从 NSFnet 的建立开始的。最初，美国国家科学基金会（National Science Foundation，NSF）曾试图用 ARPAnet 作为 NSFnet 的通信干线，但这个方案没有取得成功。20 世纪 80 年代是网络技术取得巨大进展的一个时期，该时期不仅涌现出大量由以太网电缆和工作站组成的局域网，而且奠定了建立大规模广域网的技术基础。1986 年，NSF 把在美国建立的五大超级计算机中心用通信干线连接起来，组成覆盖全美国的科学技术网 NSFnet，后来，NSFnet 作为 Internet 的基础，实现了与其他网络的连接。NSFnet 连接了全美上百万台计算机，拥有几百万用户，是 Internet 主要的成员网。Internet 这个名称是在 MILnet（由 ARPAnet 分离出来）实现与 NSFnet 的连接后出现的。

我国是第 71 个以国家级网的形式加入 Internet 的成员。Internet 在我国的发展历程可以大致分为 3 个阶段：第一阶段为 1986—1993 年，研究试验阶段；第二阶段为 1994—1996 年，起步阶段；第三阶段为 1997 年至今，快速增长阶段。

6.4.2　Internet 的接入方式

Internet 是"网络的网络"，它允许用户访问任何连入其中的计算机资源，但如果要访问其他计算机，则用户要把计算机系统连接到 Internet 上。用户计算机系统接入 Internet 的方式可以分为有线接入和无线接入，简单介绍如下。

1．有线接入

有线接入主要分为电话交换网接入、有线电视网接入、光纤接入、局域网接入、电力线接入。

2．无线接入

无线接入主要分为无线局域网接入、无线自组织网接入、移动通信网接入等。

6.4.3　IP 地址与 MAC 地址

1．网络 IP 地址

由于网际互连技术是将不同物理网络的技术统一起来的高层软件技术，因此在统一的过程中，我们首先要解决的就是地址的统一问题。

IP 协议和 IP 地址

TCP/IP 对物理地址的统一是通过上层软件完成的，确切地说，是在网际层中完成的。IP 提供一种在 Internet 中通用的地址格式，并在统一管理下进行地址分配，保证一个地址对应网络中的一台主机，使物理地址的差异被网际层所屏蔽。网际层所用到的地址就是人们通常所说的 IP 地址。

IP 地址是一种层次型地址，携带关于对象位置的信息。它所要处理的对象比广域网要庞杂得多，无结构的地址是不能担此重任的。Internet 在概念上分为 3 个层次，如图 6.8 所示，IP 地址正是对此结构的反映。Internet 是由许多网络组成的，每个网络中都有许多主机，因此必须分别为网络主机加上标识，

图 6.8　Internet 在概念上的 3 个层次

< 106 >

以便区别。

IP 地址是一个 32 位的二进制数，是将计算机连接到 Internet 的互联网协议地址。作为 Internet 主机的一种数字型标识，IP 地址一般用以点隔开的十进制数表示，如 168.160.66.119。IP 地址由网络标识和主机标识两部分组成，网络标识用来区分 Internet 上互连的各个网络，主机标识用来区分同一网络上的不同计算机（即主机）。

2．MAC 地址

在局域网中，硬件地址又称为物理地址或 MAC 地址（因为这种地址用在 MAC 帧中）。

在所有计算机系统的设计中，标识系统（Identification System）的设计是一个核心问题。在标识系统中，地址就是识别某个系统的一个非常重要的标识符。

严格地讲，标识应当与系统的所在地无关。这就像每个人的名字一样，不随所处的地点而改变。但是 802 标准为局域网规定了一种 48 位的全球 MAC 地址（一般简称为"地址"），即局域网上的每一台计算机所插入的网卡上固化在 ROM 中的地址。

3．IP 地址耗尽

IP 是 Internet 的核心协议。现在使用的 IP（即 IPv4）是在 20 世纪 70 年代末设计的。无论从计算机本身的发展还是从 Internet 的规模和网络传输速率来看，IPv4 都已不适用了，最主要的问题就是 32 位的 IP 地址不够用。

要解决 IP 地址耗尽的问题，可以采用以下 3 个措施。

（1）采用无类别域间路由选择（Classless Inter-Domain Routing，CIDR），使 IP 地址的分配更加合理。

（2）采用网络地址转换（Network Address Translation，NAT）方法，可节省许多公网 IP 地址。

（3）采用具有更大地址空间的新版本的 IP，即 IPv6。

上述前两个措施的采用使 IP 地址耗尽推后了一些时日，但不能从根本上解决 IP 地址即将耗尽的问题。因此，治本的方法是上述第 3 个措施。

6.4.4　WWW 服务

万维网（World Wide Web，WWW）也称为"环球网""环球信息网"。WWW 服务是一个基于超文本（Hypertext）方式的信息浏览服务，它为用户提供了一个可以轻松驾驭的图形用户界面，以查阅 Internet 上的文档。这些文档与它们之间的链接一起构成了一个庞大的信息网，称为 WWW。

现在 WWW 服务是 Internet 上最主要的应用，人们通常所说的上网、看网页一般就是指使用 WWW 服务。

用户从 WWW 服务器获取一个文件后，需要在自己的屏幕上将它正确无误地显示出来。由于将文件放入 WWW 服务器的人并不知道将来阅读这个文件的人到底会使用哪种类型的计算机或终端，因此为了保证每个人在屏幕上都能读到正确显示的文件，就必须以一种各类型的计算机或终端都能"看懂"的方式来描述文件，于是就产生了超文本标记语言（HyperText Markup Language，HTML）。

WWW 服务器指任何运行 Web 服务器软件、提供 WWW 服务的计算机。对用户来说，有不同品牌的 Web 服务器软件可供选择，除了 FrontPage 包括的 Personal Web Server（个人网页服务器），微软还提供了另外一种 Web 服务器软件，名为 Internet Information Server（因特网信息服务器，IIS）。

WWW 可以应用于人类生活、工作的各种领域，主要应用于交流科研进展情况、宣传、远程教学、新闻发布、休闲娱乐等。常用的 WWW 浏览器有 Edge、Chrome、Firefox、Safari 等。

< 107 >

6.4.5 域名系统

域名系统（DNS）是 Internet 上解决机器命名问题的一种系统。就像拜访朋友要先知道去对方家怎么走一样，在 Internet 上，当一台主机要访问另外一台主机时，必须先获知其地址，TCP/IP 中的 IP 地址由 4 段以"."分隔的数字组成（此处以 IPv4 的地址为例，IPv6 的地址同理）。

虽然 Internet 上的节点都可以用 IP 地址标识，并且可以通过 IP 地址被访问，但即使是将 32 位的二进制 IP 地址写成 4 个 0~255 的十进制数形式，IP 地址也依然太长、太难记。因此，人们发明了域名（Domain Name）。域名将一个 IP 地址关联到一组有意义的字符，用户访问一个网站的时候，既可以输入该网站的 IP 地址，也可以输入其域名，对访问而言，二者是等价的。

Internet 已经为越来越多的人所认识，电子商务、网上销售、网络广告已成为大家关注的热点。但是，要想在网上建立服务器发布信息，就必须先注册自己的域名，只有有了自己的域名才能让别人访问到自己。所以，域名注册是在 Internet 上提供任何服务的基础。同时，考虑到域名的唯一性，尽早注册是十分必要的。

域名又称 Internet 地址，一般是由一组用点分隔的字符串组成的，组成域名的各个部分常被称为子域名，它们表明了不同的组织级别，从左往右可不断增加，类似通信地址一样从广泛的区域到具体的区域。理解域名的方法是从右向左来看各个子域名，最右边的子域名为顶级域名，它是对主机最一般的描述。越往左，子域名越具有特定的含义。通常从右到左的各子域名分别代表不同国家或地区、组织类型、组织名称、分组织名称和主机名。

以 jx.xxxy.****.edu.cn 为例，顶级域名"cn"代表中国，第二个子域名"edu"表明这台主机属于教育机构，"****"具体指明是某高校，其余的子域名指出了这是信息工程学院（xxxy）的一台名为"jx"的主机。注意，Internet 地址不得含有任何空格，而且 Internet 地址不区分大小写字母，但作为一般的原则，在使用 Internet 地址时，最好全用小写字母。

6.4.6 电子邮件

电子邮件（E-mail）是 Internet 上应用较为广泛的一项服务，通过网络的电子邮件系统，用户可以用非常低廉的价格（不管发送到哪里，都只需负担网费）、非常快的速度（几秒之内可以发送到用户指定的世界上任何一处目的地），与世界上任何一个角落的网络用户进行联系。这些电子邮件可以是文字、图像、声音等各种文件。正是由于电子邮件使用简易、投递迅速、收费低廉、易于保存、全球畅通无阻，因此其得到了广泛的应用。电子邮件使人们的交流方式发生了极大的改变。

6.4.7 文件传输

文件传输是指把文件通过网络从一个计算机系统复制到另一个计算机系统的过程。在 Internet 中，实现这一功能的是文件传输协议（File Transfer Protocol，FTP）。像大多数的 Internet 服务一样，FTP 也采用客户机/服务器模式，用户使用一个 FTP 客户端程序时，就和远程主机上的服务器程序相连了。若用户输入一个命令，要求服务器传送一个指定的文件，服务器就会响应该命令，并传送这个文件。用户的客户端程序接收这个文件，并把它存入用户指定的目录。从远程计算机复制文件到自己的计算机上，可称为"下载"（Download）文件；从自己的计算机复制文件到远程计算机上，可称为"上传"（Upload）文件。使用 FTP 程序时，用户应输入 FTP 命令和想要连接的远程主机的地址。一旦程序开始运行并出现提示符"ftp"，就可以输入命令了，如查询远程主机上的文档等。远程登录是指本地计算机通过网络连接到远端的另一台计算机上，作为这台远程主机的终端，本地计算机可以使用远程计算机上对外开放的全部资源，也可以查询数据库、检索资料或利用远程计算机完成大量的计算工作。

< 108 >

在实现文件传输时，需要使用 FTP 程序。常用的 WWW 浏览器一般带有 FTP 程序模块。用户可在浏览器窗口的地址栏中输入远程主机的 IP 地址或域名，浏览器将自动调用 FTP 程序。例如，要访问 IP 地址为 172.20.33.25 的服务器，可在地址栏输入 ftp://172.20.33.25。若连接成功，输入账号和口令后，浏览器窗口就会显示该服务器上的文件夹和文件名列表。

如果想从服务器下载文件，可先找到需要的文件，再右击文件名，在弹出的快捷菜单中选择"目标地点另存为"命令，设置路径后，下载就开始了。

文件上传对服务器而言是"写入"，这就涉及使用权限的问题。若上传的文件需要传送到 FTP 服务器上指定的文件夹，这时可右击文件夹名，在弹出的快捷菜单中选择"属性"命令，打开"FTP 属性"对话框，从中可以查看自己是否具有"写入"权限。

用户若没有账号，就不能正式使用 FTP，但可以匿名使用 FTP。匿名 FTP 允许没有账号和口令的用户以 anonymous（匿名）或 FTP 特殊名来访问远程计算机。当然，这样会受很大的限制。匿名用户一般只能获取文件，不能在远程计算机上建立文件或修改已存在的文件，可以复制的文件也有限。当用户以 anonymous 或 FTP 特殊名登录后，FTP 接受以任何字符串作为口令，但一般要求用电子邮件地址作为口令，这样服务器的管理员能知道谁在使用，当需要时就可及时联系了。

6.5　搜索引擎

搜索引擎是根据用户需求与一定算法，运用特定策略从互联网检索出指定信息反馈给用户的一门检索技术。搜索引擎依托于多种技术（如网络爬虫技术、检索排序技术、网页处理技术、大数据处理技术、自然语言处理技术等）为信息检索用户提供快速、高相关的信息服务。搜索引擎技术的核心模块一般包括爬虫、索引、检索和排序等，同时可添加其他一系列辅助模块，以为用户创造更好的网络使用环境。

6.5.1　搜索引擎的发展历程

搜索引擎是伴随互联网的发展而产生和发展的，互联网已成为人们学习、工作和生活中不可缺少的平台，几乎每个人上网都会使用搜索引擎。搜索引擎大致经历了四代的发展。

1．第一代搜索引擎

1994 年，第一代真正基于互联网的搜索引擎 Lycos 诞生，它以人工分类目录为主，代表厂商是 Yahoo!，特点是人工分类存放网站的各种目录，用户通过多种方式寻找网站，现在也还有这种方式存在。

2．第二代搜索引擎

随着网络应用技术的发展，用户开始希望对内容进行查找，于是出现了第二代搜索引擎，也就是利用关键字来查询。第二代搜索引擎建立在网页链接分析技术的基础上，使用关键字对网页进行搜索，能够覆盖互联网的大量网页内容，它可以在分析网页的重要性后，将重要的结果呈现给用户。

3．第三代搜索引擎

随着网络信息的迅速增加，用户希望能快速并且准确地查找到自己所要的信息，因此出现了第三代搜索引擎。相比前两代，第三代搜索引擎更加注重个性化、专业化、智能化，使用自动聚类、分类等人工智能技术，采用区域智能识别及内容分析技术，利用人工介入，实现技术和人工的完美结合，增强了搜索引擎的查询能力。第三代搜索引擎的代表是 Google，它以宽广的信息覆盖和优秀的搜索性能为搜索引擎技术发展开创了崭新的局面。

< 109 >

4. 第四代搜索引擎

随着信息多元化的快速发展，通用搜索引擎在目前的硬件条件下要得到互联网上比较全面的信息是不太可能的，这时，用户就需要数据全面、更新及时、分类细致的面向主题搜索引擎，这种搜索引擎采用特征提取和文本智能化等策略，相比前三代搜索引擎更准确有效，被称为第四代搜索引擎。

6.5.2 搜索引擎的分类

搜索引擎可大致分为全文搜索引擎、元搜索引擎、垂直搜索引擎、目录搜索引擎和智能搜索引擎5类，它们各有特点并适用于不同的搜索环境。全文搜索引擎利用爬虫程序抓取互联网上所有相关文章予以索引，元搜索引擎基于多个搜索引擎结果进行整合处理实现二次搜索，垂直搜索引擎对某一特定行业内数据进行快速检索，目录搜索引擎依赖人工收集处理数据并将其置于分类目录链接下，智能搜索引擎是结合了人工智能技术的新一代搜索引擎。

6.5.3 搜索引擎关键技术

搜索引擎工作流程主要包括数据采集、数据预处理、数据处理、结果展示等阶段，在各阶段分别使用了网络爬虫、中文分词、大数据处理、数据挖掘等技术。

网络爬虫也被称为蜘蛛或网络机器人，它是搜索引擎抓取系统的重要组成部分。网络爬虫根据相应的规则，以某些站点作为起始站点，通过各页面上的超链接遍历整个互联网，利用 URL 引用并采用广度优先遍历策略从一个 HTML 文档爬行到另一个 HTML 文档来抓取信息。

中文分词是中文搜索引擎中一个相当关键的技术，在创建索引之前需要将中文内容合理地进行分词。中文分词是文本挖掘的基础，对于输入的一段中文，成功地进行中文分词可以达到计算机自动识别语句含义的效果。

大数据处理技术通过运用大数据处理计算框架，对数据进行分布式计算。由于互联网数据量相当庞大，因此需要利用大数据处理技术来提高数据处理的效率。在搜索引擎中，大数据处理技术主要用来执行对网页重要度进行打分等数据计算。

数据挖掘就是从海量的数据中采用自动或半自动的建模算法，寻找隐藏在数据中的信息，是从数据库中发现知识的过程。数据挖掘一般和计算机科学相关，并通过机器学习、模式识别、统计学等方法来实现知识挖掘。

6.5.4 常用的搜索引擎

常用的搜索引擎有百度、搜狗搜索、360 搜索、微软必应等。

1. 百度

百度（见图 6.9）是国内较大的中文搜索引擎，于 2000 年创立于北京。"百度"二字源于宋朝词人辛弃疾的《青玉案·元夕》中的"众里寻他千百度"，象征百度对中文信息检索技术的追求。

图 6.9　百度

< 110 >

2．搜狗搜索

搜狗搜索（见图 6.10）是搜狐公司于 2004 年推出的互动式搜索引擎。经过多年的发展，搜狗搜索的检索技术已相当成熟，在中文搜索引擎中占有一席之地。特别是在 2013 年宣布与腾讯搜搜合并后，其覆盖人群进一步扩大，成为中文搜索引擎的后起之秀。

图 6.10　搜狗搜索

3．360 搜索

360 公司于 2013 年推出了自有搜索引擎 360 搜索（见图 6.11），凭借巨大的浏览器安装率，360 搜索自上线之日起即获得相当可观的市场占有率。360 搜索主要包括新闻搜索、网页搜索、微博搜索、视频搜索、MP3 搜索、图片搜索、地图搜索、问答搜索、购物搜索等，通过互联网信息的及时获取和主动呈现，为广大用户提供实用和便利的搜索服务。

图 6.11　360 搜索

4．微软必应

微软必应（Microsoft Bing，见图 6.12）是微软公司于 2009 年推出的搜索引擎，是用以取代 Live Search 的全新搜索引擎。作为贴近中国用户的全球搜索引擎，微软必应提供了美观、高质量、国际化的中英文搜索服务。

图 6.12　微软必应

6.6 信息安全概述及技术

计算机信息系统是指由计算机及其配套设备（含网络）构成的，并按照一定的应用目标和规则对信息进行处理的人机系统。信息已成为社会发展的重要战略资源、决策资源；信息化水平已成为衡量一个国家现代化程度和综合国力的重要指标。信息技术正以前所未有的速度发展，给人们的生活和工作带来极大的便利，但人们在享受网络信息所带来的高效率的同时，也面临严重的信息安全威胁。信息安全已成为世界性的现实问题，信息安全与国家安全、民族兴衰和战争胜负息息相关。

< 111 >

6.6.1 信息安全

信息安全是指保护信息和信息系统不被未经授权地访问、使用、修改，不因偶然或恶意的原因遭到泄露、中断和破坏，为信息和信息系统提供保密性、完整性、可用性、可控性和不可否认性，保证一个国家的社会信息化状态和信息技术体系不受外部威胁与侵害。

6.6.2 OSI 信息安全体系结构

ISO 7498 标准是目前国际上普遍遵循的计算机信息系统互连标准。1989 年，ISO 颁布了该标准的第二部分，即 ISO 7498-2 标准，并首次确定了开放系统互连参考模型（OSI/RM）的信息安全体系结构。我国将其作为 GB/T 9387.2—1995 标准。它包括五大类安全服务以及提供这些服务所需要的八大类安全机制。ISO 7498-2 标准确定的五大类安全服务分别是鉴别、访问控制、数据保密性、数据完整性、不可否认性。ISO 7498-2 标准确定的八大类安全机制分别是加密、数据签名机制、访问控制机制、数据完整性机制、鉴别交换机制、业务填充机制、路由控制机制、公证机制。

6.6.3 信息安全技术

计算机网络具有连接形式多样性、终端分布不均匀性和网络的开放性、互连性等特征，致使网络易受黑客、恶意软件和其他不轨行为的攻击。如何通过技术手段来保障网络信息的安全是一个非常重要的问题。下面介绍几种常用的信息安全技术：密码技术、认证技术、访问控制技术、防火墙技术和云安全技术。

1．密码技术

设置密码是实现信息安全的重要手段，它包含加密和解密两方面：加密就是利用密码技术将信息隐蔽起来，从而起到保护信息安全的作用；解密就是恢复数据和信息本来面目的过程。加密和解密过程共同组成了密码系统，其核心是加解密算法和密钥。密钥是一个用于密码算法的秘密参数，通常只有通信者拥有。

加密技术

2．认证技术

认证就是对证据进行辨认、核实、鉴别，以建立某种信任关系。在通信中，它涉及两方面：一是提供证据或标识；二是对这些证据或标识的有效性加以辨认、核实、鉴别。

（1）数字签名。数字签名是数字世界中的一种信息认证技术，是公开密钥密码技术的一种应用。它根据某种协议来产生一个反映被签署文件的特征和签署人特征的签名，以保证文件的真实性和有效性的，同时也可用来核实接收者是否有伪造、篡改行为。

（2）身份验证。身份识别或身份标识是指用户向系统提供身份证据。身份认证是系统核实用户提供的身份标识是否有效的过程。在信息系统中，身份认证实际上是决定用户对请求的资源获得存储权和使用权的过程。身份识别和身份认证统称为身份验证。

3．访问控制技术

访问控制是对信息系统资源的访问范围和方式进行限制。它是建立在身份验证之上的操作权限控制。身份验证解决了访问者是否合法的问题，但并非身份合法就什么都可以做，还要规定不同的访问者分别可以访问哪些资源，以及对这些可以访问的资源用什么方式（读、写、执行、删除等）访问。

4．防火墙技术

防火墙是设置在可信任的内部网和不可信任的外部网之间的一道屏障，使一个网络不受来自另一个网络的攻击，实质上是一种隔离技术。防火墙的主要用途就是控制

防火墙技术

< 112 >

对受保护网络（即网点）的往返访问。防火墙同意一些"人"和"数据"访问，同时把不同意的"拒之门外"，这样能最大限度地防止黑客访问，阻止他们对网络进行非法操作。

5．云安全技术

云计算是互联网技术的又一次重大突破。紧随云计算、云存储之后，云安全（Cloud Security）应运而生。云安全技术是指云服务提供商为用户提供更加专业和完善的访问控制、攻击防范、数据备份和安全审计等安全功能，并通过统一的安全保障措施和策略对云端 IT 系统进行安全升级和加固，从而提高用户系统和数据的安全水平的技术。

6.7 计算机病毒与黑客的防范

6.7.1　计算机病毒及其防范

1．计算机病毒的概念

计算机病毒是指具有自我复制能力的计算机程序，它能影响计算机软件、硬件的正常运行，破坏数据的正确性与完整性。《中华人民共和国计算机信息系统安全保护条例》对计算机病毒的定义是："计算机病毒，是指编制或者在计算机程序中插入的破坏计算机功能或者毁坏数据，影响计算机使用，并能自我复制的一组计算机指令或者程序代码。"

计算机病毒
及其防范

2．计算机病毒的传播途径和特点

传染性是计算机病毒最基本的特性。计算机病毒主要是通过文件的复制、文件的传送等方式传播的，文件的复制与文件的传送需要传播介质，计算机病毒的主要传播介质是 U 盘、光盘和网络。

现代通信技术使数据、文件、电子邮件等可以通过网络在各个计算机间高速传输。当然这也为计算机病毒的传播提供了"高速公路"，现在网络已经成为计算机病毒的主要传播途径。

随着 Internet 的不断发展，计算机病毒出现了一种新的趋势。不法分子制作的个人网页，不仅直接提供了下载大批计算机病毒活样本的便利途径，还提供制作计算机病毒的工具、向导、程序等，使没有编程基础和经验的人制造新病毒成为可能。

根据对计算机病毒的产生、传播和破坏行为的分析，计算机病毒的主要特点是破坏性、传染性、潜伏性、隐蔽性、不可预见性。

6.7.2　网络黑客及其防范

1．网络黑客的概念

20 世纪 60 年代到 70 年代，"黑客"（Hacker）一词极富褒义，主要是指那些善于思考、奉公守法的计算机爱好者。从事黑客活动意味着对计算机的最大潜力进行自由探索。现在黑客使用的侵入计算机系统的基本技巧，如"破解口令""走后门"及安放"特洛伊木马"等，都是在这一时期发明的。现在的"黑客"是指恶意破解商业软件、恶意入侵他人计算机、恶意入侵网站的人，又称"骇客"，本质上指的是非法闯入别人计算机系统/软件的人。

黑客介绍

2．网络黑客的防范

（1）屏蔽可疑 IP 地址。

（2）过滤信息包。

（3）修改系统协议。

< 113 >

（4）经常升级系统版本。

（5）安装必要的安全软件。

（6）不要回陌生人的邮件。

（7）做好浏览器的安全设置。

6.8 云计算

6.8.1 云计算的概念

随着互联网，特别是移动互联网的快速发展，计算由"端"走向"云"，最终将全部聚合到"云"中，成为纯"云"计算的时代。云计算（Cloud Computing）是继 20世纪 80 年代大型计算机到客户机/服务器模式的大转变之后的又一次巨变，是一种把超级计算机的能力传播到整个互联网的计算方式。云计算的定义有很多种，现阶段广为人们所接受的是美国国家标准与技术研究院（National Institute of Standards and Technology，NIST）给出的定义：云计算是一种按使用量付费的模式，这种模式提供可用的、便捷的、按需的网络访问，进入可配置的计算资源共享池（资源包括网络、服务器、存储、应用软件、服务），这些资源能够被快速提供，且只需投入很少的管理工作或与服务提供商进行很少的交互。

云计算

6.8.2 云计算的优势

云计算作为一个新兴的概念，体现了一种理念，目前各大厂商争相推出自己的云计算产品。这种计算模式的优势如下。

（1）基于使用的支付模式。在云计算模式下，最终用户根据使用了多少服务来付费。这为将应用部署到云计算基础架构中降低了准入门槛，让大企业和小公司都可以使用相同的服务。

（2）扩展性和弹性。云计算环境具有大规模、无缝扩展的特点，能自如地应对使用量急剧增加的情况。大多数服务提供商在为云计算设计架构时，就已考虑到使用量猛增的情况。

（3）厂商的大力支持。大多数厂商都致力于提供云计算的解决方案。例如，亚马逊公司推出了 EC2、S3、Simple DB 及其他服务；谷歌公司推出了 AppEngine、谷歌文件系统（Google File System，GFS）及数据存储（BigTable）等服务；微软公司推出了 Azure 服务，用户可以在微软（或其合作伙伴）的基础架构中创建及部署应用程序。

（4）可靠性。云计算基础架构实际上可能比典型的企业基础架构更可靠。如果云计算服务成为核心业务，那么服务提供商就更有条件提供比任何特定企业应用程序高得多的可靠性。

（5）效率与成本。用户通过云计算构建应用，所需的时间更少、投入更低，计算会变得更简单。"云+端"让用户仅仅通过一个网络接入设备就可以获得各种各样的服务，包括计算能力、数据存储等。这使计算本身变得更加简单，一切都由云负责，用户无须知道关于云的任何东西。

6.8.3 云计算的服务类型

云计算的服务类型分为 3 个层次：基础设施即服务（Infrastructure as a Service，IaaS）、平台即服务（Platform as a Service，PaaS）和软件即服务（Software as a Service，SaaS）。这 3 个层次组成了云计算技术层面的整体架构，如图 6.13 所示。依托虚拟化、分布式存储、自动化部署、分布式计算及平台管理等技术，云计算具备良好的并行计算能力、伸缩性和灵活性。

< 114 >

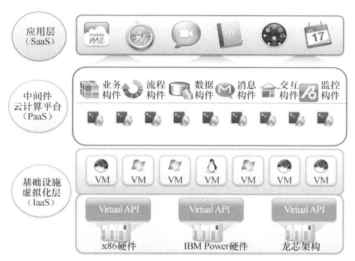

图 6.13　云计算的整体架构

（1）基础设施即服务（IaaS）：云计算的主要服务类别之一，是把数据中心、基础设施等硬件资源通过 Web 分配给用户的商业模式。它向用户提供虚拟化计算资源，如虚拟机、存储、网络和操作系统。

（2）平台即服务（PaaS）：云计算的一种服务类别，是指将软件研发平台作为一种服务，为开发人员提供通过互联网构建应用程序和服务的平台。它为开发、测试和管理应用程序提供了按需开发的环境。用户不用关心底层基础设施的管理，只需要将精力放在应用程序的部署和管理上面，以提高开发效率。

（3）软件即服务（SaaS）：云计算的一种服务类别，是一种通过 Internet 提供软件的模式，用户无须购买软件，而是向服务提供商租用基于 Web 的软件，来管理企业经营活动。使用 SaaS 时，用户不用关心服务的维护和底层基础设施的管理，只需要考虑怎样用好 SaaS 软件。

6.9　物联网

6.9.1　物联网的概念

物联网（Internet of Things，IoT）是新一代信息技术的重要组成部分。美国麻省理工学院的凯文·阿什顿（Kevin Ashton）教授在 1999 年首次提出了"物联网"的概念，它是依托射频识别技术的物流网络。随着技术和应用的发展，物联网的内涵已经发生了很大变化。

2005 年，国际电信联盟（International Telecommunications Union，ITU）在发布的互联网报告中对物联网做了以下定义：物联网是通过二维码识读设备、射频识别装置、红外感应器、全球定位系统和激光扫描器等信息传感设备，按约定的协议，把任何物品与互联网相连接，进行信息交换和通信，以实现智能化识别、定位、跟踪、监控和管理的一种网络。

简而言之，物联网就是"物物相连的互联网"。物联网通过各种信息传感设备，实时采集任何需要监控、连接、互动的物体或过程的各种信息，以实现物与物、物与人，以及所有的物品与网络的连接，便于对物体进行识别、管理和控制。"物联网"包括两层含义：其一，物联网的核心和基础仍然是互联网；其二，其用户端延伸和扩展到了任何物品与物品之间，进行信息交换和通信。物联网将智能感知、识别、无线通信、云计算和自动控制等技术与网络进行深度融合，被称为继计算机、互联网之后世界信息产业发展的第三次浪潮。

< 115 >

6.9.2　物联网的特征

与传统的互联网相比，物联网有以下 3 个鲜明的特征。

（1）更全面地感知。物联网利用各种类型的信息传感设备（如射频识别装置、二维码识读设备、无线传感器、红外感应器等），随时随地对物体信息进行感知、捕获、测量，以实现对物体信息的全面采集。

（2）更可靠地传递。物联网是一种建立在互联网上的泛在网络，通过各种有线和无线网络与互联网相融合，实时、准确地传递物体的信息。由于物联网上的传感器采集的信息数量庞大，形成了海量数据，为了保障数据传输的正确性和及时性，传输网络必须适应各种异构网络和协议。

（3）更智能地处理。物联网不仅提供了传感器的连接，其本身也具有智能信息处理的能力，能够对物体实施智能控制。物联网将传感器与智能信息处理相结合，利用云计算、模式识别等各种智能技术，从传感器提供的海量信息中分析、加工和挖掘出有意义的知识，以适应不同用户的不同需求，从而发现新的应用领域和应用模式。

6.9.3　物联网的体系结构

物联网的体系结构一般可分为感知层、网络层、应用层 3 个层次，如图 6.14 所示。其中，共性技术不属于物联网的某个特定层次，而是与物联网体系结构的 3 层都有关系。

图6.14　物联网的体系结构

< 116 >

第一层是感知层，主要实现物体的信息采集、捕获和识别，即以信息传感设备为主，实现对"物"的识别与信息采集。感知层是物联网发展和应用的基础。

第二层是网络层，在物联网模型中它连接感知层和应用层，具有强大的纽带作用，能够高效、可靠、及时、安全地传输上下层的数据。它包括现有的互联网、通信网、广电网及各种接入网和专用网，实现对采集到的物体信息进行可靠传输。

第三层是应用层，通过对物联网信息资源进行开发和利用，实现适应各种业务需求的应用。

6.9.4　物联网的应用

物联网的应用非常广泛，遍及农业、交通、医疗、环境保护、公共安全、家居、消防、工业监测、环境监测、政府管理、照明管控、老人护理、个人健康、食品溯源和情报搜集等众多领域。

物联网的应用

物联网把新一代 IT 技术充分运用到各行各业中，具体地说，就是把信息传感设备嵌入和装备到电网、铁路、桥梁、隧道、公路、供水系统、大坝、油气管道等各种物体中，再将物联网与现有的互联网整合起来，实现人类社会与物理系统的整合。

物联网是下一个推动世界高速发展的"重要生产力"，是下一个万亿级的信息产业业务。物联网的推广已经上升到国家战略高度，它将成为推进经济发展的又一个驱动器，为产业开拓潜力无穷的发展机会。

6.10　区块链

区块链技术被认为是继蒸汽机、电力、互联网之后，又一代颠覆性的核心技术。如果说蒸汽机释放了人们的生产力，电力解决了人们基本的生活需求，互联网彻底改变了信息传递的方式，那么区块链作为构造信任的技术，将可能彻底改变整个人类社会价值传递的方式。

6.10.1　区块链的概念

从学术角度来看，区块链是分布式存储、点对点传输、共识机制、加密算法等计算机技术的新型应用模式。这里的共识机制就是区块链系统中实现在不同节点之间建立信任、获取权益的数学算法。从生活的角度去解释区块链，它就是一种去中心化的分布式账本数据库。这种分布式账本的好处就是，买家和卖家可直接交易，不需要任何中介。任何人都可以对这个账本进行核查，不存在一个单一的用户可以对它进行控制。区块链系统的参与者们会共同维持账本的更新：它只能按照严格的规则和共识来进行修改，这背后有非常精妙的设计。而且这种账本人人都有备份，哪怕你这份丢失了，也可以在其他地方找到。这样一来，买卖双方的权益都不会受到影响。因此，区块链本质上是一个分布式的公共账本，这是一种去中心化的分布式记账手法，其工作原理是，A 和 B 之间要进行一笔交易，A 先发起请求——创建一个新的区块，这个区块会被广播给网络里的所有用户，所有用户验证同意后，该区块就会被添加到主链上，这条链上有永久和透明可查的交易记录，全球一本账，每个人都可以查看。在这个数据库中，交易记录不是由某个人或者某个中心化的主体来控制的，而是所有节点共同维护交易记录、共同记账，任何单一节点都无法篡改它。

< 117 >

6.10.2　区块链的特征

区块链具有以下特征。

（1）去中心化。区块链技术不依赖额外的第三方管理机构或硬件设施，没有中心管制，只有自成一体的区块链本身，通过分布式核算和存储，各个节点实现了信息的自我验证、传递和管理。去中心化是区块链最突出、最本质的特征。

（2）开放性。区块链技术基础是开源的，除了交易各方的私有信息被加密，区块链的数据对所有人开放，任何人都可以通过公开的接口查询区块链数据和开发相关应用，因此，整个系统信息高度透明。

（3）独立性。基于协商一致的规范和协议（如哈希算法等），整个区块链系统不依赖于第三方，所有节点都能够在系统内自动安全地验证、交换数据，不需要任何人为的干预。

（4）安全性。除非掌控50%以上的数据节点，否则任何人都无法肆意操控、修改网络数据，这使区块链本身相对安全，避免了主观人为的数据变更。

（5）匿名性。除非有法律规范要求，否则单从技术上来讲，各区块节点的身份信息不需要公开或验证，信息传递可以匿名进行。

6.10.3　区块链的关键技术

1．分布式账本

分布式账本指的是交易记账由分布在不同地方的多个节点共同完成，而且每个节点记录的都是完整的账目，因此，它们都可以参与监督交易合法性，同时也可以共同作证。跟传统的分布式存储有所不同，区块链的分布式存储的独特性主要体现在两方面：一是区块链每个节点都按照链式结构存储完整的数据，而传统分布式存储一般是将数据按照一定的规则分成多份进行存储的；二是区块链每个节点的存储都是独立的、地位等同的，依靠共识机制保证存储的一致性，而传统分布式存储一般是由中心节点往其他备份节点同步数据。

2．非对称加密

存储在区块链上的交易信息是公开的，但是账户身份信息是高度加密的，只有在数据拥有者授权的情况下才能访问到，从而保证了数据的安全和个人的隐私安全。

3．共识机制

共识机制就是所有记账节点之间怎么达成共识去认定一个记录的有效性，这既是认定的手段，也是防止篡改的手段。区块链提出了4种不同的共识机制，适用于不同的应用场景，在效率和安全性之间取得平衡。

4．智能合约

智能合约基于可信的不可篡改的数据，自动执行一些预先定义好的规则和条款。

6.10.4　区块链的应用

1．金融领域

区块链在国际汇兑、股权登记和证券交易等金融领域有潜在的巨大应用价值。将区块链技术应用在金融行业中，能够省去第三方中介环节，实现点对点的直接对接，从而在大大降低成本的同时，快速完成交易支付。

< 118 >

2．物联网和物流领域

通过区块链可以降低物流成本，追溯物品的生产和运送过程，并提高供应链管理的效率。该领域被认为是区块链一个很有前景的应用方向。

3．公共服务领域

公共管理、能源、交通等领域都与民众的生产、生活息息相关，这些领域的中心化特质带来了一些问题，可以用区块链来改造。区块链提供的去中心化的完全分布式 DNS 服务，通过网络中各个节点之间的点对点数据传输就能实现域名的查询和解析，可用于确保某个重要的基础设施的操作系统和固件没有被篡改，还可以监控软件的状态和完整性，发现不良的篡改，并确保所传输的数据没有经过篡改。

4．数字版权领域

通过区块链技术，人们可以对作品进行鉴权，证明文字、视频、音频等作品的存在，保证权属的真实性和唯一性。作品在区块链上被确权后，后续交易都会被实时记录，以实现数字版权全生命周期管理，也可作为司法取证中的技术性保障。

5．保险领域

保险机构负责资金归集、投资、理赔，往往管理和运营成本较高。通过智能合约的应用，既无须投保人申请，也无须保险公司批准，只要触发理赔条件，保单即可自动理赔。

6．公益领域

区块链上存储的数据，高可靠且不可篡改，天然适合用在社会公益场景。公益流程中的相关信息，如捐赠项目、募集明细、资金流向、受助人反馈等，均可以存放于区块链上，并有条件地进行公示，方便社会监督。

简答题

1. 什么是计算机网络？
2. 从网络的地理范围来看，计算机网络该如何分类？
3. 常用的 Internet 接入方式是什么？
4. 什么是网络的拓扑结构？常用的网络拓扑结构有哪几种？
5. 什么是 TCP/IP？什么是 WWW？什么是 FTP？
6. IP 地址和域名的作用是什么？
7. 简述搜索引擎的分类。
8. 信息安全的含义是什么？
9. 简述 ISO 7498-2 标准确定的五大类安全服务和八大类安全机制。
10. 信息安全技术有哪些？
11. 简述计算机病毒的概念和特点。
12. 什么是云计算？它有哪些优势？其服务类型有哪几种？
13. 物联网的定义是什么？它有什么特征？它主要应用在哪些方面？
14. 什么是区块链？它有哪些特征？其关键技术有哪些？

习题参考答案

< 119 >

第 7 章 数据结构与算法

本章将从数据结构的基本概念开始，由浅入深地介绍数据结构、算法的基本概念、常用算法、程序设计等。通过本章的学习，读者应了解程序设计的基本控制结构，并对程序设计的基本方法和步骤有初步的认识。

【知识要点】

- 数据结构的概念和描述方法。
- 算法的基本概念。
- 常用算法。
- 结构化程序设计的基本原则。
- 程序设计的概念。
- 程序设计的基本控制结构和基本方法。
- 常用程序设计语言。

章首导读

7.1 数据结构

数据结构是指计算机存储、组织数据的方式。

7.1.1 数据结构概述

数据结构有两个要素：一是数据元素的集合，通常记为 d；二是 d 中的关系，也就是数据元素之间的关系，通常记为 s。一个数据结构可以表示为

数据结构的
基本概念

```
b=(d,s)
```

式中，b 表示数据结构，s 反映 d 中各数据元素之间的关系。数据结构研究的对象是数据的逻辑结构和数据的物理结构。

1. 数据的逻辑结构

数据的逻辑结构反映数据元素之间的逻辑关系，是从操作对象抽象出来的数据模型，与它们在计算机中的实际存储位置无关。

例如，若把一年四季看作一个数据结构，则可将其表示为

```
b=(d,s)
d={春季,夏季,秋季,冬季}
s={(春季,夏季),(夏季,秋季),(秋季,冬季),(冬季,春季)}
```

此数据结构有 4 个数据元素，分别是 4 个季节；数据元素之间的关系是，春季后面是夏季，夏季后面是秋季，秋季后面是冬季，冬季后面是春季。

根据数据结构中各数据元素之间关系的复杂程度，一般将数据结构分为两大类型：线性结构和非线性结构。

2．数据的物理结构

数据的物理结构是指数据在计算机内的存储形式。由于数据元素在计算机内存储的位置关系可能与逻辑关系不同，因此为了表示存放在计算机内的各数据元素之间的逻辑关系，在数据的物理结构中，不仅要存放各数据元素的信息，还要存放各数据元素之间的前驱和后继的关系信息。

数据的一种逻辑结构根据需要可以表示成多种物理结构。常用的物理结构有顺序存储结构、链式存储结构。

7.1.2　数组

数组是由相同数据类型的元素组成的一个有序序列。数组名表示整个数组，组成数组的各个元素称为数组分量；用于区分数组的各个元素的数字编号称为索引。

1．一维数组

一维数组是最简单的数组，只有一个索引，其逻辑结构是线性表。要使用一维数组，需要经过定义、初始化和引用等过程。在 C 语言中，"int a[5];"表示定义了含有 5 个整型元素的一维数组 a，该数组的逻辑结构如图 7.1 所示。

2．二维数组

与一维数组对应，二维数组有两个索引，分别表示行、列信息。在 C 语言中，"int b[3][3];"表示定义了由 3 行、3 列共 9 个整型元素组成的二维数组 b。不同的程序设计语言对二维数组的物理存储是不一样的，分为以行序为主的存放（即按行的顺序一行一行地存放）和以列序为主的存放（即按列的顺序一列一列地存放）。图 7.2 所示为数组 b 的逻辑结构。

b[0][0]	b[0][1]	b[0][2]
b[1][0]	b[1][1]	b[1][2]
b[2][0]	b[2][1]	b[2][2]

a[0]	a[1]	a[2]	a[3]	a[4]

图 7.1　数组 a 的逻辑结构　　　　　　图 7.2　数组 b 的逻辑结构

在此，做个形象的比喻。若把一本书上的字看作数据，我们可以这样简单理解：一个元素对应书上的一个字，一维数组对应书上的一行字（由若干字组成），索引表示此行的第几个字；二维数组对应书上某一页的字（由若干行字组成），2 个索引分别表示第几行第几列；进一步理解，三维数组表示一本书的字（由若干页组成），3 个索引分别表示页号、行号和列号。

7.1.3　链表

在链式存储结构中，每个节点由两部分组成：一部分用于存放数据元素的值，称为数据域；另一部分用于存放指针，称为指针域。其中，指针用于指向该节点的前一个或后一个节点。链表主要分为单链表和双向链表。

1．单链表

单链表仅有一个数据域和一个指针域。单链表的节点结构如图 7.3 所示。

在图 7.3 中，数据域 data 存放节点值；指针域 next 存放节点的直接后继地址（位置）。链表通过每个节点的指针域将线性表的 n 个节点按其逻辑关系链接在一起。多个节点通过指针域链接后形成的单链

data （数据域）	next （指针域）

图 7.3　单链表的节点结构

< 121 >

表如图 7.4 所示。

图 7.4 单链表示例

2．双向链表

某些应用对线性链表中的每个节点设置两个指针：一个称为左指针，用以指向其前驱节点；另一个称为右指针，用以指向其后继节点。这样的链表称为双向链表，其节点结构如图 7.5 所示。

图 7.5 双向链表的节点结构

在图 7.5 中，数据域 data 存放节点值；指针域 prior 存放节点的直接前驱地址（位置）；指针域 next 存放节点的直接后继地址（位置）。多个节点通过指针域链接后形成的双向链表如图 7.6 所示。

图 7.6 双向链表示例

在线性链表中，各节点的存储空间可以是不连续的，且各元素的存储顺序可以同逻辑顺序不一致。在线性链表中进行插入与删除操作，不需要移动链表中的元素。

7.1.4 栈

1．栈的基本概念

栈是一种特殊的线性表，是限定只在一端进行插入和删除的线性表，如图 7.7 所示。栈的一端是封闭的，既不允许插入元素，也不允许删除元素；另一端是开口的，允许插入和删除元素。我们通常称可插入、删除元素的一端为栈顶，另一端为栈底。当栈中没有元素时，该栈为空栈。栈顶元素总是最后被插入的元素，从而也是最先被删除的元素；栈底元素总是最先被插入的元素，从而也是最后被删除的元素。

栈是按照"先进后出"或"后进先出"的原则来组织数据的。例如，枪械的子弹匣就可以用来形象地表示栈结构：子弹匣的一端是完全封闭的，最后被压入子弹匣的子弹总是最先被弹出，而最先被压入的子弹最后才能被弹出。

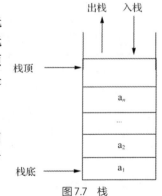

图 7.7 栈

2．栈的基本运算

栈的基本运算有 3 种：入栈、退栈和读栈顶元素。

（1）入栈：在栈顶位置插入一个新元素。

（2）退栈：取出栈顶元素并赋给一个指定的变量。

（3）读栈顶元素：将栈顶元素赋给一个指定的变量。

7.1.5 队列

队列是只允许在一端进行删除、在另一端进行插入的顺序表。我们通常将允许删除的一端称为队头，允许插入的一端称为队尾。

< 122 >

队列需要用两个指针进行管理：一个是队头指针，指向队头元素；另一个是队尾指针，指向下一个入队元素。队列如图 7.8 所示。每次在队尾插入一个元素时，队尾指针增 1；每次在队头删除一个元素时，队头指针增 1。随着插入和删除操作的进行，队列元素的个数不断变化，队列所占的存储空间也在变动。

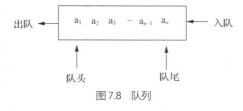

图 7.8　队列

7.1.6　树和二叉树

1．树的定义

树是由 n（$n \geq 0$）个节点组成的一个具有层次关系的集合。把它叫作"树"，是因为它看起来像一棵倒挂的树，也就是说它是根朝上而叶朝下的，如图 7.9 所示。

任意一棵非空树是由根节点（图 7.9 中的 A 节点）和若干棵子树构成的，由一个集合及在该集合上定义的关系组成。集合中的元素称为树的节点，所定义的关系称为父子关系。父子关系使树的节点之间呈现层次结构。这种层次结构中有一个节点具有特殊的地位，这个节点称为该树的根节点，或者称为树根。

2．树的基本概念

根节点：在树结构中，没有前驱节点的节点只有一个，即树根，在树中位于最上层，如图 7.9 中的 A 节点。

父节点：在树结构中，每一个节点只有一个前驱节点，称为该节点的父节点。例如，图 7.9 中的 B 节点是 F 节点的父节点。

子节点：每一个节点可以有多个后继节点，称为该节点的子节点。例如，图 7.9 中的 E 节点和 F 节点是 B 节点的子节点，H 节点是 F 节点的子节点。

叶子节点：没有后继节点的节点称为叶子节点。例如，图 7.9 中的 C 节点、E 节点、H 节点、G 节点均为叶子节点。

度：在树结构中，一个节点所拥有的子节点的个数称为该节点的度，所有节点中最大的度称为树的度。图 7.9 中，根节点 A 的度为 3，节点 B 的度为 2，叶子节点 C 的度为 0，因此，该树的度为 3。

深度：定义一棵树的根节点所在的层次为 1，其他节点所在的层次等于其父节点所在的层次加 1。树的最大层次称为树的深度。图 7.9 中，根节点 A 在第 1 层，节点 B、C、D 在第 2 层，节点 E、F、G 在第 3 层，节点 H 在第 4 层，因此，该树的深度为 4。

子树：在树结构中，以某一个子节点为根构成的树称为该节点的一棵子树。图 7.9 中，B 子树包含节点 B、E、F、H。

图 7.9　树

二叉树的基本概念

3．二叉树

在二叉树中，每一个节点的度最大为 2，即所有子树（左子树或右子树）均为二叉树。另外，二叉树中的每个节点的子树被明显地分为左子树和右子树。在二叉树中，一个节点可以只有左子树，也可以只有右子树，如图 7.10 所示。

二叉树具有以下 4 个性质。

性质 1：在二叉树的第 k 层上，最多有 2^{k-1}（$k \geq 1$）个节点。

性质 2：深度为 m 的二叉树最多有 $2^m - 1$ 个节点。

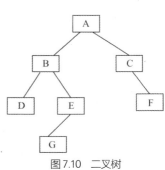

图 7.10　二叉树

< 123 >

性质3：在任意一棵二叉树中，度为0的节点（即叶子节点）总是比度为2的节点多一个。

性质4：具有 n 个节点的二叉树，其深度至少为$[\log_2 n]+1$，其中$[\log_2 n]$表示取 $\log_2 n$ 的整数部分。

根据二叉树中节点的情况，可将二叉树分为满二叉树和完全二叉树。根据遍历二叉树中节点的顺序，可将二叉树遍历分为前序遍历、中序遍历和后序遍历。

7.1.7 图

1. 图的定义

图是由顶点的有穷非空集合和顶点之间边的集合组成的。图中每一条边的两个顶点互为邻接点。如果图中的每条边是有方向的，则称该图为有向图，如图7.11所示。有向图中的边也称为弧，为顶点的有序对，通常用尖括号表示。如果图中的每条边是没有方向的，则称该图为无向图，如图7.12所示。无向图中的边均为顶点的无序对，通常用圆括号表示。

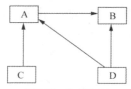

图 7.11　有向图 G1

图 7.12　无向图 G2

图的基本概念

在有向图中，以顶点 V 为起点的有向边数称为顶点 V 的出度，以顶点 V 为终点的有向边数称为顶点 V 的入度，顶点 V 的度等于出度和入度之和。例如，在图7.11所示的有向图 G1 中，顶点 A 的入度是2，出度是1，度是3。在无向图中，顶点 V 的度等于同顶点 V 相关联的边的数目。例如，在图7.12所示的无向图 G2 中，顶点 C 的度是3。

在图中，从顶点 V_1 到顶点 V_k 所经过的顶点序列 $V_1,V_2,V_3,\cdots,V_k$ 称为两顶点之间的路径。在图7.11所示的有向图 G1 中，从顶点 D 到顶点 A 的路径只有 DA；在图7.12所示的无向图 G2 中，从顶点 A 到顶点 E 的路径有4条，分别是 ADE、ADCE、ABCE、ABCDE。

2. 图的遍历

图的遍历是指从图中某一顶点出发访问图中的每一个顶点，且每个顶点仅被访问一次。图的数据结构比树复杂，图的任一顶点都可能和其余顶点相邻接，所以在访问某个顶点之后，可能顺着某条边又访问到了已访问过的顶点。在图的遍历过程中，为了防止同一个顶点被访问多次，必须记下每个访问过的顶点。图的遍历方法有两种：一种是深度优先搜索（Depth First Search，DFS）遍历，另一种是广度优先搜索（Breadth First Search，BFS）遍历。

7.2 算法概述

算法是一组明确步骤的有序集合，它产生结果并在有限时间内终止。广义地讲，算法就是为解决问题而采取的方法和步骤。随着计算机的出现，算法被广泛地应用于计算机的问题求解中，被认为是程序设计的精髓。

7.2.1 算法的概念

算法是一组有穷的步骤，规定了解决某一特定类型问题的一系列运算，是对解题方案准确与完整的描述。设计算法，一般要经过设计、确认、分析、编码、测试、调试、计时等阶段。

算法的概念

< 124 >

学习算法要从以下 5 方面入手。

（1）设计算法。算法设计工作是不可能完全自动化的，我们应学习和了解已经被实践证明有用的一些基本的算法设计方法，这些基本的设计方法不仅适用于计算机科学，而且适用于电气工程、运筹学等领域。

（2）描述算法。算法的描述有多种形式，如自然语言和算法语言，各自有适用的环境和特点。

（3）确认算法。确认算法的目的是使人们确信这一算法能够正确无误地工作，即该算法具有可计算性。正确的算法用计算机语言表示后构成计算机程序，计算机程序在计算机上运行，得到算法运算的结果。

（4）分析算法。分析算法是对一个算法需要多少计算时间和存储空间进行定量的分析，以预测这一算法适合在什么样的环境中运行，继而对解决同一问题的不同算法的有效性做出比较。

（5）验证算法。要判断用计算机语言表示的算法是否可计算、是否有效合理，需要对程序进行测试，即验证算法。测试程序的工作主要包括调试代码和制作时空分布图。

7.2.2　算法的特征

算法应该具有以下 5 个重要的特征。

（1）确定性：算法的每一步运算必须有确定的意义，即运算所执行的动作应该是无歧义的，并且目的是明确的。

（2）可行性：算法中有待实现的运算应该是基本运算，每种运算至少理论上能由人用纸和笔在有限的时间内完成。

（3）输入：一个算法可能有多个输入，它们在算法运算开始之前给出算法所需数据的初值，这些输入取自特定的对象集合。

（4）输出：作为算法运算的结果，一个算法会产生一个或多个输出，输出是同输入有某种特定关系的量。

（5）有穷性：一个算法应在执行有限步运算后终止。

7.2.3　算法的描述工具

算法是对解题方法的精确描述。描述算法的工具对算法的质量有很大的影响。

1．自然语言

自然语言就是我们日常使用的语言，如中文和英文。用自然语言描述的算法通俗易懂，但是文字冗长，准确性不佳，容易产生歧义。因此，一般不建议用自然语言来描述算法。

2．伪代码

伪代码不是一种真实存在的程序设计语言。使用伪代码的目的是使被描述的算法更容易以任何一种程序设计语言来实现。伪代码可能会综合使用多种程序设计语言的语法、保留字，甚至会用到自然语言。伪代码必须结构清晰、可读性好，并且类似自然语言。

【例 7-1】描述"将两个数按照从大到小的顺序输出"的算法。

用伪代码描述如下。

```
Begin:
    Input("输入数据");A          //输入原始数据 A
    Input("输入数据");B          //输入原始数据 B
    If (A>B)
        Print  A,B              //输出 A,B
```

< 125 >

```
    Else
        Print  B,A                    //输出B,A
End
```

3．流程图

流程图是一种传统的算法描述工具，它用几何形状的框来代表各种不同性质的操作，用流向线来指示算法的执行方向。流程图的常用符号如表 7.1 所示。由于流程图由各种各样的框组成，因此它也被叫作框图。流程图简单、直观、形象，算法逻辑一目了然，便于理解，因此其应用广泛。特别是在早期阶段，人们只有通过流程图才能简明地描述算法，流程图成为程序员交流的重要手段。直到结构化的程序设计语言出现，程序员对流程图的依赖才有所降低。

表7.1　流程图的常用符号

符号	符号名称	含义
⬭	起止框	表示算法的开始或结束
▱	输入输出框	表示输入输出操作
▭	处理框	表示对框内的内容进行处理
◇	判断框	表示对框内的条件进行判断
↓ →	流向线	表示算法的流动方向
○	连接点	表示两个具有相同标记的点相连

4．N-S 结构图

N-S 结构图是美国的两位学者艾克·纳西（Ike Nassi）和本·施耐德曼（Ben Schneiderman）提出的。他们认为，既然任何算法都是由顺序结构、选择（分支）结构和循环结构 3 种基本程序结构组成的，那么各基本程序结构内部的流程线就是多余的。N-S 结构图用一个大矩形框来表示算法，它是算法的一种结构化描述方法，适合于结构化程序设计。将两个数按从大到小的顺序输出的流程图如图 7.13 所示，N-S 结构图如图 7.14 所示。

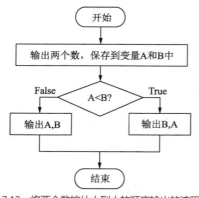

图7.13　将两个数按从大到小的顺序输出的流程图

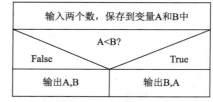

图7.14　将两个数按从大到小的顺序输出的 N-S 结构图

一般我们设计的算法只给出了处理的步骤，对"输入原始数据"和"输出计算结果"并不做详细说明。但是，在开始编程前，一定要明确如何输入"原始数据"、以什么方式输入"原始数据"和将"计算结果"输出到什么地方、以什么方式输出"计算结果"。

7.3　常用算法

算法是程序设计的精髓。算法代表用计算机解一类问题的精确、有效的方法和步骤，即计算机解

< 126 >

题的过程。在这个过程中，无论是形成解题思路还是编写程序，都是在实施某种算法。前者是推理实现的算法，后者是操作实现的算法。因此，算法设计与实现是计算思维训练的重要抓手。

7.3.1 累加求和算法

累加求和是程序设计中常见的问题，如求某单位所有职工的工资总和、某门课程所有学生的成绩总和等。

累加求和算法的一般做法如下。

定义一个变量 s（往往初值为 0）作为累加器使用，再定义一个变量用来保存加数。一般累加求和算法中的加数都是有规律可循的，可结合循环程序来实现。

【例 7-2】求 1+2+3+…+100 的累加和。

设累加器 s 专门存放累加的结果，初值为 0，加数用变量 t 表示。

当 t=1 时，s 的值应为 0+1=1，即 s=0+1=s+t（执行操作 s=s+t）。

当 t=2 时，s 的值应为 1+2=3，即 s=1+2=s+t（执行操作 s=s+t）。

当 t=3 时，s 的值应为 3+3=6，即 s=3+3=s+t（执行操作 s=s+t）。

当 t=4 时，s 的值应为 6+4=10，即 s=6+4=s+t（执行操作 s=s+t）。

……

当 t=100 时，s=s+100=1+2+3+…+99+100=5050（执行操作 s=s+t）。

不难看出，t 的值从 1 变化到 100 的过程中，累加器均执行同一个操作 s=s+t，s=s+t 的操作共执行了 100 次。

此类问题求解的基本步骤可以概括如下。

① 定义代表和的变量 s，定义代表第 n 项的变量 t。

② 令 s=0。

③ 构建循环体，一般情况下为 s=s+t。

④ 构建循环条件，根据具体的问题，选用相应的循环语句。

⑤ 输出累加和 s 的值。

7.3.2 连乘求积算法

连乘求积算法和累加求和算法的思想类似，只不过一个做乘法，一个做加法。

连乘求积算法的一般做法如下。

设一个变量 p，作为累乘器使用，初值一般为 1；设一个变量 k，用来保存每次需要乘的乘数；在循环体中执行 p=p*k 即可。

【例 7-3】求 10! =1×2×3×…×10 的结果。

设累乘器 p，初值为 1；设变量 k，用于存放乘数。

当 k=1 时，p=p×k=1×1=1。

当 k=2 时，p=p×k=1×2=2。

当 k=3 时，p=p×k=2×3=6。

……

当 k=10 时，p=p×k=1×2×3×…×9×10。

因此，在 k 的值从 1 变化到 10 的过程中，累乘器均执行同一个操作 p=p*k。

此类问题求解的基本步骤可以概括如下。

< 127 >

① 定义代表乘积的变量 p，定义代表第 n 项的变量 k。

② 令 p=1。

③ 构建循环体，一般情况下为 p=p*k。

④ 构建循环条件，根据具体的问题，选用相应的循环语句。

⑤ 输出连乘积 p 的值。

7.3.3 求最值算法

求最值即求最大值或最小值，该类问题属于比较问题，比较是我们在生活中经常做的事情。

例如，找出班上语文成绩最好的学生、年龄最大的学生，找出若干件商品中价格最低的商品等。求最值通常采用的方法是两两比较。

在 N 个数中求最大值和最小值的思路：定义一个变量，假设为 max，用来存放最大值；再定义一个变量，假设为 min，用来存放最小值。

一般先将 N 个数中的第 1 个数赋予 max 和 min 作为初始值，然后将剩下的每个数分别同 max、min 比较——如果比 max 大，将该数赋予 max；如果比 min 小，将该数赋予 min。也就是说，让 max 中总是存放当前的最大值，让 min 中总是存放当前的最小值，这样当所有数都比较完时，在 max 中存放的就是最大值，在 min 中存放的就是最小值。

此类问题求解的基本步骤可以概括如下。

① 定义变量 x 代表 N 个数中的一个数。

② 定义一个存放最大值的变量 max，定义一个存放最小值的变量 min。

③ 分别令 max=所有数中的第 1 个数，min=所有数中的第 1 个数。

④ 构建循环体，将 x 与 max 比较，如果 x 比 max 大，令 max=x；将 x 与 min 比较，如果 x 比 min 小，令 min=x。

⑤ 构建循环条件，根据具体的问题，选用相应的循环语句。

⑥ 输出 max 和 min 的值。

7.3.4 排序算法

所谓排序，就是将相同数据类型的数据序列调整为按照关键字有序（递增或递减）排列的数据序列。例如，将学生记录按学号排序、上体育课时按照身高从高到低排队、考试成绩从高分到低分排列、电话簿中的联系人姓名按照字母表顺序排列、电子邮件列表按照日期排序等。

排序算法

排序算法就是将数据按照要求进行排列的方法。当数据不多时，排序比较简单，有时手工就可以处理。但如果数据量庞大，排序就成了一件非常重要且费时的事情。考虑到各个领域中数据的各种限制和规范，要得到一个满足实际需求的优秀排序算法，得经过大量的推理和分析。在大量数据处理方面，一个优秀的排序算法可以节约大量的资源。

常用的排序算法有冒泡法排序。

冒泡法排序的算法描述如下。

第 1 趟排序对全部 n 个数据 R[1],R[2],…,R[n] 自左向右顺次两两比较，如果 R[k] 大于 R[k+1]（其中 k=1,2,…,n-1），则交换二者内容，第 1 趟排序完成后 R[n] 成为序列中的最大数据。

第 2 趟排序对序列前 n-1 个数据采用同样的比较和交换方法，第 2 趟排序完成后 R[n-1] 成为序列中仅比 R[n] 小的次大的数据。

第 3 趟排序对序列前 n-2 个数据采用同样的处理方法。

< 128 >

如此做下去，最多做 n−1 趟排序，整个序列就排序完成了。

假设有一个包含 4 个元素的数组 R，索引从 1 开始，现将其用冒泡法进行由小到大的排序。排序的执行过程如下（下画线部分表示要执行交换的两个数组元素，每次都是在相邻两个数组元素之间进行比较）。

原始数据		44,33,25,19
R[1],R[2],R[3],R[4]	第 1 趟	<u>44,33</u>,25,19
		33,<u>44,25</u>,19
		33,25,<u>44,19</u>
		33,25,19,44
R[1],R[2],R[3]	第 2 趟	<u>33,25</u>,19
		25,<u>33,19</u>
		25,19,33
R[1],R[2]	第 3 趟	<u>25,19</u>
		19,25
排序后的数据		19,25,33,44

定义数组 r 存放待排序的 n 个数，冒泡法排序的基本步骤如下。

① 定义变量 i 表示比较的趟数，定义变量 j 表示每一趟比较的次数，定义变量 temp 作为交换时的临时变量。

② 利用循环把 n 个数赋给数组元素。

③ 令 i=0。

④ 构建循环体（控制趟数，共 n−1 趟）。

● 令 j=0。

● 构建循环体（控制每一趟比较的次数，j 从 0 变化到 n−1−i）。

● 将 r[j] 和 r[j+1] 比较，如果 r[j] 比 r[j+1] 大，令 r[j] 与 r[j+1] 互换值，即 temp= r[j]，r[j]= r[j+1]，r[j+1]=temp。

⑤ 构建循环条件，根据具体的问题，选用相应的循环语句。

⑥ 利用循环输出排序后的数组元素。

7.3.5　查找算法

查找也称为检索，是在较大的数据集中找出或定位某些数据的过程，即在大量的信息中寻找特定的信息元素。在计算机中进行查找的方法是根据表中的记录的组织结构确定的，被用于查找的数据元素的属性一般称为关键字。

顺序查找也称为线性查找，是一种最简单的查找方法，可用于有序列表，也可用于无序列表。

其基本思想是，从查找表（线性表）的一端开始顺序扫描，依次将扫描到的节点关键字同给定值 key 相比较，如果当前扫描到的节点关键字同 key 相等，则查找成功，如果扫描结束还没有找到关键字等于 key 的节点，则查找失败。

假设目标数据有 100 个，这些数据是无序的，存放在一维数组 R[1],…,R[100] 中。现要求查找这些数据里有没有值为 key 的数据元素，如果找到，就给出其所在的位置，如果没有找到，则给出相应提示信息。算法描述如下。

```
SqSearch(key)
    设初始查找位置 k 为 1;
    当 k≤100 且 R[k]≠key 时          //位置向后移动，直到找到或 k 越界
```

< 129 >

```
        k=k+1;
    如果 k≤100,
        return k;                    //返回数据元素所在的位置
    否则
        return 0;                    //没有找到，返回 0
```

7.3.6 统计算法

统计算法一般用于特定值问题求解。

【例7-4】输入一个字符串，统计其中的字母个数、数字个数和其他字符的个数。

分析：要统计满足指定要求的字符个数，应定义相应变量作为计数器，初值为 0，每找到符合条件的字符，将指定计数器的值加 1。

本题需要定义 3 个计数器 n1、n2、n3，分别统计字母、数字和其他字符的个数，初值均为 0。对字符串中的字符逐个判断：如果是字母，n1 执行加 1 操作；如果是数字，n2 加 1；否则 n3 加 1。

归纳出此类问题求解的基本步骤如下。

① 定义代表所有统计要求的计数器变量（有几项统计要求，就有几个计数器变量）。

② 令所有计数器变量的初值为 0。

③ 构建循环体，当满足指定的计数要求时，就将相应的计数器的值加 1（执行类似于 n=n+1 的操作）。

④ 构建循环条件，根据具体的问题，选用相应的循环语句。

⑤ 输出所有计数器的值。

7.3.7 常见的人工智能算法

人工智能（AI）技术日新月异，算法作为 AI 的核心，承载对复杂问题的解决能力。从传统的机器学习方法到现代的深度学习网络，AI 算法在各个领域中得到了广泛应用。本小节将对 10 种常见的人工智能算法进行简单介绍，涵盖其核心原理、应用场景、优缺点以及未来发展，让读者对人工智能算法有初步的了解。

1. 线性回归

线性回归（Linear Regression）是基本的回归算法之一，其主要作用是研究一个因变量与一个或多个自变量之间的线性关系。其模型假设因变量可以通过自变量的线性组合来进行预测。

线性回归通过最小化残差平方和来找到最适合数据的回归直线，公式为

$$y=\beta_0+\beta_1 x_1+\beta_2 x_2+\cdots+\beta_n x_n+\epsilon$$

其中，β_0 是截距，$\beta_1, \beta_2, \cdots, \beta_n$ 是回归系数，ϵ 是误差项。

线性回归常用于预测任务，特别是经济、金融、医疗领域的预测分析，如房价预测、市场需求预测、股市走势分析等。该算法具有模型简单、易理解、计算开销较小的优点；但只能捕捉线性关系，处理复杂的非线性问题时表现不佳，且对异常值敏感。

2. 逻辑回归

逻辑回归（Logistic Regression）是回归分析的扩展，适用于二分类问题。其基本思想是通过使用逻辑函数（sigmoid()函数）将预测值压缩到 0 和 1 之间，输出的值代表一个样本属于某个类别的概率。

逻辑回归先使用 sigmoid()函数将线性回归的输出映射到 0 到 1 之间：

$$P\left(y=1\middle|X\right)=\frac{1}{1+e^{-(\beta_0+\beta_1 x_1+\cdots+\beta_n x_n)}}$$

< 130 >

然后通过最大似然估计（Maximum Likelihood Estimate，MLE）求解。

逻辑回归广泛应用于二分类问题，如信用卡欺诈检测、疾病诊断（是否患病）、垃圾邮件分类等。该算法具有模型简单、计算效率高、容易解释等优点；但无法处理复杂的非线性关系，只能用于二分类问题，不能直接扩展到多分类问题。

3．决策树

决策树（Decision Tree）是一种树形结构的分类和回归模型，通过递归将数据集划分为子集，直到满足某个停止条件。每个内部节点表示一个特征，每条边代表一个决策规则，叶子节点表示分类或回归结果。

决策树通过递归地分裂数据集来构建树结构，需要选择划分标准（如信息增益、基尼指数等）来确定最佳的分裂点。

决策树被广泛应用于分类任务，如信用评估、贷款审批、医疗诊断等。该算法易于理解和解释，适用于非线性问题，处理缺失数据能力强；但容易过拟合，特别是树深度过大时，且对数据的噪声和不均衡分布敏感。

4．随机森林

随机森林（Random Forest）是一种集成学习算法，结合了多棵决策树的结果，即对多个子样本集分别训练决策树，最终通过投票（分类）或平均（回归）来确定分类结果。

随机森林生成多棵决策树，每棵树都是在数据的随机子集上训练的，且每次划分特征时也是随机选取的。最终的分类结果由各棵树的投票决定。

随机森林应用于分类、回归、异常检测等问题，如金融风控、医疗数据分析、推荐系统等。该算法具有较强的稳健性，能处理高维数据，可减少过拟合；但模型较为复杂、训练和预测时间较长，且可解释性差。

5．支持向量机

支持向量机（Support Vector Machine，SVM）是一种监督学习方法，主要用于分类问题。其目标是找到一个超平面，最大化该超平面到各类数据点的最小距离，从而实现最优分类。

SVM 通过选择一个最优的超平面，使类间的间隔最大化。对于非线性问题，SVM 引入核函数（如高斯核）将数据映射到更高维空间，使其线性可分。

SVM 广泛应用于文本分类、图像识别、疾病预测等领域，特别是在高维数据中表现优异。该算法具有适用于高维空间、能够找到全局最优解、对噪声数据具有较强的稳健性等优点；但训练时间较长，计算资源消耗大，且对参数的选择较为敏感。

6．K 最近邻

K 最近邻（K-Nearest Neighbor，KNN）算法是一种基于实例的学习方法，通过计算样本与训练集中的所有样本之间的距离，选择 K 个最近的邻居，根据邻居的标签进行预测。

KNN 通过计算欧氏距离、计算曼哈顿距离等度量方式，找到与待分类样本距离最近的 K 个训练样本，按多数投票的原则进行分类。

KNN 广泛应用于分类、回归、推荐系统等问题，如垃圾邮件分类、电影推荐、语音识别等。该算法具有简单直观、易于实现、不需要训练过程等优点；但计算复杂度高，尤其在大数据集上，且对噪声敏感。

7．K 均值聚类

K 均值聚类（K-means）是一种无监督学习算法，旨在将数据集分成 K 个互不重叠的簇。每个簇的中心是簇内所有点的均值。

K 均值聚类通过迭代优化的方式，将数据点分配给最近的簇中心，并重新计算每个簇的均值，直到簇的划分不再变化。

< 131 >

K 均值聚类被广泛应用于客户细分、图像压缩、市场分析等。该算法具有简单、高效、适用于大数据集等优点；但需要预先指定 K 值，容易陷入局部最优，且对初始簇中心的选择敏感。

8．人工神经网络

人工神经网络（Artificial Neural Network，ANN）是一种模拟生物神经网络结构的模型，通过多层神经元的连接进行信息处理。ANN 可以通过反向传播算法进行训练，逐步优化网络的权重。

ANN 由输入层、隐藏层和输出层组成。每个神经元通过加权和计算及激活函数处理将信息传递到下一个神经元。反向传播算法通过计算梯度来调整 ANN 的权重。

ANN 广泛应用于图像识别、语音识别、自然语言处理等领域。该算法具有能够自动提取特征、适用于复杂的非线性问题等优点；但需要大量的数据和计算资源，训练时间长，易过拟合。

9．卷积神经网络

卷积神经网络（Convolutional Neural Network，CNN）是一种特别适用于图像处理的深度神经网络。CNN 通过卷积层提取局部特征，通过池化层减少计算量，并通过全连接层进行最终的分类或回归。

CNN 广泛应用于图像识别、物体检测、语音识别等任务。该算法具有能自动从数据中提取特征，对图像、视频等数据类型处理效果好等优点；但训练时间长，模型复杂，需要大量标注数据。

10．生成对抗网络

生成对抗网络（Generative Adversarial Network，GAN）是一种通过生成器和判别器的博弈进行训练的深度学习算法。GAN 由两部分组成：生成器和判别器。生成器生成假数据，判别器判断数据的真实性。通过对抗训练，生成器逐渐学会生成越来越真实的数据。

GAN 广泛应用于图像生成、图像修复、数据增强等领域，如生成艺术作品、深度伪造等。该算法生成效果逼真，能够生成高质量的图像、音频等；但训练效果不稳定，容易陷入模式崩溃（Mode Collapse），需要精心调参。

人工智能算法种类繁多，每种算法有其独特的优势和适用场景。从简单的线性回归、逻辑回归到复杂的 CNN 和 GNN，AI 技术的应用已覆盖几乎所有行业和领域。不同算法适用于不同类型的数据和问题，选择合适的算法能够有效提高模型的性能。随着技术的进步和计算能力的提升，未来人工智能算法将更加多样化，具备更强的自适应能力和智能化水平。

7.4 程序设计

简单地说，程序可以看作对一系列动作的执行过程的描述。随着计算机的出现和普及，"程序"已经成了计算机领域的专有名词。计算机程序是指为了得到某种结果而由计算机等具有信息处理能力的装置执行的代码化指令序列。也可以这样说，程序就是由一条条代码组成的，这样的一条条代码各自代表不同的指令，这些指令结合起来，组成了一个完整的工作系统。

程序设计的
概念

程序具有以下几个性质。

（1）目的性：程序必须有一个明确的目的。

（2）分步性：程序给出了解决问题的步骤。

（3）有限性：解决问题的步骤必须是有限的。如果有无穷多个步骤，那么在计算机上就无法实现。

（4）可操作性：程序是实施各种操作于某些对象的，它必须是可操作的。

（5）有序性：解决问题的步骤不是杂乱无章地堆积在一起，而是要按一定顺序排列。这是程序最重要的性质。

< 132 >

7.4.1　程序设计的概念

目前的冯·诺依曼计算机还不能直接接受任务，而只能按照人们事先确定的方案，执行人们规定好的操作步骤。那么要让计算机处理一个问题（程序设计），需要经过哪些步骤呢？

（1）分析问题，确定解决方案。一个实际问题被提出后，我们应围绕以下问题做详细的分析：需要提供哪些原始数据？需要对其进行什么处理？在处理时需要什么样的硬件和软件环境？需要以什么样的格式输出哪些结果？在详细分析的基础上，才能确定相应的处理方案。

（2）建立数学模型。在对问题全面理解后，需要建立数学模型，这是把问题向计算机语境转化的第一步。建立数学模型是把要处理的问题数学化、公式化。

（3）确定算法（算法设计）。建立数学模型后，在许多情况下还不能直接进行程序设计，需要先确定适合计算机运算的算法。一般要优先选择逻辑简单、运算速度快、精度高的算法用于程序设计；此外，还要考虑内存空间占用合理、编程容易等。

（4）编写源程序。要让计算机完成某项工作，必须将已设计好的操作步骤以由若干条指令组成的程序的形式书写出来，让计算机按程序的要求一步一步地执行。

（5）程序调试。程序调试就是为了发现和纠正程序中可能出现的错误，它是程序设计中非常重要的一步。没有经过调试的程序，很难保证没有错误，就是非常熟练的程序员也不能保证这一点，因此，程序调试是不可缺少的。

（6）整理资料。程序编写、调试结束后，为了使用户能够了解程序的具体功能、掌握程序的操作方法，有利于以后程序的修改、阅读和交流，必须将程序设计的各个阶段形成的资料和有关说明整理成程序说明书。其内容应该包括：程序名称、完成任务的具体要求、给定的原始数据、使用的算法、程序的流程图、源程序清单、程序的调试及运行结果、程序的操作说明、程序的运行环境要求等。程序说明书是整个程序设计的技术报告，用户应该按照程序说明书的要求将程序投入运行，并依据程序说明书对程序的技术性能和质量做出评价。

在程序设计过程中，上述一些步骤可能有反复。如果发现程序有错，就要逐步向前排查错误，修改程序，情况严重时可能需要重新分析问题和重新确定算法。

7.4.2　结构化程序设计的基本原则

人们从多年的软件开发经验中发现，任何复杂的算法，都可以由顺序结构、选择（分支）结构和循环结构这 3 种基本结构组成，因此，我们在构造解决问题的具体方法和步骤的时候，也仅以这 3 种基本结构作为"建筑单元"。基本结构可以相互包含，但不允许交叉，不允许从一个结构直接转到另一个结构的内部。这样算法由 3 种基本结构组成，就像用模块构建的一样，结构清晰，易于验证正确性，易于纠错。这种方法就是结构化方法，遵循这种方法的程序设计，就是结构化程序设计。

模块化是实现结构化程序设计的一种基本思路或设计策略。模块化的目的是降低程序复杂度，使程序设计、调试和维护等操作简单化。事实上，模块本身也是结构化程序设计的必然产物。当今，模块化也为其他软件开发的工程化方法所采用，并不为结构化程序设计所独家占有。

模块：把要开发的一个较大规模的软件，依照功能需要，采用一定的方法（如结构化方法）划分成一些较小的部分，这些较小的部分就称为模块，也称为功能模块。

模块化设计：以模块为设计对象，用适当的方法和工具对模块外部（各有关模块之间）与模块内部（各成分之间）的逻辑关系进行确切的描述，称为模块化设计。

结构化程序设计由迪科斯彻在 1969 年提出，这种方法以模块化设计为中心，将待开发的软件系统划分为若干个独立模块，使每一个模块的设计工作变得单纯而明确，为设计一些较大的软件打下了良

< 133 >

好的基础。

结构化程序设计方法的基本原则可以概括为"自顶向下，逐步求精，模块化，限制使用 goto 语句"。

（1）自顶向下。设计程序时，应先考虑总体，后考虑细节；先考虑全局目标，后考虑局部目标。也就是说，应把一个复杂的大问题分解为若干相对独立的小问题。如果小问题仍较复杂，则可以再把这些小问题继续分解成若干子问题。这样不断地分解，直到小问题或子问题简单到能够直接用程序的3 种基本结构表达为止。

（2）逐步求精。对于复杂问题，应设计一些子目标来过渡，逐步细化。

（3）模块化。一个复杂问题，肯定是由若干个简单问题构成的。模块化就是把程序要实现的总目标分解为子目标，再进一步分解为具体的小目标。每一个小目标叫作一个模块。针对每一个小目标或子目标编写出功能相对独立的程序块，最后统一组装，这样，对一个复杂问题的求解就变成了对若干个简单问题的求解。在分解时，要注意模块内部的内聚度和模块之间的耦合度。

（4）限制使用 goto 语句。goto 语句是有害的，程序的质量与 goto 语句的数量成反比，因此，应限制使用 goto 语句。

7.4.3　程序设计的基本结构

结构化程序设计提出了顺序结构、选择（分支）结构和循环结构 3 种基本结构。一个程序无论大小都可以由这 3 种基本结构搭建而成。

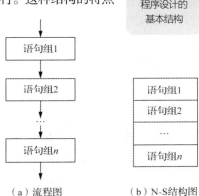

程序设计的基本结构

1．顺序结构

顺序结构要求程序中的各个操作按照它们出现的先后顺序执行。这种结构的特点是，程序从入口开始，按顺序执行所有操作，直到出口。顺序结构是一种简单的程序设计结构，也是最基本、最常用的结构，其流程图和 N-S 结构图如图 7.15 所示。

2．选择（分支）结构

选择（分支）结构是指程序中的操作出现了分支，需要根据某一特定的条件选择其中一个分支执行，包括两路选择结构和多路选择结构。其特点是，根据所给定的选择条件的真（条件成立，常用 Y 或 True 表示）与假（条件不成立，常用 N 或 False 表示），来决定执行某一分支的相应操作，并且任何情况下都有"无论分支多寡，必择其一；纵然分支众多，仅选其一"的特性。

（a）流程图　　　（b）N-S 结构图

图 7.15　顺序结构的流程图和 N-S 结构图

（1）两路选择结构

两路选择结构根据结构入口处的条件来决定下一步的程序流向。如果条件为真，则执行语句组 1；否则执行语句组 2。值得注意的是，在两个分支中只能选择一个且必须选择一个执行，但不论选择了哪一个分支执行，最后都一定到达结构的出口处。其流程图和 N-S 结构图如图 7.16 所示（实际使用过程中可能会遇到只有一个分支有执行语句的情况，此时最好将执行语句放在条件为真的分支中）。

（2）多路选择结构

多路选择结构是指程序流程中有多个分支，程序流向将根据条件确定。如果条件 1 为真，则执行语句组 1；如果条件 2 为真，则执行语句组 2；如果条件 n 为真，则执行语句组 n。如果所有分支的条件都不满足，则执行语句组 n+1（该分支可以省略）。总之，要根据条件选择多个分支之一执行。不论选择了哪一个分支，最后都要到达同一个出口。多路选择结构的流程图和 N-S 结构图如图 7.17 所示。

< 134 >

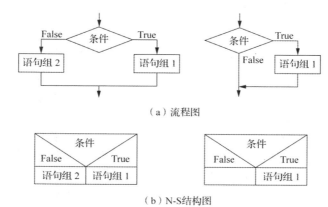

（a）流程图

（b）N-S结构图

图 7.16　两路选择结构的流程图和 N-S 结构图

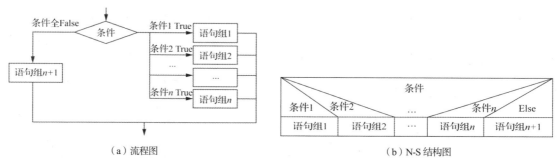

（a）流程图　　　　　　　　　　　　　（b）N-S 结构图

图 7.17　多路选择结构的流程图和 N-S 结构图

3．循环结构

所谓循环，是指一个客观事物在其发展过程中，从某一环节开始有规律地反复经历相似的若干环节的现象。循环的主要环节具有"同处同构"的性质，即它们"出现位置相同，构造本质相同"。

程序设计中的循环结构，是指从某处开始有规律地反复执行某一语句块的现象，我们称重复执行的语句块为循环体。

下面介绍两种循环结构："当"型循环结构和"直到"型循环结构。

①"当"型循环结构先判断条件，当满足给定的条件时执行循环体，并且在循环终端自动返回循环入口；如果条件不满足，则退出循环直接到达流程出口处。"当"型循环结构的流程图和 N-S 结构图如图 7.18 所示。

②"直到"型循环结构从结构入口处直接执行循环体，在循环终端判断条件，如果条件不满足，则返回入口处继续执行循环体，直到条件为真时才退出循环到达流程出口处。"直到"型循环结构的流程图和 N-S 结构图如图 7.19 所示。

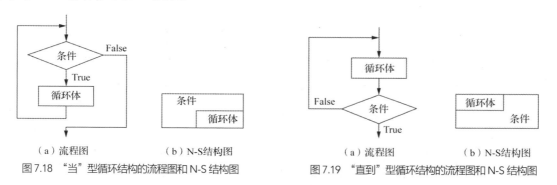

（a）流程图　　　　　（b）N-S结构图　　　　　　　（a）流程图　　　　（b）N-S 结构图

图 7.18　"当"型循环结构的流程图和 N-S 结构图　　　图 7.19　"直到"型循环结构的流程图和 N-S 结构图

< 135 >

7.4.4 程序设计语言简介

1. 机器语言

微机的"大脑"是一块被称为 CPU 的集成电路，而被称为 CPU 的这块集成电路只能识别由 0 和 1 组成的二进制码。因此，早期人们使用计算机时，编写的就是以二进制码表示的机器指令，也就是说要写出由 0 和 1 组成的指令序列交由计算机执行。由二进制码组成的规定计算机动作的符号叫作计算机指令，这些指令的集合就是机器语言。

机器语言与计算机硬件关系密切。由于机器语言是计算机硬件唯一可以直接识别的语言，因此机器语言的执行速度最快。使用机器语言难度是相当高的，因为组成机器语言的符号是 0 和 1，使用时烦琐、费时，在程序有错需要修改时更是如此。而且，由于每台计算机的指令系统往往各不相同，因此在一台计算机上执行的程序无法换到另一台计算机上执行，必须另行编写，这造成了工作的重复。

2. 汇编语言

为了解决使用机器语言编程的困难，人们发明了汇编语言：用简洁的英文字母、符号串来替代具有特定含义的二进制码。例如，用"ADD"表示"加"，用"MOV"表示"移动"等。这样一来，人们就很容易读懂并理解程序在干什么，纠错及维护都变得方便了。由于汇编语言用助记符代替操作码，用地址符号或标号代替地址码，也就是用符号代替了机器语言的二进制码，所以汇编语言也被称为符号语言。汇编语言在形式上用了人们熟悉的英文字母和十进制数，因而方便记忆和使用。

但是，由于计算机只能识别 0 和 1，而汇编语言中使用的是助记符，因此用汇编语言编制的程序被输入计算机后，不能像用机器语言编写的程序一样直接被识别和执行，必须由预先放入计算机中的程序加工和翻译，才能变成可被计算机识别和处理的二进制码。这种起翻译作用的程序叫作汇编程序。

3. 高级语言

从最初与计算机交流的困难经历中，人们意识到，应该设计一种接近数学语言或自然语言，同时又不依赖计算机硬件，编出的程序能在所有计算机上通用的语言。1954 年，第一个完全脱离硬件的高级语言——Fortran 问世了。几十年来，有几百种高级语言出现，有重要意义的有几十种，其中影响较大、使用较普遍的有 C、C#、Visual C++、Visual Basic、.NET、Delphi、Java、ASP、Python、R 等。

用高级语言编写程序的过程称为编码，编写出来的程序叫源代码（或源程序）。

用高级语言编写的程序需要被翻译成目标程序（即机器语言程序）才能被计算机执行。将高级语言翻译为机器语言的方式主要有两种：解释方式和编译方式。

（1）解释方式：让计算机运行解释程序，解释程序逐句取出源程序中的语句，对其进行解释执行，输入数据，产生结果。解释方式的主要优点是交互性好，调试程序时，程序员能一边执行一边直接改错，能较快得到一个正确的程序；缺点是逐句解释执行，整体运行速度慢。

（2）编译方式：先运行编译程序，将源程序全部翻译为计算机可直接执行的二进制程序（称为目标程序），然后让计算机执行目标程序，输入数据，产生结果。编译方式的主要优点是计算机运行目标程序快，缺点是修改源程序后必须重新编译以产生新的目标程序。

习题 7

一、选择题

1. 为解决某一特定问题而设计的指令序列称为（　　）。

    A. 文档　　　　　　　　B. 语言　　　　　　　　C. 程序　　　　　　　　D. 系统

2. 结构化程序设计中的 3 种基本结构是（　　）。

    A. 选择结构、循环结构和嵌套结构

< 136 >

B. 顺序结构、选择结构和循环结构

C. 选择结构、循环结构和模块结构

D. 顺序结构、递归结构和循环结构

3. 编制一个好的程序首先要确保它的正确性和可靠性，除此以外，人们通常会更注重源程序的（　　）。

A. 易使用性、易维护性和效率　　　　B. 易使用性、易维护性和易移植性

C. 易理解性、易测试性和易修改性　　D. 易理解性、安全性和效率

4. 编制程序时，应强调良好的编程风格，如选择标识符时应考虑（　　）。

A. 名字长度越短越好，以减少源程序的输入量

B. 多个变量共用一个名字，以减少变量名的数目

C. 选择含义明确的名字，以正确提示所代表的实体

D. 尽量用关键字作为名字，以使名字标准化

二、简答题

1. 什么是程序？什么是程序设计？程序设计包含哪几个方面？

2. 在程序设计中应该注意哪些基本原则？

3. 机器语言、汇编语言、高级语言有什么不同？

习题参考答案

< 137 >

第 **8** 章 Python 程序设计

本章将从 Python 概述开始，介绍 Python IDLE（Integrated Development and Learning Environment，集成开发和学习环境）的安装、Python 语法基础、Python 控制语句、Python 的数据结构以及 Python 的标准库和第三方库的使用等知识。通过本章的学习，读者将对 Python 有初步认识，能够使用 Python 编写程序，解决实际问题。通过对标准库和第三方库的学习，读者还能够了解 Python 强大的功能，为后续解决学习、工作中的问题打下基础。

【知识要点】

章首导读

- Python 基础。
- 简单数据类型。
- 标准输入输出。
- Python 控制语句。
- Python 数据结构。
- 标准库和第三方库。

8.1 Python 概述

Python 是一种面向对象的解释型计算机程序设计语言，由荷兰人吉多·范罗苏姆（Guido van Rossum）于 1989 年提出，第一个公开发行版发行于 1991 年。

Python 语言介绍

Python 非常优秀，其解释器的全部代码都是开源的，用户可以到其官网下载。Python 软件基金会（Python Software Foundation，PSF）则致力于更好地推进并保护 Python 的开放性。

Python 是一个结合了可解释性、编译性、互动性和面向对象的高层次脚本语言。Python 具有很强的可读性，相比其他语言更常使用英文关键字，更少使用标点符号，具有比其他语言更有特色的语法结构。其特色之一是强制用空白符（White Space）作为语句缩进。

由于 Python 的简洁性、易读性以及可扩展性，用 Python 进行科学计算以及应用开发的研究机构日益增多，越来越多的大学用 Python 讲授程序设计课程。众多开源的科学计算库都提供了 Python 的调用接口，如计算机视觉库 OpenCV、三维可视化库 VTK、医学图像处理库 ITK。Python 专用的科学计算扩展库就更多了，如 3 个十分经典的科学计算第三方库 NumPy、SciPy 和 Matplotlib，它们分别为 Python 提供了快速数组处理、数值运算以及绘图功能。Python 的第三方库在人工智能领域表现突出的有机器学习第三方库，如 scikit-learn、TensorFlow、Keras 等；强化学习第三方库，如 Gym；自然语言处理第三方库，如 NLTK、spaCy 等。因此，Python

及其众多扩展库所构成的开发环境十分适合工程技术人员和科研人员处理实验数据、制作图表，甚至开发科学计算应用程序。

8.2　Python 的安装

Python 是开源软件，Python 解释器可以通过网络获得。在其官网的下载页面单击"Download"链接，打开的页面会显示所有与版本相关的文件。选择版本后，在"Files"列表中选择与个人使用的计算机操作系统和微处理器相匹配的文件下载即可。以 64 位 Windows 操作系统、Python 3.13.1 版本为例，可选择"Windows installer(64-bit)"。下载完成后进行安装，安装界面如图 8.1 所示。首先选中"Add python .exe to PATH"复选框，将 Python 添加到环境路径，然后单击"Install Now"即可开始安装。安装成功界面如图 8.2 所示。

图 8.1　安装界面

图 8.2　安装成功界面

在"开始"菜单里选择"Python 3.13"，打开图 8.3 所示的列表。这个列表中列出了已安装的程序组件。选择"IDLE（Python 3.13 64-bit）"命令即可打开 Python 的交互环境，如图 8.4 所示。

图 8.3　Python 程序列表

图 8.4　Python 的交互环境

">>>"是 Python 语句的输入提示符，在这个符号之后可以输入 Python 语句。

在">>>"符号之后输入 quit()或 exit()，可退出 Python 的交互环境。

在">>>"符号之后输入代码 print("Hello World! ")，按<Enter>键即可运行第一个小程序，如图 8.5 所示。

图 8.5　运行程序

< 139 >

Python 的交互环境可以即时反馈，输入一行代码后按<Enter>键，即可得到运行结果。

8.3 Python 语法基础

要想掌握一门程序设计语言，就应了解该语言的基本语法和语义规范，Python 虽然不像其他计算机语言有丰富的语法格式，但有自己独树一帜的特色语法。本节将首先介绍 Python 的语法特点；然后介绍 Python 的常量和变量；接着介绍 Python 的标识符与关键字；最后介绍运算符与表达式，引领读者熟悉 Python 的语法基础。

8.3.1 Python 的语法特点

1. 注释规则

Python 的注释有单行注释和多行注释两种形式。

（1）单行注释

单行注释以#开头，例如：

```
#这是一个单行注释
```

（2）多行注释

多行注释用 3 个单引号（'''）或双引号（"""）将注释语句括起来，例如：

```
'''
这是一个 Python 多行注释，
不被计算机执行。
'''
"""
这是一个 Python 多行注释，
不被计算机执行。
"""
```

2. 语句换行

如果一个语句太长，全部写在一行会显得很不美观。使用反斜杠（\）可以实现长语句的换行，例如：

```
x = "社会主义核心价值观: \
富强、民主、文明、和谐、\
自由、平等、公正、法治、\
爱国、敬业、诚信、友善。"
```

注意：行末的反斜杠（\）之后不能添加注释。

以圆括号()、方括号[]或花括号{}括起来的语句，分行不必使用反斜杠。

3. 一行写多个语句

Python 允许将多个语句写在同一行上，语句之间用分号隔开，例如：

```
a=10; b=20; print(a+b)
```

4. 代码块

缩进位置相同的一组语句形成一个代码块。例如，在下面的示例代码中，"if True:"下面的两行代码就构成了一个代码块。

```
if True:
```

< 140 >

```
    print ("结果:")
    print ("True")
```

5．缩进分层

Python 与其他语言最大的区别就是，Python 的代码块不使用花括号 {} 来控制类、函数以及其他逻辑判断。Python 的一大特色就是利用缩进来写模块。缩进是可变的，但是代码块必须有相同的缩进距离。缩进可以使用<Tab>键。

【例 8-1】正确缩进的代码块。

```
if True:
    print ("结果:")
    print ("True")
else:
    print ("结果:")
    print ("False")
```

运行结果：

```
结果
True
```

【例 8-2】错误缩进的代码块。

```
if True:
    print ("结果:")
print ("True")
else:
    print ("结果:")
    print ("False")
```

运行结果如图 8.6 所示。

Python 中的缩进表示语句之间的包含关系，缩进相同的语句为同级语句。在例 8-2 中，if 语句和 else 语句为条件语句中的同级语句，else 语句不能单独存在，必须与 if 语句搭配，但因第 3 行语句没有缩进，导致 else 语句不具备语法意义，为无效语句。

图 8.6　例 8-2 运行结果

6．模块

Python 中的模块分为内置模块和非内置模块。内置模块不需要手动导入，启动 Python 时系统会自动导入，任何程序都可以直接使用它们。非内置模块以文件的形式存在于 Python 的安装目录中，使用前需要导入。导入模块的语法格式如下：

```
import [模块名]
```

例如，导入数学模块，具体代码如下：

```
import math        #导入数学模块
```

8.3.2　变量和常量

1．变量

在 Python 中，使用变量前必须为其赋值，赋值后该变量才会被创建。等号（＝）用来给变量赋值。语法格式如下。

```
变量名 = 变量中存储的值
```

< 141 >

例如：

```
age = 36
color = "红色"
```

在 Python 中定义变量不需要指定数据类型，变量的数据类型由它所指向的内存中的对象类型来决定。在 Python 中，同一个变量可以被反复赋值，而且可以是不同数据类型的值，在这一点上，Python 和 C、C++、Java 等程序设计语言有很大的区别。例如：

```
age = 36        #age 是整型对象
age = "ABC"     #age 变成字符串对象
```

Python 允许同时为多个变量赋值，例如：

```
x = y = z = 100
```

Python 还允许同时为多个变量赋予不同数据类型的值，例如：

```
name, age = "张三", 100
```

Python 还允许变量相互赋值，例如：

```
name_a = "张三"
Name_b = name_a
```

注意：Python 中的变量不需要声明，但要求每个变量在使用前必须赋值。如果使用没有被赋值的变量，则程序运行会出错。

2．常量

所谓常量就是值不能改变的量，例如，我们常用的数学常数 π 就是一个常量。在 Python 中，我们通常用全部大写的变量名表示常量，例如：

```
PI = 3.14159265359
```

注意：事实上 PI 仍然是一个变量，Python 根本没有任何机制保证 PI 的值不会被改变。因此，用全部大写的变量名表示常量只是一个习惯，实际上 PI 的值是可以改变的。

8.3.3 标识符与关键字

1．标识符

在现实生活中，人们常用一些符号或词语来标记事物。例如，每种手机都有一个品牌标识，每种水果都有一个名称标识。同理，若希望在程序中标识一些事物（对象），开发人员也需要自定义一些符号和名称，这些符号和名称就是标识符。

Python 的标识符可以包含字母（A~Z、a~z）、数字（0~9）及下画线（_），但有以下几个方面的限制。

（1）标识符必须以字母或下画线开头，并且中间不能有空格。

（2）Python 的标识符有大小写之分，如 NAME 与 name 是不同的标识符。

（3）关键字不可以当作标识符，如 if 不能作为标识符。

（4）在 Python 3 中，汉字也可以出现在标识符中，如"路人甲""路人乙"都是合法的标识符。

2．关键字

在 Python 中，一些被赋予特定的含义并具有专门用途的字符串称为关键字。开发人员不能定义和关键字相同的标识符。

我们可以使用以下命令来查看 Python 的关键字：

< 142 >

```
>>>import keyword
>>>keyword.kwlist
```

运行结果如图 8.7 所示。

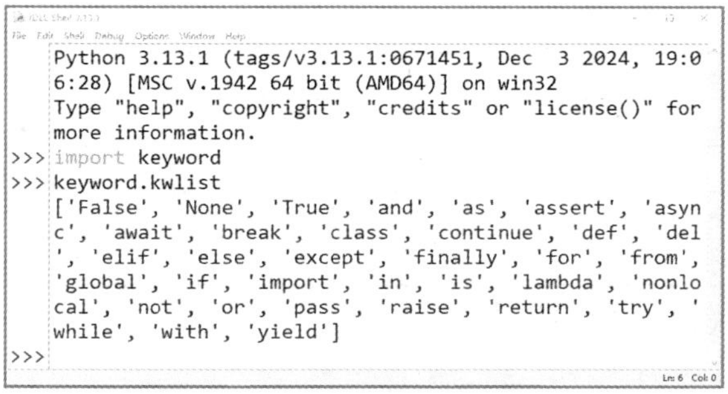

```
Python 3.13.1 (tags/v3.13.1:0671451, Dec  3 2024, 19:0
6:28) [MSC v.1942 64 bit (AMD64)] on win32
Type "help", "copyright", "credits" or "license()" for
more information.
>>> import keyword
>>> keyword.kwlist
['False', 'None', 'True', 'and', 'as', 'assert', 'asyn
c', 'await', 'break', 'class', 'continue', 'def', 'del
', 'elif', 'else', 'except', 'finally', 'for', 'from',
'global', 'if', 'import', 'in', 'is', 'lambda', 'nonlo
cal', 'not', 'or', 'pass', 'raise', 'return', 'try', '
while', 'with', 'yield']
>>>
```

图 8.7　Python 中的关键字

8.3.4　运算符与表达式

运算符是用于执行各种操作的特殊符号，如算术运算符、比较运算符、逻辑运算符、位运算符等。表达式是由运算符和操作数（变量、常量或函数调用）组成的代码片段，用于计算某个值。掌握 Python 中的运算符和表达式的用法，对于编写高效、简洁的代码非常重要。

1．算术运算符

算术运算符用于执行基本的数学运算，如加法、减法、乘法、除法等。Python 中常用的算术运算符如表 8.1 所示。

表 8.1　算术运算符

运算符	描述
+	加法
-	减法
*	乘法
/	除法（浮点数结果）
//	整除（整数结果）
%	取余（模运算）
**	幂运算（指数运算）

【例 8-3】算术运算示例。

程序如下：

```
x = 10
y = 3
print(x + y)        #输出：13
print(x - y)        #输出：7
print(x * y)        #输出：30
print(x / y)        #输出：3.3333333333333335
print(x // y)       #输出：3
print(x % y)        #输出：1
print(x ** y)       #输出：1000
```

2．比较运算符

比较运算符用于比较两个值的大小。比较运算符返回一个布尔值（True 或 False）。Python 中常用的比较运算符如表 8.2 所示。

表 8.2 比较运算符

运算符	描述
==	等于
!=	不等于
<	小于
>	大于
<=	小于等于
>=	大于等于

【例 8-4】比较运算示例。

程序如下：

```
x = 10
y = 3
print(x == y)      #输出: False
print(x != y)      #输出: True
print(x < y)       #输出: False
print(x > y)       #输出: True
print(x <= y)      #输出: False
print(x >= y)      #输出: True
```

3．逻辑运算符

逻辑运算符用于组合布尔表达式，以实现更复杂的条件判断。Python 中常用的逻辑运算符如下。

and：逻辑与。

or：逻辑或。

not：逻辑非。

逻辑运算规则如表 8.3 所示。

表 8.3 逻辑运算规则

a	b	a and b	a or b	not a
False	True	False	True	True
False	False	False	False	True
True	True	True	True	False
True	False	False	True	False

4．其他运算符

Python 还提供了一些其他类型的运算符，如成员运算符（in、not in）和身份运算符（is、is not）。成员运算符用于检查一个值是否在某个容器（如列表、元组、集合、字典等）中。身份运算符用于比较对象是否具有相同的内存地址。

【例 8-5】成员运算示例。

程序如下：

```
alist = [1,2,3,4,5]
print(3 in alist)     #输出: True
print(6 in alist)     #输出: False
```

【例 8-6】身份运算示例。

程序如下：

< 144 >

```
x = [1,2,3]
y = [1,2,3]
z = x

print(x is y)       #输出: False
print(x is not y)   #输出: True
print(x is z)       #输出: True
```

8.4 简单数据类型

计算机通常会对表示信息的数据进行分类，以便对数据进行准确的处理。下面介绍在 Python 中使用的简单数据类型。

8.4.1 数字类型

Python 支持 int（整型）、float（浮点型）、complex（复数类型）和 bool（布尔型）
4 种数字类型。

数字和字符串

1．int（整型）

整型与数学中的整数概念相同。Python 可将整数用十进制、二进制、八进制和十六进制表示。默认情况下，整数用十进制表示。二进制整数以 0b 开头，八进制整数以 0o 开头，十六进制整数以 0x 开头。Python 在语法上没有对整数的取值范围进行限制，整数的实际取值范围取决于运行 Python 的计算机内存。

在编写代码时可以进行很大的数据的运算，例如：

```
>>> 123456789874144786*4556514447741411456
562532646733316307512399084543068416
>>> pow(2,1000)
10715086071862673209484250490600018105614048117055336074437503883703510511249361224
931983788156958581275946729175531468251871452856923140435984577574698574803934567774824
230985421074605062371141877954182153046474983581941267398767559165543946077062914571196
47768654216766042983165262438683720566806937 6
```

其中 pow(2,1000)表示 2 的 1000 次方。

2．float（浮点型）

浮点型是带有小数点的数，为了和整数区别，小数部分可以是 0，如 2.4、0.3、1.0。

说明：我们也可以使用科学记数法表示数据，格式为<a>e<b>，其含义为 $a*10^b$。例如：

2.78e2 表示的是 $2.78×10^2=278$；

0.123e2 表示的是 $0.123×10^2=12.3$；

3.15e−2 表示的是 $3.15×10^{-2}=0.0315$。

3．complex（复数类型）

复数类型可表示为 a+bj，其中 a 为实部，b 为虚部，j 为后缀（也可以写为 J）。例如：

```
1.5 + 0.5j
2J
2 + 1e100j
3.14e - 10j
```

我们可以使用 real 与 imag 属性分别取出复数的实数和虚数部分，例如：

```
>>> a = 2.5 + 1.7j
>>> a.real
```

< 145 >

```
2.5
>>> a.imag
1.7
```

4. bool（布尔型）

布尔型的值只有 True 和 False，表示真和假。如果对布尔值进行数值运算，True 会被当作整数 1，False 会被当作整数 0。例如：

```
>>> True == 1
True
>>> False == 0
True
```

在 Python 中，每一个对象天生具有布尔值，以下对象的布尔值都是 False：

（1）为 0 的数字，包括 0、0.0、0+0（i/J）；

（2）空字符串''或""；

（3）表示空值的 None；

（4）空集合，包括空元组()、空序列[]、空字典{}；

（5）False。

除了上述对象，其他对象的布尔值都是 True。

Python 内置函数中，与数值运算相关的函数如表 8.4 所示。

表 8.4　Python 内置数值运算函数

函数	功能
abs(x)	求 x 的绝对值
pow(x,y)	求 x 的 y 次幂
max(x1,x2,…,xn)	求 x1 到 xn 中的最大值
min(x1,x2,…,xn)	求 x1 到 xn 中的最小值
round(x)	对 x 进行四舍五入运算，结果为整数

8.4.2　字符串类型

字符串是 Python 中常用的一种数据类型，可以使用单引号、双引号和三引号来标识字符串。

1. 标识字符串

（1）用单引号标识字符串。

（2）用双引号标识字符串。

（3）用三引号（'''或"""）标识字符串。

三引号相比单引号和双引号有一个特殊的功能，它能够标识一个多行的字符串，而且该多行字符串中的换行、缩进等格式都会原封不动地保留。例如：

```
>>> x=3
>>> y='3'
>>> x
3
>>> y
'3'
>>> '''
春眠不觉晓，
处处闻啼鸟。
夜来风雨声，
花落知多少。
```

< 146 >

'''
'\n 春眠不觉晓，\n 处处闻啼鸟。\n 夜来风雨声，\n 花落知多少。\n'

2．转义字符

Python 中的转义字符以反斜杠（\）为前缀。转义字符的意义就是避免字符出现二义性，二义性是所有程序设计语言都不允许的。Python 中常用的转义字符如表 8.5 所示。

表 8.5　Python 中常用的转义字符

转义字符	描述	转义字符	描述
\\	反斜杠符号	\n	换行
\'	单引号	\t	横向制表符
\"	双引号	\r	回车
\f	换页	\b	退格（Backspace）

3．字符串索引

在 Python 中，字符串类型的数据自带索引功能，且分为正向索引和反向索引。如图 8.8 所示，将字符串 "PYTHON" 设为 s，则 s[4]= 'O'，s[-2] 也是 'O'。

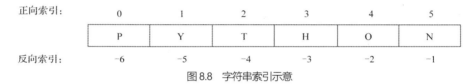

图 8.8　字符串索引示意

4．字符串基本操作

与数字类型数据相似，字符串类型数据也可以进行运算。字符串基本操作如表 8.6 所示。

表 8.6　字符串基本操作

操作	功能
x+y	连接字符串 x 和 y
x*n	将字符串 x 复制 n 次
str[i]	得到字符串中的第 i+1 个字符
str[n:m]	从字符串中获得从 n 到 m（不包括 m）的子字符串
x in y	判断字符串 x 是否存在于字符串 y 中，是则返回 True，否则返回 False

在 Python 的交互环境中，示例如下：

```
>>> x='程序设计'
>>> y='is interesting!'
>>> x+y
'程序设计is interesting!'
>>> x*4
'程序设计程序设计程序设计程序设计'
>>> x[2]
'设'
>>> y[2:5]
'in'
```

【例 8-7】回文字符串的判断。

程序如下：

```
rs=input("请输入一个字符串：")
if rs==rs[::-1]:
```

< 147 >

```
    print('True')
else:
    print('False')
```

8.5 标准输入输出

通过键盘输入数据，在屏幕上显示结果，称为标准输入输出。

8.5.1 标准输入函数

Python 内置的 input()函数用于接收用户通过键盘输入的字符串。input()函数的基本语法格式如下：

```
input([prompt])
```

其中，prompt 是可选参数，用于提示需要输入什么样的数据。在用户输入数据并且按<Enter>键后，input()
函数就会返回字符串对象。使用 input()函数时通常需要一个变量来接收用户输入的数据，示例如下：

```
name = input("请输入一个景区的名字: ")
```

8.5.2 标准输出函数

Python 内置的 print()函数用于输出数据。print()函数的基本语法格式如下：

```
print(value,…,sep=' ',end='\n')
```

value 表示输出对象，后面的省略号表示可以列出多个输出对象，以逗号隔开。sep 用于设置多个
输出对象之间的分隔符，默认为一个空格。end 表示输出数据的结束符号，默认为换行符。例如：

```
print("我最喜欢的城市是","北京",sep=',')
print("我最喜欢的城市是","北京",end='$')
```

【例 8-8】从键盘输入圆的半径的值，计算圆的周长和面积。
程序如下：

```
r=eval(input('请输入圆的半径: '))        #输入部分：变量 r 代表圆的半径
l=2*3.14*r                              #计算部分：变量 l 代表圆的周长
s=3.14*r*r                              #计算部分：变量 s 代表圆的面积
print('圆的周长是: {:.2f}'.format(l))    #输出部分：输出周长
print('圆的面积是: {:.2f}'.format(s))    #输出部分：输出面积
```

在语句 print('圆的周长是: {:.2f}'.format(l))中，花括号相当于卡槽，将 format 后面括号里的内容填
入花括号所在的位置。在花括号中的 ":.2f" 表示对 format 后面括号里的数据进行保留两位小数的
处理。

程序编写完成后，先保存。按<Ctrl+S>组合键即可打开保存对话框，设置好保存位置和文件名后，
就可以将程序以文件的形式保存在计算机上。Python 程序文件的扩展名为 py。

保存完成后，按<F5>键即可运行程序。

8.6 Python 控制语句

除了按照书写的顺序依次执行程序中的语句，还可以用某些特定语句来控制程序执行方向，这就

< 148 >

是控制语句。Python 控制语句包括选择语句、循环语句和跳转语句。

分支结构范例

8.6.1　选择语句

1．单分支语句

在 Python 中，单分支语句的基本语法格式如下：

```
if  <条件>:
    <语句块>
```

若条件成立，则执行语句块；否则跳过分支结构。

【例 8-9】如果购物金额超过 1 万元，那么超出的部分打九折，并显示实际付款金额。

程序如下：

```
money=eval(input('请输入金额：'))
if money>10000:
    money=10000+(money-10000)*0.9
print('实际金额是:{:.2f}'.format(money))
```

2．双分支语句

双分支语句的基本语法格式如下：

```
if  <条件>:
    <语句块 1>
else:
    <语句块 2>
```

条件成立时，执行语句块 1；条件不成立时，执行语句块 2。

【例 8-10】求分段函数的值：

$$y = \begin{cases} x + 3 \times x & x \geq 0 \\ 2 \times x \times x - 13 & x < 0 \end{cases}$$

程序如下：

```
x=eval(input('请输入 x 的值：'))
if x>=0:
    y=x+3*x
else:
    y=2*x*x-13
print('y={:.0f}'.format(y))
```

3．多分支语句

多分支语句的基本语法格式如下：

```
if  <条件>:
    <语句块 1>
elif <条件 2>:
    <语句块 2>
…
else:
    <语句块 N>
```

Python 会依次判断条件，并执行第一个结果为 True 的条件下的语句块。else 是可选语句，如果没有条件成立，则执行 else 后面的语句块。

< 149 >

【例 8-11】根据成绩（百分制，0~100 分），求出相应的等级（A、B、C、D、E）。其中，90~100 分为 A；80~89 分为 B；70~79 分为 C；60~69 分为 D；0~59 分为 E。

程序如下：

```
score=eval(input('请输入成绩: '))
if score>=90:                     #请注意条件之间的关系
    grade='A'
elif score>=80:
    grade='B'
elif score>=70:
    grade='C'
elif score>=60:
    grade='D'
else:
    grade='E'
print('成绩等级为: '+grade)
```

8.6.2 循环语句

Python 循环
语句

在 Python 中，循环语句有遍历循环和无限循环两种。

1．遍历循环：for 语句

如果循环次数确定，编程时可以使用 for 语句。基本语法格式如下：

```
for  <循环变量>  in  <遍历结构>:
    <循环体>
```

在 Python 中 for 语句的循环次数是由遍历结构中的元素个数确定的。遍历循环从遍历结构中逐一提取元素赋给循环变量，并对提取的每个元素执行一次循环体。遍历结构可以是字符串、文件、range() 函数等。

【例 8-12】编写一个程序，求 1~100 这 100 个自然数的和。

程序如下：

```
s=0
for i in range(101):
    s=s+i
print(s)
```

在这个程序中，range(101)表示遍历结构是 1~100 的自然数。若要表示 1~20 的自然数，可以写为 range(21)（最后一个数取不到）。

【例 8-13】字符串遍历。

程序如下：

```
for s in "程序设计":
    print('循环进行中: '+s)
else:
    print('循环结束')
```

在这个遍历循环中，遍历结构为字符串，因此，循环变量 s 依次取得字符串中的每一个字符并输出。

2．无限循环：while 语句

大多数实际问题无法使用遍历循环解决，而需要根据某些特定的条件执行循环语句，这种循环称为无限循环。基本语法格式如下：

```
while  <条件>:
```

< 150 >

```
<循环体>
```

在 while 语句中，条件成立时，执行循环体；条件不成立时，跳过 while 语句，执行后面与之同级的语句。

【例 8-14】求下面级数中奇数项的部分和 s，在求和时，以第一个大于 8888 的奇数项为末项。计算并输出部分和 s 与求和用到的奇数项总项数。

s = 1!+2!+3!+4!+⋯+n!+ ⋯

程序如下：

```
s=1                      #s 为部分和
n=1                      #n 为项号
total=1                  #total 为奇数项的个数
t=1                      #t 为单项的值
while t<8888:
    n=n+2
    t=t*(n-1)*n
    s=s+t
    total=total+1
print(total)
print(s)
```

8.6.3　跳转语句

1．break 语句

在 Python 中，break 语句用于强行跳出当前循环，也就是说，如果 break 语句出现在嵌套循环的内层时，它用于跳出当前的一层循环。

【例 8-15】使用 while 嵌套循环输出 2～10 的素数。

程序如下：

```
i=2
while i<=10:
    j=2
    while j<=(i/2):
        if i%j==0:
            break
        j=j+1
    if j>(i/2):
        print("%d 是素数" %i)
    i=i+1
```

运行结果：

```
2 是素数
3 是素数
5 是素数
7 是素数
```

2．continue 语句

continue 语句用于跳出当次循环进入下一次循环，也就是说，程序运行到 continue 语句时，会停止执行循环体剩余的语句，而回到循环开始处继续执行下一次循环。

【例 8-16】输出 1～10 所有不能被 3 整除的自然数。

程序如下：

< 151 >

```
print("1到10中不能被3整除的自然数有: ")
for i in range(1,11):
    if i%3==0:
        continue
    print(i,end=",")
```

运行结果：

```
1到10中不能被3整除的自然数有:
1,2,4,5,7,8,10
```

8.7 Python 数据结构

Python 中有 4 种内建的数据结构，分别是列表（ List ）、元组（ Tuple ）、字典（ Dictionary ）、集合（ Set ）。

8.7.1 列表

在处理单个数据的时候，使用变量是非常方便的。但如果遇到有组织、有关联的成批数据，变量的使用就显得捉襟见肘了。在其他程序设计语言中，处理这样的成批数据一般会使用数组，但是数组要求所有元素的数据类型是一致的。由于 Python 并没有对数据类型进行严格划分，因此 Python 中没有数组，而是采用了更为强大的列表。

列表

列表是包含 0 个或多个对象引用的有序序列，使用方括号[]括起来，没有长度限制。列表的内容和长度都是可变的。

1．列表的创建

（1）使用方括号创建

将元素放在一对方括号内并用逗号隔开，再把此列表赋给一个变量，就可以通过变量来引用该列表。

注意：如果方括号内为空，则表示创建一个空的列表，如 L=[]。

示例如下：

```
L1 = ['Adam', 95.5, 'Lisa', 85, 'Bart', 59]
print(L1)
```

运行结果：

```
['Adam', 95.5, 'Lisa', 85, 'Bart', 59]
```

（2）使用构造函数创建

Python 提供了 list()构造函数，可以用来创建列表，语法格式如下：

```
变量 = list([可迭代对象])
```

以上语法格式表示创建一个列表并赋给变量，参数是可迭代对象。方括号表示参数是可选项，如果没有该参数，list()会创建一个空的列表给变量。

示例如下：

```
L2 = list([1, "red" ,2, "green" ,3, "blue"])
print(L2)
```

运行结果：

```
[1, 'red', 2, 'green', 3, 'blue']
```

< 152 >

2．列表的基本操作

（1）访问列表元素

① 正数索引

列表中的元素是有顺序的，因此可以使用索引来访问其元素。列表的索引是从 0 开始的，如果一个列表长度为 n，那么它的索引是从 0 到 $n-1$。语法格式如下：

```
变量 = 列表名[索引]
```

示例如下：

```
L5 = ['Adam', 'Lisa','Bart']
s = L5[0]
print(s)
```

运行结果：

```
Adam
```

② 负数索引

列表可以使用负数索引来进行倒序访问，索引-1 表示倒数第一个元素，-2 表示倒数第二个元素，以此类推。如果列表的长度是 n，那么第一个元素的索引是 $-n$。

示例如下：

```
L5 = ['Adam', 'Lisa','Bart']
s = L5[-1]
print(s)
```

运行结果：

```
Bart
```

③ 索引变量

列表元素的索引是可以直接像变量一样使用的，称为索引变量，我们可以对其进行读取、写入以及计算等操作。我们可以使用索引变量来直接修改列表中的某一个元素。

示例如下：

```
nums = [1, 2, 3, 4, 5]
nums[0] = nums[1] + nums[-1]
print(nums)
```

运行结果：

```
[7, 2, 3, 4, 5]
```

（2）列表的遍历

列表的遍历就是对列表中的每一个元素都做一次访问，可以使用循环来实现。使用 for 循环实现列表遍历的语法格式如下：

```
for 循环变量 in 列表名
    print(循环变量)
```

示例如下：

```
L5 = ['Adam', 'Lisa', 'Bart']
for s in L5:
    print(s)
```

运行结果：

```
Adam
```

< 153 >

```
Lisa
Bart
```

3．列表的相关方法

列表是一个类，一旦一个列表被创建就构造了一个列表对象，我们可以使用该列表对象调用类的成员方法，也就是可以用列表名调用列表的相关方法。语法格式如下：

```
列表名.方法名(参数)
```

（1）list.append(x)方法：该方法在列表的末尾添加元素 x。

示例如下：

```
L1 = ["red", "green", "blue"]
L1.append('black')
print(L1)
```

运行结果：

```
['red', 'green', 'blue', 'black']
```

（2）list.insert(i,x)方法：该方法在列表的索引 i 处插入一个元素 x。

示例如下：

```
L2 = ['Adam', 'Lisa', 'Bart']
L2.insert(1, 'Joan')
print(L2)
```

运行结果：

```
['Adam', 'Joan', 'Lisa', 'Bart']
```

（3）list.extend(list2)方法：该方法将列表 list2 的所有元素添加到列表 list 的末尾。

示例如下：

```
L1 = ["red", "green", "blue"]
L2 = ['Adam', 'Lisa', 'Bart']
L1.extend(L2)
print(L1)
print(L2)
```

运行结果：

```
['red', 'green', 'blue', 'Adam', 'Lisa', 'Bart']
['Adam', 'Lisa', 'Bart']
```

（4）list.remove(x)方法：该方法用于删除列表中第一个与 x 匹配的元素。如果列表中没有与 x 匹配的元素，程序会报错。

示例如下：

```
L1 = ["red", "green", "blue"]
L1.remove("red")
print(L1)
```

运行结果：

```
['green', 'blue']
```

（5）list.sort()方法：该方法用于对列表元素进行排序，如果指定 key 的值，则可以按照指定的方式进行排序。

示例如下：

```
L1 = ["red", "green", "blue"]
L1.sort(key = len)
```

< 154 >

```
print(L1)
```

运行结果:

```
['red', 'blue', 'green']
```

示例中参数 key=len 的含义是按照每个元素的长度进行排序，因此，运行结果是按照字符串的长度升序排列的。

8.7.2　元组

元组是 Python 中另一种有序序列，使用圆括号()将元素括起来。元组与列表非常相似，不同的是元组是不可变序列，元组一旦创建完成，就不能对元素进行修改。

1. 元组的创建

（1）使用圆括号创建

创建一个空元组可以直接用()。但是，如果创建含有一个元素的元组，则需要在元素后面加逗号。示例如下：

```
T1 =()
print(T1)
T2 = ('张三')
print(T2)
T3 = ('张三',)
print(T3)
```

运行结果:

```
()
张三
('张三',)
```

（2）使用构造函数创建

Python 提供了 tuple()构造函数，可以用来创建元组，语法格式如下：

```
变量 = tuple([可迭代对象])
```

以上语法格式表示创建一个元组并赋给变量，参数是可迭代对象。方括号表示参数是可选项，如果没有该参数，tuple()会创建一个空的元组并赋给变量。

示例如下：

```
T1 = tuple("green")
print(T1)
T2 = tuple([1,"red", 2,"green"])
print(T2)
T3 = tuple()
print(T3)
```

运行结果:

```
('g','r','e','e','n')
(1,'red',2,'green')
()
```

2. 元组的访问与遍历

元组也有索引访问、元组遍历等基本操作，这些操作与列表十分相似，不再重复介绍。

< 155 >

【例8-17】元组的访问与遍历。

程序如下：

```
T1 = ('张三','李四','王五')
print("用while循环遍历输出元组如下: ")
i = 0
while i < len(T1):
    print(T1[i])
    i = i+1
```

运行结果：

```
用while循环遍历输出元组如下:
张三
李四
王五
```

3. 元组的相关方法

由于元组是不可变序列，元组一旦定义就不允许增加、删除和修改元素，因此 tuple 类没有提供 append()、insert()和 remove()等修改元素的方法。

元组的常用方法有以下两种。

（1）tuple.index()方法用于查找元素在元组中的索引。

（2）tuple.count()方法用来统计元素在元组中出现的次数。

示例如下：

```
T1 = ('张三','李四','王五','小明','张三','小花','李四','张三')
print('用index方法查找元素"张三"的位置是: ',end='')
print(T1.index('张三'))
print('用count方法统计元素"张三"出现的次数是: ',end='')
print(T1.count('张三'))
```

运行结果：

```
用index方法查找元素"张三"的位置是: 0
用count方法统计元素"张三"出现的次数是: 3
```

8.7.3 序列及通用操作

序列是 Python 中的基本数据结构。序列中的每个元素都会被分配一个索引，如果有 n 个元素，那么第一个索引是 0，第二个索引是 1，以此类推，最后一个索引为 $n-1$。另外，可以用负数来逆序表示元素的索引，最后一个索引是-1，倒数第二个索引是-2，以此类推，第一个索引是-n。

前面介绍的列表、元组以及字符串都是序列。这些序列都可以进行以下操作：切片、连接和复制、成员检查等。

1. 切片

序列可以通过切片来访问一定范围内的元素，语法格式如下：

序列名[start:end:stride]

以上操作中，start 表示开始索引，end 表示结束索引。其作用是，读取从索引 start 到索引 end-1 的所有元素，其中 stride 是读取元素时的步长，默认值为 1。

示例如下：

< 156 >

```
L1 = ['a','b','c','d','e','f','g']
T1 = ('a','b','c','d','e','f','g')
S1 = 'abcdefg'
print(L1[1:6:2])
print(T1[1:6])
print(S1[-5:-1])
```

运行结果：

```
['b','d','f']
('b','c','d','e','f')
cdef
```

在切片操作中，开始索引和结束索引都可以为空。下面介绍切片操作的几种用法。

（1）如果切片的结束索引 end 为空，那么获取从开始索引 start 到序列结束的元素。

（2）如果切片的开始索引 start 为空，那么获取从序列开始到索引 end-1 的元素。

（3）如果开始索引和结束索引都为空，那么获取整个序列。

（4）根据获取元素的顺序，如果开始索引位于结束索引之后，那么获取一个空序列。

（5）步长为负数表示逆序获取序列元素。

2．连接和复制

（1）连接

在 Python 中，可以使用连接操作符"+"把多个序列合并在一起，并返回一个新的序列。

示例如下：

```
L1 = ['Adam','Lisa','Bart']
L2 = [1,2,3,4,5]
L3 = L1 + L2
print(L3)
```

运行结果：

```
['Adam','Lisa','Bart',1,2,3,4,5]
```

（2）复制

在 Python 中，使用操作符"*"可以把一个序列复制若干次，形成新的序列。

示例如下：

```
L1 = ['Adam','Lisa']
L2 = L1*2
print(L2)
```

运行结果：

```
['Adam','Lisa','Adam','Lisa']
```

3．成员检查

Python 提供了两个成员运算符 in 和 not in，可用来判断一个元素是否在序列中。

如果用 in 运算符，在则返回 True，否则返回 False。

如果用 not in 运算符，不在则返回 True，否则返回 False。

示例如下：

```
T1 = ('张三','李四','王五')
L1 = ['Adam','Lisa','Bart']
S1 = 'abcdefg'
print('张三' in T1)
print('张三' not in L1)
print('Adam' in T1)
```

< 157 >

```
print('Adam' not in L1)
print('a' in S1)
print('a' not in S1)
```

运行结果：

```
True
True
False
False
True
False
```

4．内置函数

Python 提供了一些支持序列的内置函数。

len()函数用于计算序列的长度，返回一个整数。

max()函数用来寻找序列中的最大元素。

min()函数用来寻找序列中的最小元素。

示例如下：

```
L1 = ['Adam', 'Lisa','Bart']
T1 = (22, 45, 12, 23, 60)
S1 = 'abcdefg'
print(len(L1))
print(len(S1))
print(max(T1))
print(min(L1))
print(max(S1))
```

运行结果：

```
3
7
60
Adam
g
```

8.7.4 字典

在 Python 中，字典使用键值对来存储数据。一个字典中无序地存储了若干个条目，每个条目都是一个键值对。每个键在字典中都是唯一的，每个键匹配一个值，可以使用键来获取与之相关联的值。

字典

1．字典的创建与赋值

（1）用花括号创建

Python 中字典可以使用花括号{}来创建，其中键和值以冒号隔开，一个键值对被称为一个条目，各个条目用逗号隔开。语法格式如下：

```
{key1:value1,key2:value2,…}
```

其中，key 是关键字，value 是值。如果花括号里面没有键值对，则表示创建一个空字典。在空字典中添加条目的语法格式如下：

```
dict[键]=值
```

（2）用函数创建

Python 中的字典可以用 dict()函数创建，有以下几种情况。

< 158 >

① 如果没有参数，则创建一个空字典。

② 如果参数是可迭代对象（如列表、元组），则可迭代对象必须成对出现，第一项是键，第二项是值。

③ 如果提供了 key 参数，则把 key 参数和对应的值添加到字典中。等号左边必须为一个变量，右边必须为一个值，不可为变量。

注意：字典中的键是唯一的，并且是不可变的，因此，列表不能作为字典的键，而元组可以作为字典的键。

2. 字典的基本操作

（1）访问和更新字典元素

在字典中可以使用 d[key] 的形式来查找 key 对应的 value，因此，也可以用该形式来访问和更新字典元素。

示例如下：

```
d1 = {"Adam":85, "Lisa":90, "Bart":75, "Paul":90}
print(d1['Lisa'])
d1['Lisa'] = 95
print(d1)
d1['Joan'] = 60
print(d1)
```

运行结果：

```
90
{'Adam':85, 'Lisa':95, 'Bart':75, 'Paul':90}
{'Adam':85, 'Lisa':95, 'Bart':75, 'Paul':90, 'Joan':60}
```

（2）遍历字典

通过 for 循环可以遍历字典中的键。

示例如下：

```
d1 = {"Adam":85, "Lisa":90, "Bart":75, "Paul":90}
for k in d1:
    print(k, d1[k])
```

运行结果：

```
Adam 85
Lisa 90
Bart 75
Paul 90
```

（3）删除字典元素

在 Python 中删除字典元素可以用 del 命令，用该命令还可以删除整个字典。

示例如下：

```
d1 = {"Adam":85, "Lisa":90, "Bart":75, "Paul":90}
del d1['Bart']
print(d1)
```

运行结果：

```
{'Adam': 85, 'Lisa': 90, 'Paul': 90}
```

3. 字典的相关方法

（1）dict.keys() 方法

在 Python 中，该方法以列表形式返回字典的所有键。语法格式如下：

< 159 >

```
字典名.keys()
```

注意：dict.keys()方法返回的并非真正的列表，如果想获得列表，则还需要调用 list()函数。
示例如下：

```
d1 = {"Adam":85, "Lisa":90, "Bart":75, "Paul":90}
print(d1.keys())
print(list(d1.keys()))
```

运行结果：

```
dict_keys(['Adam', 'Lisa', 'Bart', 'Paul'])
['Adam', 'Lisa', 'Bart', 'Paul']
```

（2）dict.values()方法
在 Python 中，该方法以列表形式返回字典的所有值。语法格式如下：

```
字典名.values()
```

示例如下：

```
d1 = {"Adam":85, "Lisa":90, "Bart":75, "Paul":90}
print(d1.values())
print(list(d1.values()))
```

运行结果：

```
dict_values([85, 90, 75, 90])
[85, 90, 75, 90]
```

（3）dict.items()方法
该方法返回字典的(键,值)元组的列表。语法格式如下：

```
字典名.items()
```

示例如下：

```
d1 = {"Adam":85, "Lisa":90, "Bart":75, "Paul":90}
print(d1.items())
print(list(d1.items()))
```

运行结果：

```
dict_items([('Adam', 85), ('Lisa', 90), ('Bart', 75), ('Paul', 90)])
[('Adam', 85), ('Lisa', 90), ('Bart', 75), ('Paul', 90)]
```

（4）dict.get()方法
该方法返回指定的键对应的值，如果键不存在，则返回默认值。语法格式如下：

```
value = 字典名.get(key[,default])
```

其中，key 是指定的键，default 是键不存在时返回的默认值，如果没有设定默认值，则返回 None。

8.7.5 集合

集合是 Python 的一种数据结构，它与列表相似，可以用来存储多个数据元素，不同之处是，集合由不同的元素组成，并且元素的存放是无序的。需要注意的是，集合中的元素不能是列表、集合、字典等可变对象。

由于集合是无序组合，因此它没有索引和位置的概念，不能分片。集合中的元素可以动态增加或删除。集合用花括号（{}）表示，可以用赋值语句创建，例如：

< 160 >

```
>>>S = {425, "ZZULI", (10, "CS"), 424}
>>>S
{424, 425, (10, 'CS'), 'BIT'}
>>>T = {425, "ZZULI", (10, "CS"), 424, 425, "ZZULI"}
>>>T
{424, 425, (10, 'CS'), 'BIT'}
```

由于集合元素是无序的，因此集合的输出顺序与定义顺序可以不一致。由于集合元素独一无二，因此使用集合能够过滤掉重复元素。set()函数可以用于生成集合，例如：

```
>>>W = set('apple')
{'e', 'p', 'a', 'l'}
>>>V = set(("cat", "dog", "tiger", "human"))
{'cat', 'human', 'dog', 'tiger'}
```

集合的基本操作如表 8.7 所示。

表 8.7　集合的基本操作

操作	功能
S－T 或 S.difference(T)	返回一个新集合，包含在集合 S 中但不在集合 T 中的元素
S－=T 或 S.difference_update(T)	更新集合 S，包含在集合 S 中但不在集合 T 中的元素
S & T 或 S.intersection(T)	返回一个新集合，包含同时在集合 S 和 T 中的元素
S&=T 或 S.intersection_update(T)	更新集合 S，包含同时在集合 S 和 T 中的元素
S^T 或 S.symmetric_difference(T)	返回一个新集合，包含集合 S 和 T 中元素，但不包含同时在其中的元素
S=^T 或 S.symmetric_difference_update(T)	更新集合 S，包含集合 S 和 T 中元素，但不包含同时在其中的元素
S|T 或 S.union(T)	返回一个新集合，包含集合 S 和 T 中所有元素
S=|T 或 S.update(T)	更新集合 S，包含集合 S 和 T 中所有元素
S<=T 或 S.issubset(T)	如果 S 与 T 相同或 S 是 T 的子集，则返回 True，否则返回 False，可以用 S<T 判断 S 是否为 T 的真子集
S>=T 或 S.issuperset(T)	如果 S 与 T 相同或 S 是 T 的超集，则返回 True，否则返回 False，可以用 S>T 判断 S 是否为 T 的真超集

8.8　标准库和第三方库

Python 的标准库是指与 Python 核心捆绑在一起的，具有精确语法、标记、语义的一系列核心模块的集合。Python 程序员必须依靠它们来实现系统级功能，如文件 I/O。

Python 社区提供了大量的第三方库，使用方式与标准库类似。它们一般使用 Python 或 C 语言编写，提供了日常编程中许多问题的标准解决方案。其中有些第三方库经过专门设计，通过将特定平台功能抽象化为平台中立的应用程序接口（Application Program Interface，API）来加强 Python 程序的可移植性。第三方库的功能无所不包，涵盖科学计算、Web 开发、数据库接口、图形系统等诸多领域，并且大多数成熟且稳定。

8.8.1　标准库

Python 拥有强大的标准库。Python 核心只包含数字、字符串、列表、字典、文件等，而由 Python 标准库提供文本处理、文件处理、网络通信等额外的功能。Python 标准库接口命名清晰、文档良好，很容易学习和使用。

表 8.8 列出了常用的 Python 标准库。

turtle 库介绍

< 161 >

表 8.8　常用的 Python 标准库

应用方向	标准库	应用方向	标准库
文本	string：通用字符串操作 re：正则表达式操作 difflib：差异计算工具 textwrap：文本填充 unicodedata：Unicode 字符数据库 stringprep：互联网字符串准备工具 readline：GNU 按行读取接口 rlcompleter：GNU 按行读取的实现函数	数据类型	datetime：基于日期与时间工具 calendar：通用月份函数 collections：容器数据类型 collections.abc：容器虚基类 heapq：堆队列算法 bisect：数组二分算法 array：高效数值数组 types：内置类型的动态创建与命名 copy：浅复制与深复制 pprint：格式化输出 reprlib：交替 repr() 的实现
数学	numbers：数值的虚基类 math：数学函数 cmath：复数的数学函数 decimal：定点数与浮点数计算 fractions：有理数 random：生成伪随机数	文件与目录	zlib：兼容 gzip 的压缩 gzip：对 gzip 文件的支持 bz2：对 bzip2 压缩的支持 lzma：使用 LZMA 算法的压缩 zipfile：操作 zip 存档文件 tarfile：读写 tar 存档文件

这里只列出了部分标准库，有兴趣的读者可以在 Python 官网查阅其他标准库的介绍。

8.8.2　第三方库

Python 的第三方库一般使用 Python 或 C 语言编写。Python 已成为一种强大的应用于各种语言与工具之间的"胶水语言"。

Python 的第三方库有网络爬虫、数据分析、文本处理、数据可视化、图形用户界面（Graphical User Interface，GUI）、机器学习等应用方向。

（1）网络爬虫方向

requests 是用 Python 语言基于 urllib 编写的第三方库，采用的是 Apache License 2.0 开源协议的 HTTP 库。requests 比 urllib 更加方便，完全满足 HTTP 测试需求，多用于接口测试。

Scrapy 是用 Python 实现的一个爬取网站数据、提取结构性数据的 Web 应用框架。Scrapy 提供 URL 队列、异步多线程访问、定时访问、数据库集成等众多功能，具备产品级运行能力。

（2）数据分析方向

NumPy 是一个用 Python 实现的科学计算库，包括一个强大的 N 维数组对象 Array，比较成熟的函数库，用于整合 C/C++ 和 Fortran 代码的工具包，实用的线性代数、傅里叶变换和随机数生成函数。NumPy 提供了许多高级的数值编程工具，如矩阵数据类型、矢量处理，以及精密的运算库。

pandas 是基于 NumPy 的一种工具，是为解决数据分析问题而创建的。pandas 纳入大量模块和一些标准的数据模型，提供了高效操作大型数据集所需的工具，包括时间序列和一维、二维数组等。

（3）文本处理方向

openpyxl 是一个处理 Excel 文件的 Python 第三方库，它支持读写 Excel 的 XLS、XLSX、XLSM、XLTM 等格式文件，并进一步能处理 Excel 文件中的工作表、表单和数据单元。

python-docx 是一个处理 Word 文件的 Python 第三方库，它支持读取、查询以及修改 DOC、DOCX 等格式文件，并能对 Word 中常见的样式进行编程设置，包括字符样式、段落样式、表格样式、页面样式等。

< 162 >

beautifulsoup4 也叫 beautifulsoup 或 bs4，是一个可以从 HTML 或 XML 文件中提取数据的 Python 第三方库。它能够通过转换器实现人们惯用的文档导航，以及查找、修改文档。beautifulsoup 配合 requests 使用，能大大提高爬虫效率。

（4）数据可视化方向

Matplotlib 是一个 Python 的二维绘图库，它以各种硬拷贝格式和跨平台的交互式环境生成出版质量级别的图形。利用 Matplotlib，开发者仅用几行代码便可以绘制直方图、功率谱、条形图、散点图等。

（5）GUI 方向

PyQt5 是 Qt5 应用框架的 Python 第三方库，它有超过 620 个类和近 6000 个函数与方法，是 Python 中最为成熟的商业级 GUI 第三方库，也是 Python 当前最好用的 GUI 第三方库。它可以在 Windows、Linux 和 macOS 等操作系统上跨平台使用。

（6）机器学习方向

scikit–learn 是用 Python 实现的机器学习算法库，包含数据预处理、分类、回归、降维、模型选择、聚类等常用的机器学习算法。scikit–learn 是基于 NumPy、SciPy、Matplotlib 的。

TensorFlow 是一个开放源代码软件库，用于进行高性能数值计算。借助其灵活的架构，用户可以轻松地将计算工作部署到多种平台（CPU、GPU、TPU）和设备（桌面设备、服务器集群、移动设备、边缘设备等）。TensorFlow 为机器学习和深度学习提供强力支持，其灵活的数值计算核心广泛应用于科学领域。

8.8.3　安装第三方库

1. Python 第三方库的官方途径安装

Python 第三方库通常使用以下几种方法安装。

（1）在线安装

首先确保计算机连网。然后打开 cmd 窗口。在 cmd 窗口中输入命令“pip install　库名”。如图 8.9 所示，想要安装 requests 库，则打开 cmd 窗口，输入命令“pip install requests”。

图 8.9　在线安装第三方库

（2）下载资源包进行离线安装

打开 Python 官网，单击顶栏的“PyPI”，搜索需要下载的包名，选择下载的版本，选择 tar.gz 文件下载即可。下载好后将其解压得到的文件夹复制到 Python 安装目录的 Python 3.10.0\Lib\site-packages\包名文件夹里即可。打开 cmd 窗口，进入该目录，执行命令“python setup.py install”即可。

（3）下载包的模块进行离线安装

打开 Python 官网，单击顶栏的“PyPI”，搜索需要下载的包名，选择下载的版本，选择后缀为 whl 的文件下载即可。此方法不需要用到 Python 安装目录，直接在 cmd 窗口进入.whl 文件的下载目录，执行命令“pip install　包名.whl”即可。

< 163 >

在 Python 交互环境中用 "import 包名" 验证是否安装成功，不报错即安装成功。

2．Python 第三方库的国内镜像安装

Python 官网服务器在国外，连接下载速度不稳定，因此，在大多数情况下，我们会选择国内镜像网站来提升安装第三方库的速度。

在使用在线方式安装第三方库时，可以使用 "pip install 库名 -i 网址" 命令来访问国内镜像网站。例如，安装 requests 库时，可以在 cmd 窗口中输入命令 "pip install requests -i 网址"。

习题 8

简答题

1. 设计程序，输入任意正整数 n，计算输出 $n!$。
2. 设计程序，输出 500 以内的所有素数。
3. 画一个等边六边形，并用颜色填充。
4. 画一个等边的 n 边形，并用颜色填充，其中的整数 n 通过键盘输入。

习题参考答案

< 164 >

第 9 章 人工智能基础

人工智能（AI）是新一轮科技革命及产业革命的重要驱动力量，对全球发展和人类文明进步产生深远影响，对我国新质生产力的发展、经济结构的转型升级具有重要意义。本章对人工智能的概念、发展、研究内容、应用、安全与伦理进行简要介绍。有兴趣的读者若想进一步了解，可参阅相关书籍。

【知识要点】
- 人工智能的概念。
- 人工智能的发展历史。
- 人工智能的研究内容。
- 人工智能的应用。
- 人工智能安全与伦理。

章首导读

9.1 人工智能的概念

人工智能是通过计算机程序或机器来模拟人类智能的技术和方法。它可以让计算机具有感知、理解、判断、推理、学习、识别、生成、交互等类似人类的能力，从而能够执行各种任务，甚至超越人类的智能表现。"人工智能"一词最初是在 1956 年达特茅斯（Dartmouth）会议上被提出的。从那以后，研究者发展了众多理论，"人工智能"的概念也随之扩展。人工智能是一门极具挑战性的学科，我们对它的认识还在不断深入。目前人们普遍认为，人工智能是计算机科学的一个分支，它试图了解智能的实质，并生产出一种能以与人类智能相似的方式做出反应的智能机器。那什么是"智能"？这涉及意识（Consciousness）、自我（Self）、思维（Mind）（包括无意识的思维）等。人唯一认识的智能是人本身的智能，但是我们对自身智能的理解非常有限，对构成人的智能的必要元素也了解有限，因此要说清什么是"人工"制造的"智能"不是一件很容易的事。当前人工智能的研究不仅涉及对人的智能的研究，动物或人造系统的智能也普遍被认为属于人工智能的研究范畴。人工智能开创者之一尼尔逊教授对"人工智能"下了这样一个定义：人工智能是关于知识的学科，研究怎样表示知识以及怎样获得知识并使用知识。美国麻省理工学院的温斯顿教授认为：人工智能研究的是如何使计算机去做过去只有人才能做的智能工作。这些定义反映了人工智能学科的基本思想和基本内容，即研究人类智能活动的规律，构造具有一定智能的人造系统，研究如何让计算机去完成以往只有人的智力才能胜任的工作，研究如何应用计算机的软硬件来模拟人类的某些智能行为。

总之，人工智能的主要目标是使机器能够胜任一些通常需要运用人类智能来完成的复杂工作，它是研究、开发用于模拟、延伸和扩展人的智能的理论、方法、技术及应用系统的一门新的技术科学。该领域涉及机器人、图像识别、机器学习、自然语言处理和专家系统等，因此，从事人工智能研究的人必须懂得计算机知识、心理学知识和哲学知识。可以设想，未来人工智能领域的科技产品，将会是人类智慧的"容器"。

近年来，我国的人工智能发展迅速，其正在成为推动科技创新和经济发展的重要引擎。2024年的《政府工作报告》不仅3次提到"人工智能"，更首次提出了开展"人工智能+"行动，提出要深化大数据、人工智能等研发应用，开展"人工智能+"行动，打造具有国际竞争力的数字产业集群。"人工智能+"的提出，不仅顺应了全球人工智能发展的潮流，更顺应了我国产业升级的大势。中国信息通信研究院公布的数据显示，2023年我国人工智能核心产业规模达5784亿元，增速为13.9%，呈现出迅猛的发展态势和广阔的市场空间。

人工智能是引领未来的战略性技术，是新一轮科技革命和产业革命的核心驱动力，也是发展新质生产力的主要阵地。人工智能与实体经济融合，能够引领产业转型，孕育新产业、新模式、新业态；人工智能作为服务人们美好生活的工具，其应用有助于提升生活品质，满足人们的消费升级需求。

9.2　人工智能的发展

人工智能的发展经历了以下几个时期。

（1）孕育期（20世纪40年代）

1943年，沃伦·麦卡洛克（Warren McCulloch）和沃尔特·皮茨（Walter Pitts）提出了神经元的数学模型，这是人工智能的早期理论基础，为后来人工神经网络的发展奠定了基石。1946年世界上第一台通用电子计算机ENIAC诞生，它为人工智能的诞生奠定了技术基础，其强大的计算能力为后续复杂的人工智能算法运算提供了可能。

（2）形成期（20世纪50年代）

1950年，艾伦·麦席森·图灵（Alan Mathison Turing）发表了《计算机器与智能》一文，提出了"图灵测试"的概念，为判断机器是否具有智能提供了一种开创性的标准和思路（见图9.1）。1956年，约翰·麦卡锡（John McCarthy）（见图9.2）在达特茅斯会议上首次提出"人工智能"的概念。此次会议聚集了众多领域的专家，他们共同探讨了机器智能的相关问题，并设定了宏伟的研究目标：开发能够模拟人类智能的程序，使之能够理解语言和学习等。达特茅斯会议正式确立"人工智能"这一术语，被视为人工智能学科诞生的标志，从此，人工智能正式走上历史舞台，开始了半个多世纪的风雨历程。

多名评委在公开的情况下，通过设备向一台机器和一名真人随意提问。

多次问答后，若超过30%的评委不能确定被测者是真人还是机器，那么认为该机器具有智能。

计算机应答　　真人提问　　真人应答

图9.1　图灵测试

图9.2　约翰·麦卡锡

< 166 >

（3）发展期（20 世纪 60 — 70 年代）

此时期人工智能以基于规则的专家系统为主要研究方向。专家系统试图将人类专家的知识和经验以规则的形式编码到计算机系统中，使计算机能够在特定领域内像专家一样进行决策。例如，在医疗领域，用于疾病诊断的专家系统通过收集大量的医学知识和临床经验，可对患者的症状进行分析并提供诊断建议。然而，随着研究的深入，专家系统面临诸多问题。一方面，知识获取成为瓶颈，因为将人类专家的知识准确地转化为计算机规则是一项艰巨的任务，且更新困难。另一方面，专家系统应用范围相对狭窄，只能在特定领域发挥作用，缺乏通用性和灵活性。此外，当时计算机的计算能力和存储资源有限，限制了专家系统的性能和规模。这些因素导致人工智能研究在 20 世纪 70 年代进入第一个寒冬期，研究资金减少，人们的研究热情受挫。

（4）复苏期（20 世纪 80 — 90 年代）

随着技术的发展，计算机的计算能力得到提升，人工智能研究逐渐复苏。1980 年，第一届机器学习国际研讨会在美国卡内基梅隆大学举行，这标志着机器学习研究在世界范围内的兴起。机器学习是人工智能的一个重要分支，其中以连接主义为基础的人工神经网络研究取得了一定进展。机器学习技术在数据挖掘领域开始发挥作用，其可从大量的数据中发现潜在的模式和规律，为企业的决策提供支持。1982 年，约翰·霍普菲尔德（John Hopfield）发明了霍普菲尔德网络，这是一种单层反馈神经网络，对后来的人工神经网络研究产生了深远影响。同年，大卫·马尔（David Marr）提出了计算机视觉（Computer Vision）的概念，并构建了系统的视觉理论。但是，在 20 世纪 80 年代末到 90 年代初，由于人工智能技术在实际应用中仍面临许多困难，如计算成本高、算法效率低、数据质量参差不齐等，未能达到人们过高的预期，因此人工智能研究再次陷入低谷。

（5）繁荣期（21 世纪初至今）

进入 21 世纪，计算机硬件性能大幅提升，互联网普及。图形处理单元（Graphics Processing Unit，GPU）的出现为深度学习提供了强大的计算支持；互联网的普及使数据量爆炸式增长，为机器学习提供了丰富的素材；算法上，深度学习算法取得了重大突破，如卷积神经网络（CNN）、循环神经网络（Recurrent Neural Network，RNN）、长短期记忆（Long Short-Term Memory，LSTM）网络等。人工神经网络技术在这一时期得到了复兴，特别是 CNN 在图像识别领域取得了突破性进展。1997 年，IBM 公司的超级计算机 Deep Blue 在一场六局制的国际象棋比赛中战胜了世界冠军卡斯帕罗夫，这是人工智能历史上的一个里程碑事件，证明了计算机在复杂策略游戏中的能力。2016 年，谷歌公司的 DeepMind 团队开发的 AlphaGo 程序在围棋比赛中战胜了世界冠军李世石，这一事件震惊了世界，因为围棋被认为是比国际象棋更为复杂的游戏，AlphaGo 的胜利显示了深度学习算法在处理复杂问题上的巨大潜力。2022 年，人工智能实验室 OpenAI 发布了 ChatGPT，这是一个基于大语言模型的人工智能助手，能够进行自然语言理解和生成，引发了人们对人工智能的语言理解和生成能力的新一轮思考。人工智能相继在多个领域取得突破并得到应用。在图像识别领域，CNN 使计算机对图像的识别准确率大幅提高，广泛应用于安防监控、图像搜索、自动驾驶等领域。人脸识别技术在门禁系统、移动支付等场景中的应用提高了生活的安全性和便利性。在自然语言处理领域，RNN 和 LSTM 等模型在机器翻译、文本生成等方面取得了显著成果。机器翻译软件能够实现较为流畅的多语言互译，文本生成模型可以创作新闻报道、故事等。此外，人工智能在医疗、教育、金融、制造等众多领域都有深入的应用。在医疗领域，人工智能辅助诊断系统可以帮助医生快速分析医学影像，提高诊断效率和准确性。在制造业中，智能机器人能够完成自动化生产、质量检测等任务，提高生产效率和产品质量。

近年来，大模型成为人工智能发展的新热点。以 2017 年谷歌公司提出的 Transformer（变换器）模型为基础，大模型迅速发展。OpenAI 公司的生成式预训练变换器（Generative Pre-trained Transformer，GPT）系列模型通过在海量文本数据上进行预训练，能够理解和生成自然语言文本，在问答、文本创作、知识理解等方面表现出强大的能力。谷歌公司的基于变换器的双向编码器表示（Bidirectional

< 167 >

Encoder Representations from Transformers，BERT）模型在自然语言处理的多个任务上取得了领先的成绩。这些大模型的出现推动了人工智能应用的新一轮创新，如智能写作助手、智能聊天机器人等诸多应用相继被推出。

9.3 人工智能的研究内容

人工智能可以对人的意识、思维的信息处理过程进行模拟。人工智能不是人的智能，但能像人那样思考。人工智能学科研究的主要内容包括知识表示、自动推理、搜索方法、机器学习、深度学习、知识处理系统、自然语言处理、知识图谱、计算机视觉、智能机器人、大模型（Large Model）与生成式人工智能（Generative Artificial Intelligence，GAI）等。

（1）知识表示。这是人工智能要解决的基本问题之一，推理和搜索都与知识表示方法密切相关。常用的知识表示方法有逻辑表示法、产生式表示法、语义网络表示法和框架表示法等。

（2）自动推理。问题求解中的自动推理是知识的使用过程，由于有多种知识表示方法，因此相应地也有多种推理方法。推理过程一般可分为演绎推理和非演绎推理。谓词逻辑是演绎推理的基础。结构化表示下的继承性推理是非演绎推理。由于知识处理的需要，近年来出现了多种非演绎推理方法，如连接机制推理、类比推理、基于示例的推理、反绎推理和受限推理等。

（3）搜索方法。搜索是人工智能的一种问题求解方法，搜索方法决定问题求解的一个推理步骤中知识被使用的优先级，可分为无信息导引的盲目搜索和利用经验知识导引的启发式搜索。启发式知识常用启发式函数来表示，启发式知识利用得越充分，问题求解的搜索空间就越小。典型的启发式搜索方法有 A*算法、AO*算法等。近年来，搜索方法研究开始注意那些具有百万节点的超大规模的搜索问题。

（4）机器学习。这是人工智能的另一重要课题，它是指在一定的知识表示下获取新知识的过程。按照学习机制的不同，机器学习主要分为归纳学习、分析学习、连接机制学习和遗传学习等，涉及统计学、系统辨识、逼近理论、神经网络、优化理论、计算机科学、脑科学等诸多领域。机器学习研究计算机怎样模拟或实现人类的学习行为，以获取新的知识或技能，或者重新组织已有的知识结构使之不断改善，是人工智能技术的核心。随着大数据的发展，基于数据的机器学习成为人工智能技术中的重要方法之一，主要研究从观测数据（样本）出发寻找规律，利用这些规律对未来数据或无法观测的数据进行预测。

（5）深度学习。传统的机器学习要输入特征样本，而深度学习试图从海量的数据中自动提取特征。深度学习其实也是一种机器学习，这种方式需要输入海量的数据，让机器从中找到弱关联。这种方式比传统机器学习方式减少了大量人工整理样本的工作，识别准确率也提高了很多，让人工智能在语音识别、自然语言处理、图像识别等领域达到了可用的程度，是革命性的进步。深度学习的实现方式源于多层神经网络，它把特征表示和学习合二为一，它的特点是放弃了可解释性，寻找关联性。

（6）知识处理系统。当知识库中的知识量较大而又有多种表示方法时，对知识的合理组织与管理是很重要的。推理机在问题求解中规定了使用知识的基本方法和策略，推理过程中为记录结果或通信，需要创建数据库或采用黑板机制。如果在知识库中存储的是某一领域（如医疗诊断）的专家知识，这样的知识系统称为专家系统。为适应复杂问题的求解需要，单一的专家系统必然向多主体的分布式人工智能系统发展，这时知识共享、主体间的协作、矛盾的出现和处理将是需要研究的关键问题。

（7）自然语言处理。自然语言处理是人工智能的一个重要方向，它研究能实现人与计算机之间用自然语言进行有效通信的各种理论和方法，涉及的领域较多，主要包括机器翻译、机器阅读理解和问答系统等。

< 168 >

（8）知识图谱。知识图谱本质上是结构化的语义知识库，是一种由节点和边组成的图数据结构，它以符号形式描述物理世界中的概念及其相互关系，基本组成单位是"实体-联系-实体"三元组，以及与实体相关的"属性-值"对。不同实体通过相互联系，构成网状的知识结构。在知识图谱中，每个节点表示现实世界的"实体"，每条边为实体与实体之间的"联系"。通俗地讲，知识图谱就是把所有不同种类的信息连接在一起而得到的一个关系网络，提供了从"联系"的角度去分析问题的便利。

（9）计算机视觉。视觉对人来说是自然而然的，但要构建一个与人的视觉系统相似的计算机视觉系统是非常困难的。这些困难也正是计算机视觉所研究的课题，其研究目标是让计算机理解一个图像，即用像素（Pixel）描绘的景物，研究领域涉及图像处理、模式识别、景物分析、图像解释、光学信息处理、视频信号处理。

（10）智能机器人。它有相当发达的"大脑"，在"大脑"中起作用的是中央处理器，最主要的是，它可以按目的安排动作。智能机器人具备形形色色的内部信息传感器和外部信息传感器，如视觉、听觉、触觉、嗅觉等传感器。除具有传感器外，它还通过效应器作用于周围环境。由此可知，智能机器人至少要具备 3 个要素：感觉要素、反应要素和思考要素。智能机器人能够理解人类语言，用人类语言同操作者对话，能分析出现的情况，能调整自己的动作以达到操作者所提出的要求，还能拟定所希望执行的动作，并在信息不充分的情况下和环境迅速变化的条件下完成这些动作。

（11）大模型与生成式人工智能。大模型是人工智能领域中的一种重要模型，通常指的是使用海量参数和数据进行预训练的深度学习模型，是近年来热门的人工智能细分领域，被视为实现通用人工智能的重要研究方向，也是引领新一代产业变革的核心力量之一。生成式人工智能是一种利用人工智能生成各类数字内容的技术，它基于人工智能的内容生成范式，利用机器学习和自然语言处理等算法，能够自动生成各种类型的内容，如文本、图像、音频、视频等。GAI 是大模型的应用之一，也是人工智能从 1.0 时代进入 2.0 时代的重要标志。

9.4　人工智能的应用

人工智能自诞生以来，理论和技术日益成熟，应用领域也不断扩大。它作为科技创新的产物，在促进人类社会进步、经济建设和提升人们生活水平等方面起着越来越重要的作用。我国人工智能经过多年的发展，已经在安防、物流、交通、客服、家居、零售、教育、金融、医疗、机器人等领域实现了商用及规模效应。

1．智慧安防

安防是较早成熟应用人工智能的行业，为此，安防也被认为是人工智能的"第一着陆场"。人工智能能够在安防领域快速落地，除了不需要过多的基础建设，还得益于全国范围内安防设备的普及以及政府部门大力发展公共安全领域项目工程。

人工智能在安防领域的应用主要利用了其视频结构化（视频数据的识别和提取）、生物识别（如指纹识别、人脸识别等）、物证特征识别（如 ETC 对车牌的识别等）三大技术优势。智慧安防改变了过去需要通过人工取证、被动监控的安防形态，视频数据的识别和提取分析使人力查阅监控的时间大大缩短，生物识别又大大提升了人物识别的精准性，因此，智慧安防极大提高了公共安全治理的效率。

2．智慧物流

智慧物流通过智能交通系统和相关信息技术实现物流作业的实时信息采集，并在一个集成的环境下，对采集的信息进行分析和处理。通过在各个物流环节中的信息传输，智慧物流为物流服务提供商和用户提供详尽的信息与咨询服务。智慧物流系统包括物流运输机器人（无人机、无人驾驶快递汽车）、物流导航、控制、调度等组成部分。

< 169 >

3．智慧交通

智慧交通是将人工智能、通信技术、传感技术、控制技术以及计算机技术等有效地集成运用于整个交通运输管理体系而建立起来的一种在大范围内全方位发挥作用的，实时、准确、高效的综合运输和管理系统。

4．智慧客服

智慧客服是在大规模知识处理基础上发展起来的一项面向行业的应用，涉及大规模知识处理、自然语言理解、知识管理、自动问答等领域。智慧客服不仅为企业与海量用户之间的沟通建立了一种基于自然语言的快捷有效的技术手段，还能为企业提供精细化管理所需的统计分析信息。

5．智慧家居

智慧家居是基于物联网技术、智能软硬件系统、云计算平台构建的完整的家居生态圈，用户可以远程控制设备，设备可以互连互通，并进行自我学习等。智慧家居整体优化了家居环境的安全性、节能性、便捷性等。近年来，随着智能语音技术的发展，智能音箱成为一个爆发点。各企业纷纷推出智能音箱，不仅成功开拓了家居市场，也为未来更多的智慧家居用品培养了用户习惯。

6．智慧零售

人工智能在零售领域的应用已经十分广泛，无人便利店、智慧供应链、客流统计、无人仓、无人车等都是热门方向。京东公司自主研发的无人仓采用大量智能物流机器人进行协同与配合，通过深度学习、图像识别、大数据应用等技术，让机器人可以自主判断和行动，完成各种复杂的任务，在商品分拣、运输、出库等环节实现自动化。图普科技公司则将人工智能技术应用于客流统计，通过人脸识别，门店可以从性别、年龄、表情、新老顾客、滞留时长等维度建立到店用户画像，为调整运营策略提供数据基础，从匹配真实到店客流的角度提升转换率。

7．智慧教育

在教育领域，通过图像识别，机器可以批改试卷、识题答题；通过语音识别，机器可以纠正、改进学生发音；而人机交互可以实现在线答疑解惑。人工智能可以评估并适应学生的需求，帮助学生按照自己的进度学习。人工智能和教育的结合在一定程度上可以改善教育行业师资分布不均衡等问题，从工具层面给师生提供更有效率的学习方式。

8．智慧金融

在金融领域，银行用人工智能系统助力金融投资和管理财产。一些金融机构使用人工神经网络系统去发觉市场变化或不合规范的交易，一些银行使用协助客户服务系统帮助客户核对账目、办理手续等。人工智能还可以完成证券大数据分析、行业走势分析、投资风险预估等工作。

9．智慧医疗

在医疗领域，人工智能可以改善治疗效果和降低成本，人们正在应用机器学习做出更好、更快的诊断。人工智能系统可以挖掘患者数据和其他可用数据以形成假设，再使用置信度评分模式呈现该假设。一些人工智能应用程序可以用于在线回答问题、帮助安排后续预约或帮助患者完成计费过程，以及提供基本医疗反馈。人工智能技术广泛应用在各个医疗细分领域，包括医学影像、辅助诊断、药物研发、健康管理、疾病风险预测、医院管理、虚拟助理、医学研究平台等。人工智能可以替代人类从事较为复杂的工作，并且对于减少人员密切接触和病毒传播机会具有天然优势。

10．人形机器人

与人工智能技术深度关联的人形机器人是人工智能发展的重要载体，人形机器人产业正在成为科技竞争的新高地和经济发展的新引擎。随着"人工智能+"行动推动相关技术持续发展和成熟，人形机器人智能化程度不断提高，应用场景不断拓展。人形机器人是人工智能在物理空间的重要体现和关键装备，是实体通用人工智能系统的典型代表。它将成为引领产业数字化发展、智能化升级的新质生产力，有望持续催生新产业、新模式、新业态。

< 170 >

11．其他

人工智能在农业、大数据处理、通信、智能制造、服务等行业也有一些成功的应用。我国农业在许多方面已经用到人工智能技术，如无人机喷洒农药、除草、农作物状态实时监控、物料采购、数据收集、灌溉、收获、销售等。通过应用人工智能设备，作物产量大大提高，人工成本和时间成本大大降低。将人工智能与大数据技术相结合，还可以实现天气查询、地图导航、资料查询、信息推广等。在信息推广中，推荐引擎会基于用户的行为、属性（用户浏览行为产生的数据），通过算法分析和处理，主动发现用户的当前或潜在需求，并主动推送信息给用户。

9.5　人工智能安全与伦理

随着人工智能技术的快速发展，其在各个领域的应用越来越广泛。人工智能技术可替代许多重复性劳动，大幅提高生产效率；人工智能强大的数据处理和分析能力，助力人类解决一些复杂问题；人工智能技术推动了科技创新，为许多领域带来了新的可能性。然而，人工智能技术也带来了一系列的安全与伦理挑战，如安全风险、隐私泄露、算法歧视及责任归属等。这些挑战不仅涉及技术层面，还涉及伦理、法律和社会等多个层面。

1．安全风险

人工智能在自动驾驶、工业控制等领域的应用越来越广泛，如何确保人工智能系统的安全性和稳定性，防止意外事故和恶意攻击，成为一个重要的问题。一旦发生事故或攻击，后果可能非常严重，甚至会威胁人们的生命安全。加强人工智能系统的安全防护，具体措施包括建立完善的安全管理制度、加强安全漏洞的监测和预警、提高系统的防御能力等。同时，应建立相应的责任机制和风险评估机制，对人工智能系统的安全风险进行评估和管理。

2．隐私泄露

人工智能技术在收集、处理和使用个人数据方面具有强大的能力，这给个人隐私带来了严重威胁。在大数据时代，人们的个人信息被广泛收集和使用，而很多情况下人们并不知情或未经同意。如何保护个人隐私，避免隐私泄露，是一个重要的伦理问题。为了防止隐私泄露，需要采取一系列措施。

（1）限制数据收集：在收集数据时，应遵循最小化原则，只收集必要的数据，并尽可能减少数据的收集量。

（2）加强数据保护：企业和组织应建立完善的数据安全保护机制，包括加密、访问控制、安全审计等，确保数据的机密性和完整性。

（3）建立内部管理制度：企业和组织应建立完善的内部管理制度，确保数据的合法使用和管理。

（4）外部监管：加强对企业和组织的监管，制定相关法律法规，规范数据的使用和保护。

（5）加强技术研发：企业和组织应加强技术研发，采用更加先进的数据保护技术和手段，提高数据的安全性和保密性。

3．算法歧视

人工智能算法在决策过程中可能产生偏见和歧视，导致不公平的结果。例如，在招聘、信贷审批等领域，算法歧视可能导致某些人群受到不公正待遇。这种不公平的结果不仅涉及个人利益，还可能影响整个社会的公正和稳定。要解决人工智能算法歧视问题，需要采取一系列措施。

（1）应加强立法监管，建立完善的隐私保护法律法规，规范人工智能技术的数据采集和使用。

（2）应建立数据安全保护机制，确保数据的安全存储和传输。

（3）应加强用户隐私教育，提高用户对个人隐私的保护意识。

（4）应引入伦理审查机制，确保算法的公正性和透明度。在算法开发阶段，应充分考虑和避免歧

< 171 >

视与偏见的影响。

（5）应建立算法评估机制，对算法的公正性和透明度进行评估与监督。

（6）应赋予公众对算法决策的知情权和监督权，提高算法决策的透明度和可解释性。

4．责任归属

当人工智能系统引发问题或造成损失时，责任归属往往难以界定。是开发者的责任，还是使用者的责任？如何平衡各方的权益，确保公平公正？在人工智能系统的开发和运营过程中，应明确各方的权利和义务，确保责任的可追溯性和可追究性。各国应加强国际合作与交流，共同制定和推广人工智能责任的国际标准与规范。

人工智能的安全与伦理挑战是当前社会关注的热点问题之一。为了应对这些挑战，人们需要采取一系列措施，包括加强立法监管、引入伦理审查机制、提高透明度和可解释性、强化合作与沟通，以及倡导主流社会价值观等；同时，人们需深入研究和探索人工智能技术的本质和发展规律，以期更好地解决安全与伦理问题并推动人工智能技术的可持续发展。只有这样，才能确保人工智能技术的发展真正造福于人类，规避潜在的风险和危害。

习题 9

简答题

1. 简述人工智能的概念。
2. 人工智能的发展经历了哪几个阶段？
3. 人工智能的主要研究内容有哪些？
4. 简述人工智能的主要应用领域。
5. 人工智能面临哪些安全与伦理问题？

习题参考答案

< 172 >

第 **10** 章 人工智能技术

人工智能技术是一门涉及计算机科学、数学、统计学、心理学等多学科的综合技术，旨在让计算机模拟人类的智能行为，包括学习、推理、决策、语言理解、视觉感知等。人工智能技术主要基于数据驱动和算法模型，计算机通过传感器（或人工输入的方式）收集关于某个情景的数据，将其加工处理后与已存储的信息进行比较，以确定其含义，并利用加工处理后所得信息计算各种可能的动作，预测哪种动作的效果最好。本章对人工智能的核心技术，即机器学习、深度学习、计算机视觉、自然语言处理、自动语音识别等，进行简单介绍。有兴趣的读者若想进一步了解，可参阅相关书籍和论文。

【知识要点】
- 机器学习。
- 深度学习。
- 计算机视觉。
- 自然语言处理。
- 自动语音识别。

章首导读

10.1 机器学习

机器学习是人工智能的核心技术，其主要思想是让计算机通过一系列算法从大量的数据中自动学习模式和规律，并利用学习到的知识进行预测和决策。

10.1.1 机器学习的核心概念

机器学习的核心概念如下。

（1）数据：数据是机器学习的基础，数据的质量、数量和多样性对模型的性能有关键影响。例如，在图像识别中，数据集中需要包含不同场景、角度、光照条件的大量各类物体图像，这样模型才能学习到足够全面的特征，从而准确识别新的图像。

（2）模型：模型是机器学习算法基于数据构建的数学表示，类似于一个函数，能够根据输入数据进行预测或分类等操作。例如，线性回归模型通过对数据的学习确定线性方程的参数，以预测连续数值型的目标变量。

（3）训练：训练是指使用已知数据（训练数据）来调整模型的参数，使模型能够学习到数据中的模式和规律。例如，在训练一个语音识别模型时，需要使用大量标注好的语音片段及其对应的文字内容，模型在训练中不断调整自身参数，以提高对语音内容识别的准确性。

10.1.2 机器学习的基本原理

1. 数据收集与预处理

数据是机器学习的"原料"。假设收集到的数据集为 $D = \left\{ (\boldsymbol{x}_1, y_1), (\boldsymbol{x}_2, y_2), \cdots, (\boldsymbol{x}_n, y_n) \right\}$，其中 $\boldsymbol{x}_i$ 是特征向量，y_i 是对应的标签（在监督学习中）。实际收集的数据常包含噪声和缺失值，例如，在一个房价预测任务中，房屋面积、房龄等特征可能存在测量误差（噪声），某些房屋的装修情况等信息可能缺失。数据标准化是常见的预处理操作，对于特征 x'_j，常用的标准化公式为

$$x'_j = \frac{x_j - \mu_j}{\sigma_j}$$

其中，μ_j 是特征 x_j 的均值，σ_j 是特征 x_j 的标准差。经过标准化后，不同特征向量的数据处于同一尺度，更利于后续模型训练。

2. 模型选择与训练

机器学习需要根据任务类型和数据特点选择合适的模型。以线性回归模型为例，用于预测连续值的模型表达式为

$$\hat{y} = \omega_0 + \omega_1 x_1 + \omega_2 x_2 + \cdots + \omega_m x_m = \sum_{i=0}^{m} \omega_i x_i$$

这里，$\hat{y}$ 是预测值，ω_i 是模型参数，x_i 是特征值（$x_0=1$）。训练的目标是找到一组最优的参数，使模型预测值 $\hat{y}$ 与真实值 y 尽可能接近。衡量这种接近程度通常使用损失函数，在线性回归中常用均方误差损失函数：

$$L(\omega) = \frac{1}{n} \sum_{i=1}^{n} (y_i - \hat{y}_i)^2 = \frac{1}{n} \sum_{i=1}^{n} \left(y_i - \sum_{j=0}^{m} \omega_i x_{ij} \right)^2$$

其中，n 是样本数，x_{ij} 表示第 i 个样本的第 j 个特征值。

3. 优化算法

训练模型的核心是优化算法，常用的优化算法是梯度下降。梯度是损失函数对参数的偏导数组成的向量，对于参数 ω_k，其梯度为

$$\frac{\partial L(\omega)}{\partial \omega_k} = -\frac{2}{n} \sum_{i=1}^{n} (y_i - \hat{y}_i) x_{ik}$$

梯度下降通过不断迭代更新参数：

$$\omega_k = \omega_k - \alpha \frac{\partial L(\omega)}{\partial \omega_k}$$

其中，α 是学习率，用于控制每次参数更新的步长。

在训练过程中，为了防止模型过拟合，常采用交叉验证技术：将数据集 D 分成 k 份，每次用 k-1 份作为训练集，剩下 1 份作为验证集，循环 k 次，以综合评估模型在不同验证集上的性能。模型训练完成后，就可以用来对新数据进行预测或决策。通过不断学习和优化，机器学习模型在各个领域发挥重要作用，持续改变我们的生活和工作方式。

10.1.3 机器学习的主要类型

机器学习的主要类型如下。

（1）监督学习：训练数据带有明确的标注信息，模型通过学习输入数据与标注之间的关系对未标注数据进行预测。监督学习常见的应用包括垃圾邮件分类（标注为垃圾邮件或正常邮件）、信用风险评

< 174 >

估（标注为高风险、低风险等）等，算法有线性回归、逻辑回归、决策树、支持向量机、人工神经网络等。例如，银行根据客户的收入、信用记录、负债情况等特征（输入数据）以及违约记录（标注），训练信用风险评估模型，来预测新客户的违约可能性。

（2）无监督学习：训练数据没有预先给定的标注，模型需要自行发现数据的内在结构和模式。例如，电商平台通过用户的浏览、购买、收藏等行为数据（无标注），使用聚类算法将用户分成不同的群体，以便针对不同群体制订个性化的营销策略。无监督学习的常见算法有 K-means、主成分分析、奇异值分解等。

（3）半监督学习：介于监督学习和无监督学习之间，使用少量的标注数据和大量的未标注数据进行训练。例如，在医学影像分析中，可能只有少量的图像被专业医生标注了疾病类型，但有大量未标注的图像，半监督学习可以利用这些数据来提高模型的性能，使模型在标注资源有限的情况下，仍能学习到有用的特征和模式，以对新的医学图像进行疾病初步筛查。

（4）强化学习：模型通过与环境进行交互，根据环境反馈的奖励信号来学习最优的行为策略。例如，训练自动驾驶汽车模型时，模型根据当前的路况（环境）采取加速、减速、转弯等操作（行为），如果操作安全且高效（如顺利到达目的地且未发生碰撞等），模型就会得到奖励，通过不断尝试和优化，模型就能学习到在各种路况下的最佳驾驶策略。

10.1.4　机器学习的一般流程

机器学习的一般流程如下。

（1）问题定义：明确要解决的业务问题，确定目标变量和相关的特征变量。例如，在预测客户流失问题中，目标变量是客户是否流失，特征变量可能包括客户的消费金额、消费频率、最近一次消费时间、投诉次数等。

（2）数据收集与预处理：收集与问题相关的数据，并对数据进行清洗（处理缺失值、异常值等）、特征工程（提取、选择、变换特征）等操作。例如，在处理文本数据时，可能需要进行词法分析、去除停用词等预处理步骤，将文本转化为适合输入模型的特征向量形式。

（3）模型选择与训练：根据问题的类型和数据特点，选择合适的机器学习模型，并使用训练数据对模型进行训练，通过优化算法调整模型的参数，使模型在训练数据上的性能达到最优。例如，对于大规模的图像分类任务，可以选择深度卷积神经网络，并使用大量的图像数据进行训练，利用反向传播算法来更新网络的权重参数。

（4）模型评估与调优：使用测试数据评估模型的性能，根据评估指标（如准确率、召回率、F1 值、均方误差等）判断模型的好坏，如果模型性能不理想，则对模型进行调优，包括调整模型的超参数（如人工神经网络的层数、节点数、学习率等）、改进特征工程、增加数据量等操作，然后再次进行训练和评估，直到模型的性能达到要求。

（5）模型部署与应用：将训练好的模型部署到实际的生产环境中，与其他业务系统集成，用于对新的数据进行预测或决策，并持续监控模型的性能，根据实际情况进行更新和维护。例如，将一个训练好的疾病诊断模型部署到医院的信息系统中，医生输入患者的检查数据，模型输出疾病的诊断建议，辅助医生进行诊断决策。同时，系统定期收集新的病例数据以对模型进行更新和优化，进一步提高诊断的准确性。

10.1.5　机器学习的应用

机器学习主要应用在以下领域。

（1）图像识别：机器学习用于安防监控中的人脸识别、工业生产中的缺陷检测、医学影像诊断、

< 175 >

照片管理等。例如，手机相册的自动分类功能能够识别照片中的人物、风景、动物等，并进行相应的标签标注，方便用户查找和管理照片。

（2）自然语言处理：包括机器翻译、文本分类、情感分析等。例如，在线客服系统能够理解用户提出的问题，并根据问题的类型和内容快速给出准确的回答，提高客户服务效率和质量。

（3）推荐系统：电商平台、视频网站、音乐平台等根据用户的历史行为、偏好等为用户推荐商品、视频、音乐等，提升用户体验和平台的转化率。

（4）金融领域：机器学习用于股票市场预测、风险评估、欺诈检测等。例如，银行通过分析客户的交易行为模式，识别异常交易，防范信用卡欺诈和洗钱等非法活动，保障金融交易的安全。

10.2 深度学习

深度学习是一种基于对数据进行特征表示的机器学习方法，已成为人工智能领域中的一个重要分支。

10.2.1 深度学习的原理

深度学习通过构建具有很多层的人工神经网络模型，自动从大量的数据中学习复杂的模式和特征。这些人工神经网络受到人类大脑神经元结构的启发，由神经元组成的层相互连接而成，数据在这些层之间依次传递并被处理。

深度学习之所以能实现强大的功能，正是因为其构建了人工神经网络。简单来说，人工神经网络由大量的神经元相互连接构成，如同大脑中的神经元彼此协作。

深度学习中，人工神经网络通常包含输入层、隐藏层和输出层，每层有一个或多个神经元，如图 10.1 所示。

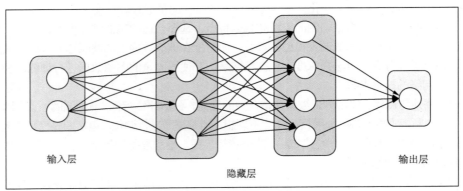

图 10.1 深度学习中的人工神经网络

假设输入数据为 $x_i(i=1,2,\cdots,n)$，输入层直接接收这些数据。当数据传递到隐藏层时，每一个隐藏层中的神经元会进行以下计算：

$$z = \sum_{i=1}^{n} \omega_i x_i - b$$

其中，ω_i 是权重，代表了神经元之间的连接强度，x_i 是输入数据，b 是偏置，n 是输入数据的个数。人工神经网络通过这个线性组合计算出 z 后，还会经过一个激活函数得到最终输出 $a = f(z)$。激活函数赋予了人工神经网络处理非线性问题的能力，常见的激活函数如 ReLU 函数：$f(x) = \max(0, x)$。

< 176 >

在处理图片时，前面的隐藏层可能通过这样的计算提取出简单的线条、边缘等特征，后面的隐藏层则能进一步提取出更复杂的形状、物体结构等特征。

经过隐藏层处理后，数据最终到达输出层。输出层通过类似的计算过程根据提取出的特征给出一个结果 $\hat{y}$。例如，在图像识别任务里，输出层会判断出图片中是猫还是狗。

在这个过程中，人工神经网络会不断地学习。它通过大量的数据进行训练，根据每次的输出结果 $\hat{y}$ 与真实结果 y 的差异，利用一种叫作反向传播的算法来调整神经元之间连接的权重。通常，损失函数被用来衡量这种差异，常见的均方误差损失函数为

$$L(y, \hat{y}) = \frac{1}{m} \sum_{i=1}^{m} (y_i - \hat{y}_i)^2$$

其中，m 是样本数。反向传播算法基于梯度下降，通过计算损失函数对权重 ω 和偏置 b 的梯度，朝着梯度的反方向更新权重和偏置，使损失函数的值不断减小，即

$$\omega = \omega - \alpha \frac{\partial L}{\partial \omega} \qquad\qquad b = b - \alpha \frac{\partial L}{\partial b}$$

其中，α 是学习率，用于控制每次更新的步长。通过重复这个过程，模型让输出结果越来越接近真实值，从而不断提升自身的准确性和能力。

10.2.2 神经网络架构类型

神经网络架构类型如下。

（1）多层感知机（Multilayer Perceptron，MLP）：基本的神经网络架构之一，由输入层、一个或多个隐藏层和输出层组成，每个神经元与下一层的神经元全连接，并且通过激活函数来引入非线性特征。例如，在一个简单的图像分类任务中，输入层接收图像的像素值，隐藏层的神经元对这些像素的组合特征进行学习，输出层输出图像所属的类别概率。

（2）卷积神经网络（CNN）：主要用于处理具有网格结构的数据，如图像和音频，包含卷积层、池化层和全连接层。卷积层通过卷积核在图像上滑动提取局部特征，例如，在识别一张猫的图片时，卷积核可以提取猫的眼睛、耳朵等局部特征。池化层用于减少数据的维度，同时保留重要的特征信息，常用的方法有最大池化和平均池化。全连接层用于对提取的特征进行整合分类。

（3）循环神经网络（RNN）：主要用于处理序列数据，如文本、语音等。它的特点是神经元之间有循环连接，能够对序列中的历史信息进行记忆和利用。例如，在机器翻译任务中，RNN 可以根据前面已经翻译的单词来更好地翻译后面的单词。然而，传统 RNN 存在梯度消失或梯度爆炸的问题，为了解决这些问题，RNN 衍生出了 LSTM 网络和门控循环单元（Gated Recurrent Unit，GRU）。LSTM 网络通过引入门控机制来控制信息的传递和遗忘，能够更好地处理长序列数据。

10.2.3 深度学习的训练过程

深度学习的训练过程如下。

（1）数据准备：收集和整理大量的标注数据或无标注数据（在无监督学习的情况下）。数据的质量和数量对深度学习模型的性能有很大的影响。例如，在训练一个情感分析的深度学习模型时，需要收集大量带有情感标签（如正面、负面或中性）的文本评论。

（2）损失函数选择：选择用于衡量模型预测结果与真实结果之间差异的损失函数。常见的均方误差损失函数用于回归任务，交叉熵损失（Cross-Entropy Loss）函数用于分类任务。

（3）优化算法：为了最小化损失函数，需要使用优化算法来更新模型的参数。常用的优化算法有随机梯度下降、Adagrad、Adadelta、Adam 等。以 Adam 算法为例，它结合了动量法和自适应学习率

< 177 >

的思想，能够更快、更稳定地使模型收敛。在训练过程中，模型根据每次输入的数据计算预测值，通过损失函数计算损失，再使用优化算法根据损失来更新模型的参数，这个过程不断重复，直到模型收敛。

10.2.4 深度学习的应用

深度学习主要应用在以下领域。

（1）计算机视觉：包括图像分类（如识别照片中的物体是汽车、人还是动物）、目标检测（检测图像中特定物体的位置和类别，如在交通场景中检测车辆和行人）、语义分割（将图像中的每个像素分到不同的类别，如区分出天空、道路、建筑物等）等任务。

（2）自然语言处理：机器翻译，如将英文翻译成中文；情感分析，如判断文本中的情感倾向是积极、消极还是中性；文本生成，如自动生成新闻报道、故事等。

（3）语音识别：把语音信号转换为文本，应用在语音助手（如 Siri、小爱同学等）中，让用户可以通过语音指令来操作设备。

10.3 计算机视觉

计算机视觉是一门研究如何使机器"看"的技术，旨在让计算机理解和解释视觉信息，从图像或视频中提取有意义的特征，如识别物体、理解场景、检测运动等。这一技术的兴起得益于多个领域的进步，包括数学（如几何、统计学）、物理学（光学原理）、计算机科学（算法设计和数据结构）以及神经科学（人类视觉系统的启发）。

10.3.1 计算机视觉的基本技术和概念

1. 图像预处理

图像分析中，图像质量的好坏直接影响算法的设计与效果的精度，因此在图像分析（特征提取、分割、匹配和识别等）前，需要进行图像预处理。其目的是消除图像中无关的信息，修复有用的真实信息，增强有关信息的可检测性，最大限度地简化数据，从而改进特征提取、分割、匹配和识别的可靠性。

（1）灰度化：在 RGB 模型中，如果 $R=G=B$，则图像呈现一种灰度颜色，其中 $R=G=B$ 的值叫灰度值，因此，灰度图像每个像素只需 1 字节存放灰度值（又称强度值、亮度值），灰度范围为 0～255。将彩色图像转换为灰度图像，可减小数据量和计算复杂度。例如，在简单的文字识别任务中，颜色信息可能是多余的，灰度化后的图像并不影响后续处理。一般可采用分量法、最大值法、平均值法和加权平均法 4 种方法对彩色图像进行灰度化。例如，对彩色图像中的 3 个分量求平均值得到一个灰度值，计算公式如下：

$$f(i,j) = \left(R(i,j) + G(i,j) + B(i,j)\right)/3$$

（2）滤波：用于去除图像中的噪声，常见的滤波器有均值滤波器、中值滤波器和高斯滤波器。均值滤波器是用邻域内像素的平均值替换中心像素，适用于椒盐噪声；中值滤波器是用邻域内像素的中值替换中心像素，对椒盐噪声和脉冲噪声有很好的抑制作用；高斯滤波器则是基于高斯函数对像素进行加权平均，对于高斯噪声有较好的效果。

（3）直方图均衡化：用于提高图像的对比度。它通过重新分配图像的像素值，使图像的直方图更加均匀，从而使图像中的细节更加清晰。例如，在低光照条件下拍摄的图像经过直方图均衡化后，暗

< 178 >

部细节可以得到更好的显示。

2．特征提取

特征提取是指使用计算机提取图像中属于特征的信息，是通过影像分析对某一模式的组测量值进行变换，以突出该模式具有代表性的特征的一种方法。特征提取的方法主要有边缘检测、角点检测和纹理特征提取。

（1）边缘检测：边缘是图像中强度变化剧烈的地方，代表了物体的轮廓。常用的边缘检测算法有 Sobel 算子、Canny 算子等。Sobel 算子通过计算水平和垂直方向的梯度来检测边缘，Canny 算子则在 Sobel 算子的基础上增加了非极大值抑制和双阈值处理，能够更精确地检测边缘并减少噪声的影响。

（2）角点检测：角点是图像中两个边缘的交点，具有重要的特征信息。例如，在图像配准和物体识别中，角点可以作为稳定的特征点。Harris 角点检测算法是一种常用的角点检测方法，它基于图像的自相关函数，通过计算矩阵的特征值来判断像素是否为角点。

（3）纹理特征提取：纹理是图像中重复出现的局部模式，如布料的纹理、木纹等。灰度共生矩阵可以用于提取纹理特征，它统计图像中不同方向和距离的像素对的灰度组合情况，通过计算对比度、相关性、能量等参数来描述纹理特征。

3．图像分割

图像分割是指根据灰度、彩色、空间纹理、几何形状等特征把图像划分成若干个互不相交的区域，使这些特征在同一区域内表现出一致性或相似性，而在不同区域间表现出明显的不同。它是计算机视觉的基础，是图像理解的重要组成部分。图像分割的方法主要有阈值分割、基于区域的分割和基于图论的分割等。

（1）阈值分割：基本思想是基于图像的灰度特征来计算一个或多个阈值，并将图像中每个像素的灰度值与阈值做比较，最后将像素根据比较结果分到合适的类别中。阈值分割是一种简单而有效的图像分割方法。例如，对于前景和背景灰度差异较大的图像，可以通过选择一个合适的阈值，将灰度值大于阈值的部分划分为前景，小于阈值的部分划分为背景。因此，该方法最为关键的一步就是用某个准则函数来求最佳灰度阈值。

（2）基于区域的分割：以直接寻找区域为基础的分割技术。基于区域的分割有两种基本形式：一种是区域生长，从单个像素出发，逐步合并以形成所需要的分割区域；另一种是区域分裂，从全局出发，逐步切割至所需的分割区域。生长：从种子像素开始，将与其具有相似特征（如灰度、纹理等）的邻域像素不断合并，直到不能再合并。区域生长在医学图像分割（如肿瘤分割）等领域有应用，需要选择合适的种子像素和生长规则。区域分裂可以说是区域生长的逆过程，从整幅图像出发，不断分裂得到各个子区域，再把前景区域合并，得到需要的前景目标，进而实现目标的提取。

（3）基于图论的分割：将图像表示为一个图，像素为节点，像素之间的相似性为边的权重，通过最小化分割后的图的某个代价函数来实现图像分割。例如，最小割/最大流算法可以将图像分割为不同的区域。

10.3.2　基于深度学习的计算机视觉

图像分类、目标检测和语义分割是深度学习在计算机视觉领域的 3 个核心任务，它们分别解决了"是什么""在哪里"和"具体边界在哪里"的问题。随着深度学习技术的不断进步，其模型的强大特征提取能力给计算机视觉领域带来了革命性的变化，计算机视觉在图像和视频的理解上展现出了前所未有的能力，尤其在图像分类、目标检测和语义分割这 3 个核心任务上取得了显著的成就。

1．图像分类

图像分类是深度学习中的基础任务，它的目的是将图像分配到预先定义的类别中。图像分类的

< 179 >

任务相对简单，只需要识别出图像的主要内容，不需要知道物体的具体位置。CNN 是计算机视觉领域的核心深度学习技术，通过多个卷积层和池化层来提取图像的特征，并通过全连接层来进行分类。卷积层可以自动提取图像的特征，例如，在人脸识别中，CNN 可以提取人脸的五官特征、轮廓特征等。池化层可以减少数据的维度，同时保留重要的特征信息。常见的 CNN 架构有 LeNet、AlexNet、VGG、ResNet 等。ResNet 通过引入残差连接，解决了深度神经网络训练困难的问题。在图像分类时为了让模型具有更好的泛化能力，通常需要对训练数据进行各种变换，如旋转、缩放、裁剪等。当遇到数据量不足的情况时，可以通过迁移学习的方式使用预训练模型，迁移已有的知识以提高模型性能。

2．目标检测

目标检测旨在检测图像中特定物体的位置和类别，常用的方法有两阶段检测方法和单阶段检测方法。两阶段检测方法以 R-CNN 系列（如 Fast R-CNN、Faster R-CNN）为代表，先通过区域提议网络（Region Proposal Network，RPN）生成可能的物体区域，再对这些区域进行分类和位置精修。单阶段检测方法（如 YOLO、SSD）则直接在图像上预测物体的类别和位置，具有更快的检测速度，适用于实时性要求高的应用场景。

3．语义分割

语义分割是将图像中的每个像素分到不同的语义类别，如将一幅城市街道图像中的每个像素分为道路、建筑物、汽车、行人等类别。全卷积网络是语义分割的经典模型，它将传统 CNN 中的全连接层转换为卷积层，实现了端到端的像素级分类。其后的一些模型（如 U-Net，其在医学图像分割领域应用广泛）通过改进网络结构，进一步提高了语义分割的性能。

10.3.3　计算机视觉的应用

计算机视觉主要应用在以下领域。

（1）安防监控：计算机视觉技术可以实现视频监控中的目标检测、行为分析等功能。例如，在机场、银行等场所，安防人员通过监控摄像头可以检测可疑人员和异常行为，保障公共安全。

（2）自动驾驶：自动驾驶汽车需要利用计算机视觉技术来感知周围环境，包括识别交通标识、车道线，检测其他车辆、行人、障碍物等。这些信息对于自动驾驶汽车的决策系统至关重要，特斯拉、百度 Apollo 等自动驾驶系统都大量运用了计算机视觉技术。

（3）工业检测：在制造业中，计算机视觉用于产品质量检测。例如，通过计算机视觉技术检查电子元件的外观是否有缺陷，如芯片的引脚是否弯曲、电路板上的焊点是否合格等，以提高生产效率和产品质量。

（4）医疗诊断：计算机视觉技术可帮助医生对医学影像进行分析，如检测肿瘤、血管病变等，辅助医生进行诊断和治疗方案的制订，降低误诊率。

10.4　自然语言处理

自然语言处理（Natural Language Processing，NLP）是计算机科学领域与人工智能领域的一个重要研究方向，旨在让计算机能够理解、生成和处理人类语言。它是一门融合了计算机科学、语言学、数学等多学科知识的技术，它的出现填补了人类自然语言和计算机能够处理的形式语言之间的鸿沟，使计算机能够像人类一样理解和运用自然语言，包括文本、语音等形式。

< 180 >

10.4.1　自然语言处理的基本技术和概念

1．词法分析

（1）分词：将连续的文本按照一定的规则切分成一个个单词或词语。例如，中文句子"我爱自然语言处理技术"分词后得到"我""爱""自然语言处理""技术"。常见的中文分词工具有 jieba，英文分词则相对简单，一般以空格等分隔符来分词即可。

（2）词性标注：确定每个词的词性，如名词、动词、形容词等。例如，在句子"The dog runs quickly"中，"The"是冠词，"dog"是名词，"runs"是动词，"quickly"是副词。词性标注可以帮助计算机更好地理解句子的语法结构。

（3）命名实体识别：识别文本中的命名实体，如人名、地名、组织机构名等。例如，在新闻标题"苹果公司发布了新款 iPhone"中，计算机应能够识别出"苹果公司"是组织机构名，"iPhone"是产品名。

2．句法分析

（1）短语结构分析：分析句子中短语的构成和层次关系。例如，在句子"美丽的花朵在花园里盛开"中，"美丽的花朵"是一个名词短语，"在花园里"是一个介词短语，通过分析可以构建出这些短语之间的层次结构，帮助理解句子的语法规则。

（2）依存句法分析：确定句子中单词之间的依存关系，如主谓关系、动宾关系等。例如，在句子"我喜欢读书"中，"我"是"喜欢"的主语，"读书"是"喜欢"的宾语，通过依存句法分析可以清晰地展现这种关系。

3．语义分析

（1）词义消歧：一个词可能有多种意思，需要根据上下文确定其具体含义。例如，"bank"这个词，可能是"银行"的意思，也可能是"河岸"的意思，在句子"I went to the bank to deposit money"中，通过上下文可以确定"bank"是"银行"的意思。

（2）语义角色标注：确定句子中每个语义角色，如施事者、受事者、工具等。例如，在句子"小明用铅笔写字"中，"小明"是施事者，"铅笔"是工具，"字"是受事者。语义角色标注有助于理解句子的语义内容。

4．文本表示

（1）词袋模型（Bag-of-Words model）：将文本看作单词的集合，忽略单词的顺序和语法结构。例如，对于一篇文档，可以统计每个单词出现的频率，将文档表示为一个向量，向量的维度是词汇表的大小。这种模型简单直观，但丢失了文本的顺序信息。

（2）词向量：一种分布式表示方法，将单词映射到低维向量空间，这些向量能够捕捉单词之间的语义关系。例如，"国王" – "男人" + "女人" ≈ "女王"。通过这种方式可以更好地表示文本的语义信息。

（3）文档向量：在词向量的基础上，将文档也表示为一个向量，使文档之间也能够进行语义比较。例如，在信息检索中，可以根据文档向量来计算文档之间的相似度，找到与用户查询信息最相关的文档。

10.4.2　基于深度学习的自然语言处理

1．RNN 及其变体

RNN 用于处理序列数据，自然语言是一种典型的序列数据。但是传统 RNN 存在梯度消失和梯度爆炸的问题，LSTM 网络和 GRU 作为 RNN 的变体解决了这些问题。例如，在机器翻译任务中，LSTM 网络可以根据输入句子的先后顺序，一个词一个词地处理，并且能够记住前面已经处理过的词的信息，

< 181 >

从而更好地翻译整个句子。

2．Transformer 模型

Transformer 是一种基于自注意力机制的深度学习模型，在自然语言处理中取得了巨大的成功。例如，BERT 模型在大规模文本语料上进行无监督学习获得丰富的语言知识，之后在各种自然语言处理任务上进行微调，如情感分析、问答系统、文本生成等。

10.4.3　自然语言处理的应用

自然语言处理主要应用在以下领域。

（1）机器翻译：将一种语言的文本转换为另一种语言。通过自然语言处理技术，谷歌翻译、百度翻译等能够实现较为准确的语言转换，提高跨语言交流的效率。

（2）情感分析：判断文本中的情感倾向，用于社交媒体监测、产品评论分析等。例如，企业可以通过情感分析了解消费者对产品的态度。

（3）问答系统：回答用户提出的问题，如智能客服系统、知识问答平台等。通过对问题和知识库中的文本进行自然语言处理，系统找到最匹配的答案并提供给用户。

（4）文本生成：自动生成新闻报道、故事、诗歌等。例如，一些新闻机构利用自然语言处理技术快速生成新闻初稿。

10.5　自动语音识别

自动语音识别（Automatic Speech Recognition，ASR）是一种将人类语音转换为计算机可理解的文本的技术，简单来说，就是让机器听懂我们在说什么。"能听会说"是人类对智能机器长久以来的期盼，自动语音识别涉及面很广，它与声学、语音学、语言学、信息理论、模式识别理论以及神经生物学等都有非常密切的关系。自动语音识别技术正逐步成为计算机信息处理的关键技术。

10.5.1　自动语音识别系统的结构与语音识别任务分类

1．ASR 系统的结构

ASR 系统主要包括语音信号的采样和预处理部分、特征提取部分、语音识别核心部分以及语音识别后的处理部分。ASR 系统的基本结构如图 10.2 所示。

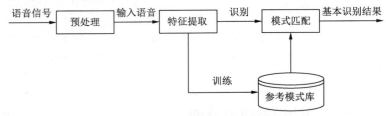

图 10.2　ASR 系统的基本结构

语音识别的过程是一个模式识别和匹配的过程。在这个过程中，首先要根据人的语音特点建立语音模型，对输入的语音信号进行分析，并抽取所需的特征，在此基础上建立语音识别所需的模式；然后在识别过程中将输入的语音信号的特征与已经存在的语音模式进行比较，根据一定的搜索和匹配策略，找出与输入的语音最匹配的模式；最后，根据此模式的定义，通过查表就可以获得识别结果。

< 182 >

2．语音识别任务分类

根据识别的对象不同，语音识别任务大体可分为 3 类，即孤立词识别、连续语音识别和关键词识别。

孤立词识别是识别事先已知的孤立的词，如"开灯""关灯"等；连续语音识别则是识别任意连续语音，如一个句子或一段话；关键词识别针对的也是连续语音，但它只是检测已知的若干关键词在何处出现，如在一段话中识别"人工智能""机器人"这两个词。

10.5.2　自动语音识别系统的基本原理

ASR 系统的基本原理如图 10.3 所示，下面着重对其中的信号处理、特征提取、声学模型、语言模型进行介绍。

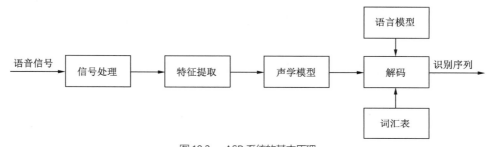

图 10.3　ASR 系统的基本原理

1．信号处理

（1）语音信号采集：通过话筒等设备将语音信号转换为电信号，这是语音识别的第一步。语音信号是一种模拟信号，它包含语音的频率、幅度等信息。例如，在手机语音助手应用中，手机话筒采集用户说话的声音，将其转换为电信号以备后续处理。

（2）预加重：语音信号的高频部分能量较低，为了提高高频部分的分辨率，ASR 系统会对语音信号进行预加重处理。ASR 系统通常采用一阶高通滤波器来提升高频部分，强化语音信号的高频细节，如区分不同的摩擦音等。

（3）分帧和加窗：语音信号是非平稳信号，但在短时间内可以看作平稳的。ASR 系统将语音信号分割成多个短帧，一般每帧长度为 20ms～40ms。为了减少帧与帧之间的信号突变，ASR 系统还会对每一帧进行加窗处理，常用的窗函数有汉明窗、海宁窗等。

2．特征提取

（1）梅尔频率倒谱系数：语音识别中常用的特征提取方法之一，基于人耳对不同频率声音的感知特性，将语音信号的频谱转换到梅尔频率尺度上，再通过离散余弦变换得到倒谱系数。梅尔频率倒谱系数能够有效地提取语音的声学特征，如区分不同的元音和辅音，对语音的音色、音调等信息进行特征表示。

（2）线性预测编码：通过对语音信号的线性预测来提取特征的方法。它假设语音信号是由一个全极点滤波器产生的，通过估计滤波器的系数来表示语音信号的特征。这些系数可以反映语音信号的共振峰等重要信息，有助于识别不同的语音音素。

3．声学模型

（1）隐马尔可夫模型：传统的语音识别系统中，隐马尔可夫模型是一种常用的声学模型。它基于马尔可夫链，假设语音信号是由一系列隐藏的状态（如音素状态）生成的，并且观察到的语音特征序列是这些隐藏状态的概率输出。通过训练隐马尔可夫模型，可以得到状态转移概率和观察概率，用于

< 183 >

识别语音信号对应的音素序列。

（2）深度神经网络（Deep Neural Network，DNN）及其变体：近年来，DNN在语音识别中得到了广泛应用，如RNN及其改进版本LSTM网络和GRU。它们能够更好地处理语音这种序列数据，捕捉语音信号中的时间序列信息，如前后语音单元之间的依赖关系。CNN也可以用于提取语音信号中的局部特征，将其与RNN等结合，可进一步提高声学模型的性能。

4．语言模型

（1）N元语法（N-gram）模型：这是一种简单而有效的语言模型，如二元语法模型可计算一个单词出现后下一个单词出现的概率，即$P(w_2|w_1)$。通过统计大量文本中的单词序列出现的频率，可构建概率模型，用于对语音识别结果进行约束和校正，使识别出的文本更符合自然语言的语法和习惯。

（2）基于神经网络的语言模型：基于乘积的神经网络（Product-based Neural Network，PNN）模型和Transformer模型等。这些模型通过在大规模文本语料上学习单词之间的语义和语法关系，能够生成更自然、更符合语言逻辑的文本，提高语音识别的准确性，特别是在处理复杂句子结构和语义理解方面具有优势。

10.5.3 自动语音识别的工作过程

一般来说，ASR的工作过程分为7步。

（1）对语音信号进行分析和预处理，除去冗余信息。

（2）提取影响语音识别的关键信息和表达语义的特征信息。

（3）紧扣特征信息，用最小单元识别字词。

（4）按照不同语言的语法，按照先后次序分别识别字词。

（5）把前后语义当作辅助识别条件，进行分析和识别。

（6）按照语义分析给关键信息划分段落，取出识别出的字词并连接起来，同时根据语句意思调整句子构成。

（7）结合语义，仔细分析上下文的联系，对当前正在处理的语句进行适当修正。

10.5.4 自动语音识别的应用

一个典型的ASR应用的例子是微信的语音识别。用户长按一段语音后选择"转文字"，即可将该段语音转换成文字；在输入软键盘中按住空格键说话，微信会对用户语音进行实时识别。随着智能手环、智能眼镜、智能家电等新型智能设备的普及，键盘、鼠标、触摸屏等传统交互方式已无法满足人们的需求，基于语音的人机交互变得越来越重要。语音识别已经被广泛应用在搜索、操控、导航、休闲娱乐等各种场景中。下面列举ASR的常见应用。

（1）语音助手：苹果的Siri、百度的小度等。用户可以通过语音指令来查询信息（如天气、新闻）、控制智能设备（如开灯、调温）、播放音乐等。语音助手利用ASR技术将用户的语音指令转换为文本，再利用自然语言处理和其他相关技术来执行相应的任务。

（2）语音输入法：在移动设备和计算机上，语音输入法允许用户通过说话来输入文字。这对于不方便手动输入文字的场景（如开车、手上有东西等）非常有用。ASR技术能够快速准确地将用户的语音转换为文字，提高输入效率。

（3）智能客服系统：企业使用ASR技术将客户的咨询电话语音转换为文本，再利用自然语言处理技术自动回答客户的问题或者将文本转交给人工客服。这不仅提高了客户服务效率，还能降低成本。

（4）语音翻译：结合ASR和机器翻译技术，可实现语音到语音的翻译。例如，在跨国会议或旅

< 184 >

游场景中，用户可以使用语音翻译设备将一种语言的语音实时转换为另一种语言的语音，方便跨语言交流。

习题10

简答题

1. 什么是机器学习？其核心要素是什么？
2. 机器学习有哪些类型？
3. 机器学习的一般流程是什么？
4. 机器学习的主要应用领域有哪些？
5. 什么是深度学习？
6. 深度学习中神经网络的主要架构类型有哪些？
7. 深度学习的训练过程包括哪些主要步骤？
8. 什么是计算机视觉？
9. 计算机视觉的基本技术有哪些？
10. 计算机视觉的主要应用领域有哪些？
11. 什么是自然语言处理？
12. 自然语言处理的基本技术有哪些？
13. 自然语言处理的主要应用领域有哪些？
14. 什么是自动语音识别？自动语音识别系统有哪几类？
15. 简述自动语音识别的基本原理。
16. 语音识别的主要应用领域有哪些？

< 185 >

第 11 章　大语言模型与 AIGC

大语言模型（Large Language Model，LLM）与人工智能生成内容（Artificial Intelligence Generated Content，AIGC）是人工智能领域的重要概念和研究热点。LLM 是具有大量参数的深度学习模型，专门用于处理和生成自然语言；AIGC 是利用人工智能技术自动生成内容的新型生产方式，涵盖文本、图像、音乐等。本章对 LLM、AIGC、提示词工程等进行简单介绍。有兴趣的读者若想进一步了解，可参阅相关书籍和论文。

【知识要点】

- LLM。
- AIGC。
- 提示词工程。

章首导读

11.1　大语言模型

2022 年 11 月，OpenAI 公司发布了聊天机器人 ChatGPT，迅速引发了全球范围内的热议与追捧。ChatGPT 上线仅 5 天，注册用户便突破了百万大关。ChatGPT 的成功不仅展示了 LLM 的强大能力，也标志着人类正式迈入全新的人工智能时代。LLM 是使用大规模数据和强大的计算能力训练出来的"大参数"模型，通常拥有数十亿甚至上千亿个参数。LLM 通过用海量未标注文本进行预训练，掌握了丰富的语言知识和语义信息，具备强大的语言理解和生成能力，具有高度的通用性和泛化能力，是自然语言处理领域的前沿技术，也是近年来热门的人工智能细分领域，被视为实现通用人工智能的重要研究方向，以及引领新一代产业变革的核心力量之一。

11.1.1　大语言模型的分类

LLM 发展迅速、种类繁多，不同类型的 LLM 适合不同的应用场景，其功能和实现也各不相同。LLM 的分类有多个维度，通常可按应用领域、模型架构和功能类型进行划分。

1．按应用领域分类

LLM 按应用领域可分为通用型大模型、垂直型大模型和多模态大模型。

（1）通用型大模型：也称基础大模型，如 GPT 系列、PaLM；适用于多种任务，具备跨领域的语言理解与生成能力。

（2）垂直型大模型：针对特定领域（如医疗、金融、法律），如医疗大模型、金融大模型等。

（3）多模态大模型：融合文本、图像、语音等多种输入形式，如 DeepSeek 的多模态版本。

2．按模型架构分类

LLM 按模型架构可分为密集模型、稀疏模型和检索增强生成模型。

（1）密集模型：全连接参数结构，如 GPT-3、BERT。

（2）稀疏模型：混合专家模型就是一种稀疏模型，通过动态激活部分参数提升效率，如 DeepSeek、Kimi。

（3）检索增强生成模型：结合检索与生成模块，提升知识准确性与实时性，如 ChatPDF 系统。

3．按功能类型分类

LLM 按功能类型可分为生成型模型、理解型模型和推理型模型。

（1）生成型模型：以文本生成为核心，如 GPT、PaLM。

（2）理解型模型：侧重语义分析与分类，如 BERT。

（3）推理型模型：具备复杂逻辑推理能力，如 DeepSeek 的长思维链优化。

11.1.2 大语言模型的基本原理

LLM 的基本原理主要涉及数据收集与处理、基于 Transformer 架构的深度学习、预训练与微调、预测生成等方面，以下是具体介绍。

1．数据收集与处理

从各种渠道收集海量的文本数据，数据源涵盖书籍、网站、社交媒体等，尽可能覆盖丰富的语言场景和知识领域。收集到的数据中存在大量噪声和无用信息，需要进行处理，如过滤掉广告、格式标签等，仅保留有价值的文本数据，提升数据质量，为后续学习提供良好基础。

2．基于 Transformer 架构的深度学习

Transformer 模型是一种用于处理语言数据的神经网络模型，非常适合用于文本翻译、文本生成和理解等任务。它是在 2017 年由谷歌公司提出的，已经成为自然语言处理（NLP）领域的主流模型。其基本原理是从文本的上下文中找到需要注意的关键信息，帮助模型理解每个字的正确含义。图 11.1 所示为文本翻译 Transformer 架构的简单表示形式，它包括编码器（Encoder）和解码器（Decoder）两个核心组件。

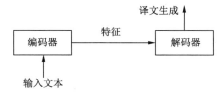

图 11.1　文本翻译 Transformer 架构的简单表示形式

（1）编码器：由多层自注意力机制和前馈神经网络组成，负责提取输入文本的深层语义特征。

（2）解码器：生成目标文本，通过自注意力机制和编码-解码注意力机制，实现高质量的译文生成。

编码器和解码器组件既可以单独使用又可以组合使用，具体取决于任务的类型。

① Encoder-only 模型：适用于需要理解输入内容的任务，如句子分类和命名实体识别。

② Decoder-only 模型：适用于生成任务，如文本生成。

③ Encoder-Decoder 模型：适用于需要根据输入内容进行生成的任务，如翻译或摘要。

图 11.2 所示为 Transformer 架构的完整表示形式。

< 187 >

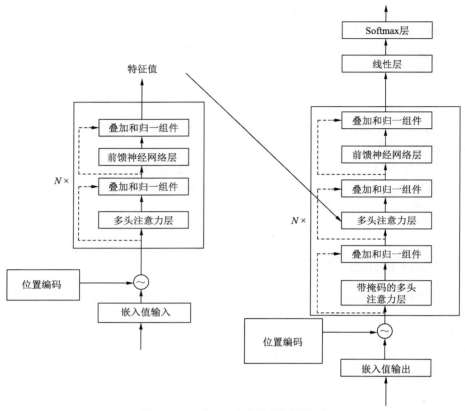

图 11.2　Transformer 架构的完整表示形式

Transformer 架构的基本原理如下。

（1）注意力机制：Transformer 架构的核心，包括自注意力（Self-Attention）机制和多头注意力（Multi-Head Attention）机制。

① 自注意力机制：一种特殊注意力机制，允许模型在处理每个词时关注序列中所有其他词的重要性，从而捕捉全局信息。它通过计算序列中每个词与其他词的相似度生成加权表示。

例如，对输入序列 $X = [x_1, x_2, \cdots, x_n]$ 进行线性变换得到 Q、K 和 V。Q、K、V 分别为查询（Query）、键（Key）、值（Value）的矩阵。以句子"我喜欢苹果"中的单词"苹果"为例，它作为输入序列中的第二个元素 x_2，经过权重矩阵 W^Q、W^K、W^V 线性变换，计算得到对应的 q_2、k_2、v_2。

计算注意力权重：计算 Q 和 K 的点积可得到注意力权重，再进行 Softmax 归一化处理。公式为

$$\text{Attention}(Q, K, V) = \text{Softmax}\left(\frac{QK^{\mathrm{T}}}{\sqrt{d_k}}\right)V$$

其中，Softmax()函数将一个数值向量转换为表示各个类别概率的概率分布向量，主要用于将模型的输出转换为可以解释为概率的形式，从而方便进行分类决策。在神经网络中，通常将最后一层的输出通过 Softmax()函数转换为各个类别的预测概率；d_k 是 Key 的维度。例如，在句子"我喜欢苹果"中，"喜欢"与"苹果"的注意力权重计算就使用上述公式。

② 多头注意力机制：通过并行多个注意力头（注意力头是指多头注意力机制中的基本单元，每个头独立计算一组注意力权重，有独立的权重矩阵 W_i^Q、W_i^K、W_i^V，将输入的 Q、K、V 投影到不同的子空间，用于从输入序列中提取特定类型的特征或关系），捕捉不同子空间的特征，增强模型的表达能力，并将多个头的输出拼接在一起。其计算公式为

< 188 >

$$\text{MultiHead}\left(\boldsymbol{Q}, \boldsymbol{K}, \boldsymbol{V}\right) = \text{Concat}\left(\text{head}_1, \cdots, \text{head}_i\right)\boldsymbol{W}^{\text{O}}$$

其中

$$\text{head}_i = \text{Attention}\left(\boldsymbol{QW}_i^{\text{Q}}, \boldsymbol{KW}_i^{\text{K}}, \boldsymbol{VW}_i^{\text{V}}\right)$$

$\boldsymbol{W}^{\text{O}}$ 是拼接后的线性变换权重矩阵，Attention 是缩放点积注意力。

例如，翻译"我喜欢苹果"时，有两个注意力头。头 1 关注"语法结构"，学习到"我→喜欢"的主谓关系，或"喜欢→苹果"的动宾关系；头 2 关注"语义消歧"，区分"苹果"是水果还是公司（结合上下文）。最终拼接两个头的输出并融合，同时保留语法和语义信息。

（2）前馈神经（Feed-Forward Neural，FFN）网络：在每个注意力层之后，进行非线性变换，提升模型的非线性表示能力。前馈神经网络公式为

$$\text{FFN}\left(x\right) = \max\left(0, x\boldsymbol{W}_1 + \boldsymbol{b}_1\right)\boldsymbol{W}_2 + \boldsymbol{b}_2$$

其中，$\boldsymbol{W}_1$ 和 $\boldsymbol{W}_2$ 是权重矩阵，$\boldsymbol{b}_1$ 和 $\boldsymbol{b}_2$ 是偏置向量。

（3）编码器和解码器：编码器由多个相同的层堆叠（图 11.2 所示为二层），每层含多头注意力和前馈神经网络；解码器与之类似，还多了与编码器输出交互的机制。在机器翻译中，编码器对"我喜欢苹果"进行编码，解码器根据编码生成英文译文。

（4）位置编码（Positional Encoding）：通过添加位置信息，帮助模型理解词语在序列中的顺序。

（5）输入嵌入（Input Embedding）：将原始文本转换为向量表示，通过词嵌入（Word Embedding）和位置编码实现。

3．预训练与微调

预训练与微调的结合使 LLM 既具备强大的通用性，又能够在具体任务上表现出色。LLM 可通过微调适应不同的应用场景，从而实现多样化的自然语言处理功能。

（1）预训练：在大规模未标注文本上进行训练，学习语言的基本模式和结构。常见的预训练任务：语言模型任务，预测句子中的下一个词；掩码语言模型任务，通过掩盖部分词语，训练模型预测被掩盖的词。以 BERT 模型为例，在预训练阶段，它会从大量的文本中随机选择一些句子，对其中的部分单词进行掩码处理。例如，对于句子"小明正在[MASK]篮球"，模型需要根据上下文"小明是个篮球爱好者，经常参加各种篮球活动"等信息来预测被掩码的单词可能是"打"。通过这样大量的任务训练，模型能够学习到语言的内在规律和语义关系。以掩码语言模型任务为例，模型预测被掩码单词，训练目标是最大化预测正确单词的对数似然。公式为

$$L = -\sum_{i=1}^{n}\ln\left(P\left(\omega_i \mid \omega_{<i}\right)\right)$$

其中，ω_i 是第 i 个单词，$P\left(\omega_i \mid \omega_{<i}\right)$ 是根据先前的单词预测 ω_i 的概率。例如，对于句子"我[MASK]苹果"，模型根据上下文预测"喜欢"。

（2）微调：在预训练的基础上，使用下游任务的少量标注数据，通过监督学习优化模型在该任务上的性能，通常只需要调整顶层分类器或解码器，并以较小的学习率更新全部或部分模型参数，使模型能够更好地适应特定任务的需求，如情感分析、文本分类等。常见的微调任务包括文本分类、命名实体识别、机器翻译、问答系统。例如，要将预训练好的 BERT 模型应用于情感分析任务，如判断影评"这部电影真的太棒了，剧情紧凑，演员演技也很出色"的情感倾向，就可以使用少量已经标注好情感倾向（正面、负面或中性）的影评数据对模型进行微调。以情感分析为例，采用交叉熵损失函数 $L_{\text{fine-tune}}$ 微调，其公式为

$$L_{\text{fine-tune}} = -\sum_{i=1}^{M}y_i\ln\left(\hat{y}_i\right)$$

其中，M 是分类的类别总数，y_i 是真实标签，$\hat{y}_i$ 是模型预测标签。

< 189 >

4．预测生成

（1）概率计算：模型接收输入文本后，会根据学习到的语言模式和概率分布，计算下一个可能出现的单词或字符出现的概率。例如，给模型输入"我今天去了超市，买了一些"，模型会根据它在预训练和微调过程中学习到的知识，计算出下一个可能出现的单词出现的概率，比如"水果"的概率可能是 0.3，"蔬菜"的概率可能是 0.25，"饮料"的概率可能是 0.2。

模型基于 Softmax() 函数根据输入计算下一个可能出现的单词出现的概率，公式为

$$P\left(\omega_{t+1}\middle|\omega_1,\cdots,\omega_t\right)=\frac{\exp\left(\mathrm{logit}\left(\omega_{t+1}\right)\right)}{\sum_{\omega\in V}\exp\left(\mathrm{logit}\left(\omega\right)\right)}$$

其中，ω_{t+1} 是待预测的下一个单词，$\omega_1,\cdots,\omega_t$ 是当前时间步之前的单词序列（上下文），$\mathrm{logit}(\omega)$ 是模型输出的未归一化分数，V 是词汇表。

（2）采样或选择：根据计算得到的概率，模型可以通过采样的方式从概率分布中选择一个单词作为输出，也可以选择概率最高的单词作为预测结果。如果采用采样策略，即根据概率分布进行随机采样，模型可能会生成"我今天去了超市，买了一些饮料"。如果采用贪心搜索策略，即选择概率最高的单词，模型可能会生成"我今天去了超市，买了一些水果"。在实际生成文本时，模型会不断重复这个过程，根据前面生成的内容继续计算和选择下一个单词，从而生成完整的文本。贪心搜索策略选择概率最高单词的公式为

$$\omega_{t+1}^*=\mathrm{argmax}_{\omega\in V}\,P\left(\omega\middle|\omega_1,\cdots,\omega_t\right)$$

11.1.3　大语言模型的工作过程

LLM 的工作过程如下。

1．预训练阶段

在预训练阶段，LLM 在海量文本数据上进行无监督学习，掌握语言的基本规律和模式。预训练通常采用无监督学习的方法，通过设计任务让模型自动学习。例如，GPT 系列模型通过自回归的方式，逐词预测，从而学习语言的结构和语义。预训练的关键步骤如下。

（1）数据准备：收集并清洗海量未标注文本数据，确保数据的多样性和覆盖面。

（2）模型训练：使用分布式计算资源，训练具有数十亿参数的模型，优化目标是最大化下一个词的预测概率。

（3）知识积累：通过长时间的训练，模型逐步积累语言知识和语义理解能力。

2．微调阶段

预训练完成后，LLM 在特定任务的标注数据上进行微调。通过在特定任务上的监督学习，模型进一步优化参数，以更好地适应具体应用需求。微调的关键步骤如下。

（1）任务定义：明确具体任务，如文本分类、命名实体识别、机器翻译等。

（2）数据准备：收集并标注与任务相关的数据，确保数据的质量和覆盖面。

（3）模型微调：在预训练模型的基础上，使用特定任务的数据进行监督学习，调整模型参数以提高性能。

（4）评估与优化：通过验证集评估模型性能，进行必要的参数调整和优化，确保模型在实际应用中表现良好。

通过预训练和微调，LLM 不仅具备了广泛的语言理解能力，还能够在特定任务上展现出色的性能。

< 190 >

11.1.4 常见的大语言模型

1．OpenAI ChatGPT

ChatGPT 是由 OpenAI 公司开发的一种基于 Transformer 的语言模型，于 2022 年发布，可以进行语言理解和生成，提供更接近人类的高效沟通与表达功能。ChatGPT 是人工智能技术驱动的自然语言处理工具，它能够基于在预训练阶段所见的模式和统计规律来生成回答，还能根据聊天的上下文进行互动，真正像人类一样来聊天交流，甚至能完成撰写论文、邮件、脚本、文案、翻译文本代码等任务。ChatGPT 可以在各种情境下应用，如网络聊天、语音助理等。通过不断学习和进化，ChatGPT 可以不断地提高自己的性能和准确度，让自己更贴近用户的需求和期望。

2．Google Bard 和 Gemini

Google Bard 是谷歌公司的 DeepMind 团队开发的一款功能强大的聊天机器人，于 2023 年 2 月发布，建立在 LLM 基础上。它可以回答各种不同主题的问题或提供提示，也可以生成不同形式的基于文本的内容，如诗歌、代码、脚本、音乐作品、邮件，还可以总结文本并进行语言间的翻译。

2024 年，谷歌宣布将 Google Bard 正式更名为 Gemini。Gemini 可识别文本、图像、音频、视频和代码 5 种类型的信息，还可以理解并生成主流编程语言（如 Python、Java、C++）的高质量代码，并拥有全面的安全性评估。首个版本为 Gemini 1.0，包括 3 个不同体量的模型：用于处理"高度复杂任务"的 Gemini Ultra、用于处理多个任务的 Gemini Nano 和用于处理"终端设备上的特定任务"的 Gemini Pro。

3．Bing Chat 和 Copilot

Bing Chat 是一款由微软公司开发的聊天机器人，于 2023 年发布。Bing Chat 内部集成了 GPT-4，旨在通过自然语言处理和机器学习技术为用户提供智能的、交互式的聊天体验。Bing Chat 可以回答各种问题，提供有关各种主题的信息，以及执行各种任务，如预订餐厅或购买电影票等。

Copilot 是微软公司在 Windows 11 中加入的人工智能助手，其前身正是 Bing Chat。该人工智能助手是一个集成在操作系统中的侧边栏工具，可以帮助用户完成各种任务。Copilot 依托于底层的 LLM，用户只需说几句话，做出指示，它就可以创建类似人类作品的文本和其他内容。

4．百度文心大模型 ERNIE

百度文心大模型 ERNIE（Enhanced Representation through Knowledge Integration，通过知识融合增强表示）是由百度公司推出的中文 LLM。该模型基于深度学习技术，使用了海量的中文文本数据进行训练，可以自动学习中文语言知识和语言规律，在各种自然语言处理任务中表现出色，如自然语言理解、机器翻译、文本分类、命名实体识别等。基于 ERNIE 的产品有很多，其中文心一言作为对标 ChatGPT 的产品受到广泛关注。

文心一言（ERNIE Bot）是百度公司全新一代知识增强 LLM，发布于 2023 年，是百度文心大模型家族的成员。其能够与人互动，回答问题，协助创作，高效便捷地帮助人们获取信息、知识和灵感。文心一言基于飞桨深度学习平台和文心知识增强大模型，从数以万亿计的数据中融合学习，得到预训练大模型，并持续从海量数据和大规模知识中融合学习，具备知识增强、检索增强和对话增强的技术特色。

5．华为盘古大模型

华为盘古大模型是华为公司旗下的人工智能大模型，是一种基于人工智能和高性能计算技术的多尺度、多物理场的仿真工具，能够模拟复杂的自然环境和工程系统，并提供科学决策支持和工程应用服务。它面向多个行业，并通过深度学习技术实现快速场景适配，加速了人工智能行业应用。华为盘古大模型系列不仅包括自然语言处理、计算机视觉等领域的大模型，还包括气象、矿山、药物分子等行业专用大模型。

< 191 >

在国家自然科学基金委员会发布的 2023 年度"中国科学十大进展"中，作为科学计算大模型，华为盘古气象大模型位列第一，它在某些气象要素的预报精度上超越了传统数值方法，且推理效率提高了上万倍。在 2023 年汛期，华为盘古气象大模型成功预测了玛娃、泰利、杜苏芮、苏拉等影响我国的强台风路径。

华为公司开发了一款直接对标 ChatGPT 的多模态千亿级 LLM 产品，名为"盘古 Chat"，主要面向政企端客户。

6. 讯飞星火认知大模型

讯飞星火认知大模型是科大讯飞公司于 2023 年发布的大模型。讯飞星火认知大模型可以通过对海量文本、代码和知识的学习，拥有跨领域的知识和语言理解能力，能够基于自然对话方式理解和执行任务，并持续进化，实现从提出问题、规划问题到解决问题的全流程闭环。其 3.5 版本在语言理解、数学能力上已超过 GPT-4 Turbo，代码能力达到 GPT-4 Turbo 的 96%，多模态理解能力达到 GPT-4V 的 91%，再次将国产大模型推向新高度。该模型具有七大核心能力，即文本生成、语言理解、知识问答、逻辑推理、数学、代码、多模交互。

7. DeepSeek 开源大模型

DeepSeek 公司专注开发 LLM，2023 年 11 月发布首个开源模型 DeepSeek Coder；2024 年 1 月发布包含 670 亿参数的 DeepSeek LLM；2024 年 5 月开源第二代 MoE（Mixture of Experts，专家混合）大模型 DeepSeek-V2，性能出色且价格低廉；2024 年 12 月上线并开源 DeepSeek-V3 首个版本，性能实现新突破；2025 年 1 月发布 DeepSeek-R1 模型，运行成本低，性能比肩 OpenAI o1 正式版。在算法优化上，DeepSeek 运用无监督和半监督学习算法，减少对大规模标注数据的依赖，还引入动态稀疏计算架构，提高推理效率并降低能耗；模型架构采用 FP8（8 位浮点数）、MLA（Machine Learning Accelerator，机器学习加速器）和 MoE 等核心技术，提升了模型性能。DeepSeek 是第一个开源大模型，DeepSeek-R1 运行成本约为 OpenAI 的 2%，引发了人工智能行业大震动，掀起了国产人工智能大模型应用高潮。

11.1.5 大语言模型的应用

LLM 主要应用在以下领域。

（1）自然语言处理：LLM 在文本生成、机器翻译、问答系统、情感分析等诸多方面都有广泛应用，ChatGPT、DeepSeek、文心一言等 LLM 能够生成高质量的文本内容，帮助用户完成写作、翻译、答疑等任务。

（2）计算机视觉：LLM 可用于图像分类、目标检测、图像分割以及人脸识别等任务，还在艺术创作、医学影像分析和遥感影像解读等领域展现出巨大价值。

（3）语音识别与合成：先进的 LLM 不仅可以精确地将语音转换为文字，还可以通过 TTS（Text-to-Speech，文本转语音）技术将文本内容真实流畅地转化为自然语音，为智能助手、电话机器人等应用场景提供强有力的技术支撑。

（4）多模态融合：LLM 能够同时处理和理解文本、图像、音频、视频等多种信息，使人工智能更加接近人类的感知方式，在虚拟现实、智能推荐、智能客服等方面发挥更大的优势。

（5）与其他技术深度融合：LLM 将与物联网、区块链、量子计算等其他新兴技术深度融合，创造出更具创新性和颠覆性的应用，如通过与物联网技术结合，实现智慧家居、智慧城市等。

< 192 >

11.2　AIGC

从计算智能到感知智能，再到认知智能的进阶发展来看，AIGC 已经为人工智能打开了认知智能的大门，犹如一股创新之风席卷整个创作领域，引领一场前所未有的革命。

11.2.1　AIGC 的定义

AIGC 是指人工智能通过学习大量数据来实现自动生成各种内容，如文本、图像、音频、视频等，是一种新型内容创作方式。

（1）文本生成（Text Generation）：人工智能文本生成是使用人工智能算法和模型来生成模仿人类书写内容的文本，它在现有文本的大型数据集上训练机器学习模型，以生成在风格、语气和内容上与输入数据相似的新文本。

（2）图像生成（Image Generation）：人工智能可用于生成非人类艺术家作品的图像。这种类型的图像被称为"人工智能图像"。人工智能图像可以是现实的或抽象的，也可以传达特定的主题或信息。

（3）音频生成（Audio Generation）：AIGC 的音频生成技术可以分为两类，分别是 TTS 合成和语音克隆。TTS 合成需要输入文本并输出特定说话者的语音，主要用于机器人和语音播报任务。该技术已经相对成熟，语音质量已达到自然标准，未来将向更具情感的语音合成和小样本语音学习方向发展。语音克隆以目标说话人的语音作为输入，然后将输入的其他语音或文本转换为目标说话人的语音。此类技术用于智能配音等场景。

（4）视频生成（Video Generation）：AIGC 已被用于生成预告片和宣传视频。其工作流程类似于图像生成，视频的每一帧都在帧级别进行处理，之后利用人工智能算法检测视频片段。AIGC 生成引人入胜的宣传视频的能力是通过结合不同的人工智能算法实现的。凭借先进的功能和日益普及，AIGC 可能会继续革新视频内容的创建和营销方式。

AIGC 是建立在多模态之上的人工智能技术，即单个模型可以同时理解语言、图像、视频、音频等，并能够完成单模态模型无法完成的任务，如给视频添加文字描述、结合语义和语境生成图片等。与传统的内容创作方式相比，AIGC 具有显著的优势。传统的内容创作往往需要人工构思、撰写和编辑，耗费大量时间和精力。而 AIGC 能够通过对大量数据的学习，根据输入的条件或指导，快速生成与之相关的内容。无论是关键词、描述还是样本，AIGC 都能迅速理解并生成与之相匹配的文章、图像、音频等。总之，AIGC 作为一种新兴的内容创作方式，正在引领内容创作领域的新浪潮。随着技术的不断进步和应用场景的不断拓展，AIGC 将为我们带来更加高效、富有创意和个性化的内容创作体验。AIGC 是当代的重大科技创新，将催生新产业、新模式、新动能，是发展新质生产力的核心要素。

11.2.2　AIGC 的原理

AIGC 主要基于机器学习，特别是深度学习与生成对抗网络（GAN）技术来实现。利用生成器和判别器的"竞争"，GAN 在不断"较量"中提升所生成内容的质量。利用独特的自注意力机制，Transformer 能够深刻理解文本或内容的上下文关系，从而编织出连贯、流畅的篇章。这些技术的具体实现方式会根据所需生成的内容类型而灵活调整，因而展现出无尽的创造力和适应性。

< 193 >

1．基于 GAN 生成模型

GAN 是 AIGC 中常用的方法，适用于生成图像、视频等视觉内容。GAN 由两部分组成：生成器和判别器。

（1）生成器：负责生成内容，接收一组随机噪声向量并输出与真实数据分布相似的生成数据。例如，在图像生成任务中，生成器生成逼真的图片。

（2）判别器：用于评估生成数据的真实性，接收真实数据和生成数据并尝试区分它们。在训练过程中，判别器不断优化，以提高区分生成数据和真实数据的准确性。

GAN 的训练过程是一个博弈过程。生成器不断改进，以生成能够欺骗判别器的数据；而判别器不断优化，以提高其辨别能力。通过这种对抗训练，生成器能够生成越来越逼真的内容。

2．基于自编码器生成模型

自编码器也是常用的生成模型，尤其在图像和音频生成中。自编码器包括编码器和解码器两部分。

（1）编码器：将输入数据压缩成低维度的潜在表示（Latent Representation），这是一种紧凑的特征表达形式。

（2）解码器：将潜在表示重构为原始数据，从而实现数据的生成与重建。

（3）变分自编码器：自编码器的改进版本，在编码过程中引入概率分布，使生成的数据具有更好的连续性和多样性。

3．基于 Transformer 生成模型

Transformer 模型广泛应用于自然语言处理任务，如文本生成、机器翻译等。近年来，Transformer 架构也被用于图像生成和其他多模态任务。

（1）自注意力机制：Transformer 采用自注意力机制，能够捕捉输入序列中不同位置特征之间的依赖关系。这使 Transformer 在处理长序列数据时表现出色。

（2）基于预训练的生成模型：一些基于 Transformer 的生成模型，如 GPT，通过大规模的预训练和微调，实现了高质量的文本生成。这些模型可以生成连贯、上下文相关的自然语言文本。

4．基于 RNN 生成模型

RNN 及其变体（如 LSTM 网络和 GRU）在序列数据生成中表现良好，适用于文本生成、音频生成等任务。RNN 通过其循环结构，能够在生成过程中记忆并处理长序列中的依赖关系。LSTM 网络和 GRU 通过门控机制解决了标准 RNN 中的梯度消失和梯度爆炸问题，从而更有效地生成长序列数据。

5．基于多模态生成模型

多模态生成模型可以同时处理和生成多种模态的数据，如图像与文本、音频与视频等。CLIP、DALL-E 等模型通过联合学习图像和文本的表示，实现了跨模态生成任务。

11.2.3　AIGC 的应用

AIGC 是一种利用人工智能技术来生成文本、图像、音频、视频等各种类型内容的技术。它的应用非常广泛，包括文本生成、图像生成、影视制作、游戏开发、教育教学、音乐创作和语音合成等，12.3 节将详细介绍。

11.2.4　AIGC 的风险与挑战

AIGC 前景广阔、潜力无限，犹如一座蕴含无尽宝藏的矿山，等待人们去挖掘和探索，但其在发展进程中也面临诸多不容忽视的风险与挑战。

< 194 >

首先，内容的真实性与版权问题是 AIGC 亟待解决的难题。AIGC 并非基于真实的创作经历，而是通过对大量数据的学习和算法的运算生成内容，这就导致在生成过程中存在传播虚假信息的风险。例如，在新闻报道领域，如果 AIGC 生成的新闻未经严格审核，就可能传播不实消息。在信息传播速度极快的今天，这些不实消息很容易迅速扩散，误导公众，造成严重的社会影响，甚至可能引发社会恐慌和信任危机。例如，曾有 AIGC 生成的财经新闻报道错误地预测了某公司的财务状况，导致该公司股价在短时间内大幅波动。同时，版权问题也十分突出。AIGC 在训练过程中使用了大量已有作品数据，这些数据的来源和使用方式存在诸多争议。例如，一些艺术家担心自己的作品被用于 AIGC 训练，而自己并没有授权，也没有得到相应的报酬；AIGC 生成的作品在版权归属上也存在模糊地带。这些问题若不能妥善解决，将会严重阻碍 AIGC 技术的健康发展，使其在应用过程中面临诸多法律纠纷和道德困境。

其次，AIGC 技术的快速发展也引发了人们对就业结构变化的担忧。随着 AIGC 技术的不断成熟和应用范围的持续扩大，部分重复性、规律性强的创作岗位可能会逐渐被人工智能取代。例如，一些简单的文案以往需要文案编辑花费时间和精力进行构思、撰写，如今 AIGC 可以在短时间内生成大量的文案内容；基础的图像设计工作，如简单的海报设计、图标制作等，AIGC 也能够快速完成。这就意味着从事这些基础创作工作的人员可能会面临失业风险。面对这一情况，我们需要提前做好应对措施，加强对相关从业人员的技能培训和转型指导。例如，可以开展针对 AIGC 技术应用的培训课程，帮助相关人员掌握如何与 AIGC 协作，提升工作效率和质量；也可以引导他们向更具创造性的工作转型，如创意策划、艺术指导等，充分发挥人类的独特优势，与 AIGC 形成互补，共同推动行业的发展。相关人员应积极适应新的就业形势，在技术变革的浪潮中找到自己的立足之地。

AIGC 应用已然开启智能创作的崭新时代，为各行业的创新发展提供了无限可能。我们应积极主动地拥抱这一技术变革，以开放的心态和勇于探索的精神，充分挖掘并发挥 AIGC 的巨大优势，将其广泛应用于各个领域，推动社会的进步与发展。同时，我们也要保持清醒的头脑，深刻认识到 AIGC 在发展过程中面临的问题，加强对相关问题的深入研究与规范管理：通过制定合理的政策法规，明确 AIGC 生成内容的版权归属、使用规范以及责任界定；强化技术监管，确保 AIGC 生成内容的真实性和可靠性，防止虚假信息的传播。只有这样，才能确保 AIGC 技术在健康、有序的轨道上持续发展，让 AIGC 更好地服务于人类社会。相信随着技术的持续迭代升级，AIGC 必将在未来创造更多奇迹，为我们带来更加精彩的内容盛宴，引领我们迈向一个充满无限可能的智能创作新纪元。

11.3 提示词工程

LLM 正逐渐成为我们工作、学习和生活中不可或缺的工具。但要充分发挥 LLM 的潜力，关键在于如何有效地与它们进行沟通。提示词工程（Prompt Engineering）是随着 LLM 的发展而出现的一门新兴技术，主要涉及如何设计和优化给 LLM 的提示词，以获得更精准、高效的输出。

11.3.1　提示词工程的基本概念和重要性

1. 提示词的概念

提示词是我们输入 LLM 以获取响应的信息。它的形式丰富多样，可以是一个简单的问题、一段陈述、详细的指令，甚至可以是文本与图像或其他模态的组合。例如，在向 LLM 询问历史事件时，我们输入的关于该事件的描述或问题就是提示词。提示词的质量直接影响模型输出的准确性和有效性，一个精心设计的提示词能够激发模型挖掘出其训练数据中的深度知识，从而给出令人满意的回答。

2. 提示词工程的定义

提示词工程是一种通过精心构建和优化提示词，引导 LLM 生成符合预期的输出的技术，也是一门

< 195 >

精心雕琢提示词的艺术，合适的提示词能够挖掘出 LLM 的最大潜力。因此，提示词工程涉及对模型行为的深入理解，以及对各种影响因素的综合考量。通过不断地试验、优化，人们能够设计出最适合特定任务和场景的提示词，引导 LLM 生成精准、富有洞察力的输出。这是一个迭代的过程，需要不断地调整和改进提示词，以适应不同的需求和模型特性。

3．提示词工程的重要性

（1）提升输出质量：精心设计的提示词可以使 LLM 生成更准确、更有用、更符合任务要求的内容。例如，在文本生成任务中，明确的提示词能够让模型生成的文本主题更突出、结构更合理。

（2）控制生成方向：引导 LLM 朝着特定的方向生成。例如，在翻译任务中，可指定源语言和目标语言，以及特殊的翻译风格（如"请将此句话翻译成带有唐风的中文"）。

（3）增强模型适用性：通过巧妙的提示词，可以使一个通用的 LLM 更好地适应各种具体任务，如问答、摘要、创意写作等。

4．提示词工程的基本策略

（1）明确任务类型：清晰地告诉模型是要进行文本生成、翻译、问答还是别的任务。例如，"请为我生成一篇关于人工智能未来发展的文章"，这就明确了是文本生成任务。对于复杂任务，可以进一步细分，如"请先为我总结这段文字，然后基于总结内容为我写一篇评论"。

（2）提供必要细节：提示词应包含主题细节、风格细节等。例如"请写一篇关于太空探索的文章，重点提及月球探测的最新成果"。又如，"请以科幻小说的风格写一篇关于未来汽车的短文，字数在 300 字左右"。

11.3.2　提示词技术

1．零样本提示词

零样本提示词只提供任务描述，而不给出任何示例，完全依赖 LLM 自身的知识储备和从训练数据中归纳总结的能力。例如，被询问"银河系有多大？"时，模型凭借其预先学习到的天文知识来回答。零样本提示词是最基础的提示词技术，但零样本提示词存在局限性，对于一些复杂或不常见的任务，模型可能无法准确理解我们的意图，导致输出不够理想。

2．单样本和少样本提示词

通过在提示词中提供一个或多个示例来引导模型生成特定结构或模式的输出。这些示例就像模型的学习范例，向模型展示了我们期望的答案形式。在代码生成任务中，提供一段代码示例及相应的功能描述，模型就能更好地理解用户的需求并生成符合要求的代码。在翻译任务中，给出几个句子及其翻译示例，模型就能在处理新句子时遵循相同的翻译模式。这种提示词技术在许多领域都取得了显著的成效，因为它为模型提供了更明确的指导，降低了理解任务的难度。

3．系统提示词

在用户与 LLM 交互时，每一次对话背后都有一个隐藏的指令，即系统提示词（System Prompt）。它就像一场戏剧表演背后的导演，虽然观众看不到导演，但导演决定了表演的风格、节奏和内容。例如，系统提示词可能会指示 LLM 在回答时要保持礼貌的语气，避免涉及某些敏感话题，如政治争议等，这种引导作用贯穿于整个对话过程中，影响 LLM 的每一个回答。它使模型明确任务的"大方向"，如语言翻译、评论分类或其他特定任务。此外，系统提示词还可用于指定返回内容的结构或格式，如要求以 JSON 格式或大写字母输出。系统提示词可以将模型的行为引导到特定的任务框架内，使其生成的内容更符合用户的预期。例如，在构建一个电商客服聊天机器人时，系统提示词可以告知模型其主要任务是解答消费者关于产品的疑问、处理订单问题等，并指定输出格式为清晰易懂的文本段落，以便更好地与消费者进行交互。

< 196 >

4．上下文提示词

上下文提示词为模型提供与当前对话或任务相关的具体细节和背景信息，这有助于模型更好地理解问题的细微差别，从而生成更贴合情境的回答。在一个持续的对话中，如果我们提到了先前讨论过的某个主题或事件，通过上下文提示词将相关信息传递给模型，它就能基于这些背景信息进行连贯的回应。例如，在讨论一部电影时，我们先提到了导演的风格特点，然后询问电影中的某个情节设置的意义，模型可以结合此前关于导演风格的信息来给出更深入、准确的解释。

5．角色提示词

角色提示词要求 LLM 扮演特定的角色，如医生、律师、诗人等，从而影响其输出的语气和风格，模型会根据这些角色的特点和知识背景生成相应风格的回答。当我们希望得到富有诗意的描述时，可以让 LLM 扮演诗人；而在寻求法律建议时，则让 LLM 扮演律师。这种提示词技术能够为输出增添更多的情感色彩和专业氛围，使其更符合特定场景的需求。

6．思维链提示词

思维链（Chain-of-Thought，CoT）提示词引导模型逐步思考问题，尤其适用于需要推理的复杂任务。例如，在数学问题求解中，提示词可以是"首先，我们要明确题目中的已知条件，然后思考可以运用的数学定理，最后逐步求解。请解决这个数学问题：一个三角形的底边长为 5 厘米，高为 3 厘米，求它的面积"。通过明确要求模型生成中间的推理步骤，可显著增强 LLM 的推理能力，也使推理过程更加透明，并提高了答案的准确性。这对于涉及逻辑推理和问题解决的复杂任务尤其有效。在解一道逻辑谜题时，模型可以逐步展示其推理过程，如"首先，根据条件 A，我们可以得出结论 X；然后，结合条件 B，进一步推断出结论 Y……"，最终得出答案。这种方式让用户能够清晰地了解模型的思考路径，提高对答案的信任度，同时也有助于模型在复杂任务中更准确地找到解决方案。

7．思维树提示词

思维树提示词是思维链提示词的拓展，它允许 LLM 同时探索多个推理路径，就像一棵树生出不同的枝条一样。与思维链提示词遵循单一的线性推理链不同，思维树提示词能够更全面地考虑各种可能性，因此在需要探索多种选择才能得出解决方案的复杂任务中表现出色。例如，在制订一个项目计划时，模型可以考虑不同的任务安排、资源分配方案等多种可能性，并逐步评估和筛选，最终确定最优的计划。思维树提示词可以通过手动精心设计来引导模型进行多路径探索，也可以借助 Python 脚本或 LangChain 等实现自动化操作，提高效率和灵活性。

8．自一致性提示词

自一致性提示词利用多个推理路径的优势来提高准确性。具体操作是多次发送相同的思维链提示词，并设置较高的温度值（关键参数，控制生成内容的随机性和多样性），促使模型产生多样化的推理结果，再从这些不同的推理结果中选择出现频率最高的答案。这种方法借用了"群体智慧"的概念，通过让模型从多个角度思考问题，减少了单一推理路径可能导致的错误。在处理具有模糊性或有多种可能的解决方案的问题时，自一致性提示词能够提高答案的可靠性。

9．回退提示词

回退提示词让 LLM 可以进行更深入的批判性思考。其操作方式是先让模型考虑一个与手头特定任务相关的一般性问题，然后将该一般性问题的答案作为后续特定任务的提示词。这种"回退一步"的方法有助于激活模型的相关背景知识，从而得到更有见地和准确的回答。例如，在解决一个复杂的数学问题时，我们可以先让模型思考解决此类问题的一般方法或原理，然后让模型将这些思路应用到具体的问题解决中。

10．ReAct 提示词

ReAct 提示词使 LLM 能够与外部工具和 API 交互，极大地增强了其能力，是目前一种流行的提示词技术。在这个过程中，模型首先分析给定的提示词，制订行动计划，该计划可能涉及使用外部工具

< 197 >

来收集额外信息；然后，模型利用其内部知识和从外部获取的信息进行推理，将问题分解为更小的问题，并制订达成目标的策略；接着，模型与适当的外部工具（如搜索引擎、API 或数据库）进行交互，执行计划中的行动，如搜索相关信息、检索特定数据点或进行计算；最后，模型观察行动的结果，并将新信息纳入推理过程，通过反馈循环不断调整计划和优化方法，直至找到解决方案。例如，当我们想要了解某个城市的实时天气情况时，ReAct 提示词可以让模型与天气预报 API 进行交互，获取最新的天气数据。这种提示词技术突破了传统文本输入的限制，使模型能够处理更复杂、实际的问题。

11.3.3　提示词工程的应用

提示词工程主要应用在以下场景。

（1）内容创作：包括故事创作、诗歌生成等，通过提示词可以指定内容的主题、风格、情节等诸多要素，如"请以'爱与勇气'为主题，写一首现代诗"。

（2）问答系统：可以设计提示词来获取更准确的答案，如"请回答这个历史问题：第一次工业革命的主要标志是什么？并且提供两个相关的重要发明"。

（3）代码生成：帮助程序员更高效地生成代码，如"请用 Python 编写一个函数，用于计算两个数的乘积，要求函数有适当的注释"。

11.3.4　提示词工程的未来展望

随着技术的不断进步，提示词工程正在向着更加智能和直观的方向发展。未来，用户可能会看到以下产品。

（1）更加智能的提示词生成器，能根据用户需求自动优化提示词结构。

（2）跨模态的提示词系统，能同时处理文本、图像、音频等多种输入。

（3）协作式提示词编辑平台，让团队能够共同优化和迭代提示词。

提示词工程不仅是一项技术，更是连接人类创意与 AI 能力的桥梁。提示词的形式可能会改变，但需求是一直存在的，因为它是人和 AI 有效沟通的必要方式。

习题 11

简答题

习题参考答案

1. 什么是 LLM？其主要特点是什么？
2. LLM 的工作过程包括哪几个主要阶段？
3. LLM 的关键技术有哪些？
4. 常用的 LLM 有哪些？
5. DeepSeek 大模型的主要特点是什么？
6. 什么是 AIGC？其基本原理是什么？
7. AIGC 的主要应用领域有哪些？需要防范的风险有哪些？
8. 什么是提示词工程？其基本策略有哪些？
9. 常用的提示词技术有哪些？
10. 收集整理 DeepSeek 常用的提示词。

< 198 >

第12章 AI 应用

人工智能应用广泛，在医疗健康、交通运输、智慧家居、教育教学、金融服务、工业生产、娱乐传媒、科学研究、军事等众多领域发挥重要作用，深刻地改变我们生活与工作的方方面面。本章对 WPS AI 应用、大模型工具及应用、AIGC 应用进行简单介绍。有兴趣的读者若想进一步了解，可参阅相关书籍和论文。

【知识要点】
- WPS AI 应用。
- 大模型工具及应用。
- AIGC 应用。

章首导读

12.1 WPS AI 应用

WPS AI 是金山办公旗下基于大语言模型的智能办公助手，它无缝集成于 WPS Office 套件中，能够与 WPS 文字、WPS 表格、WPS 演示等常用办公组件深度融合。其具备多种强大功能：智能写作功能可依据用户输入的关键词和内容自动生成文章框架与段落，并提供个性化写作建议；智能纠错功能能够实时检测并修正文档中的语法、拼写错误以及逻辑不通顺之处；WPS AI 还可对文档数据进行分析，生成图表和报告，也能提取和总结关键信息。此外，WPS AI 支持多轮对话，生成的内容可直接嵌入文档正文实时渲染，并且具有强大的学习能力，可不断优化自身功能。它还支持云同步、备份以及在线协作，为用户带来了便捷的移动办公体验，极大地提高了办公效率和质量，是智能办公新时代的得力工具。

12.1.1 WPS AI 在文字文档中的应用

WPS AI 是一款强大的智能办公助手，它能够根据用户输入的关键词或主题快速生成各类高质量的文本内容，如文章大纲、工作周报、策划方案等，极大地提高了文档创作效率。它还具备续写与润色功能，可根据需求为文章增添精彩内容或使语句更加流畅自然，并且能够轻松实现文本风格的转换，满足不同场景下的写作要求。

1. WPS AI 辅助内容创作

WPS AI 辅助内容创作是金山办公推出的一项具有创新性和实用性的人工智能辅助写作功能，为用户提供了从构思到修改等全方位的写作支持，极大地提升了创作效率和质量。

WPS AI 辅助内容创作主要包括 AI 根据主题生成文章和 AI 根据提示词优化生成内容。

（1）AI 根据主题生成文章

WPS AI 能够基于用户提供的主题，自动生成一篇结构完整、内容丰富的文章。这一功能广泛适用于各种写作场景，如工作报告、创意写作等，帮助用户快速完成写作任务，提升写作效率。

用户输入主题后，AI 会生成大纲，用户可选择生成全文或插入大纲。插入大纲后，用户可以修改大纲，然后根据修改后的大纲生成全文。全文生成后，用户可以对内容的逻辑连贯性和语言表达进行检查和校对。

（2）AI 根据提示词优化生成内容

WPS AI 能够根据用户提供的提示词优化各种类型的文本内容，如演讲稿、会议通知、活动通知等。通过自然语言处理技术和机器学习算法，WPS AI 能理解提示词的意图，并生成符合特定格式和风格的文本，确保内容的准确性和适用性。

2．WPS AI 内容优化

WPS AI 内容优化旨在帮助用户提升文本内容的质量和表现力。通过先进的自然语言处理技术和机器学习算法，WPS AI 能够对文本进行多维度的分析和优化，确保内容不仅准确无误，而且具有吸引力和说服力。WPS AI 内容优化主要包括 AI 辅助内容拓展、AI 驱动内容提炼、AI 赋能内容润色和 AI 优化内容排版，全方位帮助用户高效创作。

（1）AI 辅助内容拓展

WPS AI 为助力用户高效实现内容拓展提供了两大核心功能：WPS AI 续写功能与 WPS AI 扩写功能，二者从不同维度为用户的创作赋能。

WPS AI 续写功能极具突破性，可基于既有文本利用人工智能算法自动生成新段落或章节。其运用前沿技术，深度剖析已有文本风格、主题与语境，精准预测，撰写出契合原文逻辑、氛围的续写内容，在小说、剧本创作等场合效用显著。

WPS AI 扩写功能可依据现有文本精准融入细节、信息，挖掘主题深度、拓展内容广度，增添背景，助力角色和情节塑造，让文本更完整、更引人入胜，适用于多类创作。

（2）AI 驱动内容提炼

WPS AI 为满足用户对信息精炼的需求，提供了两项实用功能：WPS AI 缩写功能和 WPS AI 总结功能。

WPS AI 缩写功能能够实现对冗长文本进行有效"裁切"，在大幅缩短篇幅的同时，确保最重要的信息得以完整保留。这一功能适用于需要快速传达核心内容的场合，如新闻摘要、会议纪要等。

WPS AI 总结功能能够提取文本的主要观点和结论，进而生成一份简洁明了的概述，这对于快速理解长文档的主旨非常有帮助。

（3）AI 赋能内容润色

WPS AI 提供了 3 项内容润色的实用功能：快速润色功能、文案改写功能和风格转换功能。

快速润色功能致力于改善文本的语言表达细节。它依托人工智能算法，精准识别文本中的语句结构、词汇搭配等要素，通过合理调整句子结构，优化词汇选择，巧妙把控整体文本节奏，使文本流畅性与可读性得以显著提升，满足用户对基础文本优化的需求。

文案改写功能聚焦于助力用户革新文本表达方式。它能够依据不同文案目标，精准调整文案语气，突出核心重点，优化信息传递路径，有效增强文案的吸引力与说服力，确保文案能够精准捕捉目标受众的注意力，在商业推广、宣传等场景中可发挥关键作用。

风格转换功能赋予用户依据实际情境灵活改变文本风格、语气的能力。无论是将正式风格转换为口语化的非正式风格，还是实现从幽默诙谐到严肃庄重的风格跨越，此功能均可轻松驾驭，使文本能够完美适配不同读者群体的阅读偏好，以及各类复杂多变的沟通场合，极大拓展文本的应用范围。

（4）AI 优化内容排版

WPS AI 的内容排版功能就像一个智能的室内设计师，它能够自动帮助用户安排和调整文章或文档的布局，实现内容与视觉的专业呈现。

在 WPS AI 中，内容排版功能通过智能调整文档格式来实现这一目标。具体来说，它可以调整文

< 200 >

字的大小、间距和排列方式，甚至可以优化图片和图表的位置。这些调整使整个文档看起来更加专业且更具吸引力。

12.1.2 WPS AI 在数据表格中的应用

AI 技术为数据处理和分析带来了革命性的变化。通过智能识别和分析数据，WPS AI 能够帮助用户快速发现数据中的规律和趋势，从而提高工作效率和决策质量。无论是数据清洗、格式转换还是复杂的数据分析任务，WPS AI 都能提供强大的支持，使用户能够更加专注于数据的深入挖掘和价值创造。WPS AI 在数据表格中的应用主要体现在 AI 生成公式。

1．AI 生成公式的步骤

AI 生成公式是一种利用人工智能技术来生成和优化数学公式的功能。它通过分析数据之间的关系和模式，自动构建出符合特定需求的公式。这项技术能够大大简化公式编写过程，提高公式的准确性和效率，尤其适用于处理复杂的数据分析和建模任务。AI 生成公式应用广泛，从科学研究到商业数据分析，它都能发挥强大作用，为用户节省大量时间和精力。

在 WPS AI 中，AI 生成公式功能通过一系列智能化的步骤，帮助用户快速生成所需的公式。整个过程从理解用户的自然语言需求开始，经过精准的意图识别和参数提取，再到公式的自动生成和优化，最后由用户进行判断和确认，实现高效、准确的公式编写。接下来详细介绍 AI 生成公式的步骤。

（1）自然语言处理

首先，我们需要理解一个核心概念：自然语言。自然语言就是我们日常交流所使用的语言，例如，当我们向 AI 提问"学生成绩是否及格"时，这句话就是自然语言。然而，计算机不能直接理解自然语言，它只能理解机器语言，也就是二进制码。因此，我们需要将自然语言翻译成计算机能理解的语言，这个过程就是自然语言处理。简而言之，自然语言处理就是将人类语言转换为计算机语言的过程。

（2）意图识别

在 WPS AI 中，自然语言处理的首要目的在于意图识别。意图识别的主要作用是判断用户提问的目的是什么。WPS AI 可能需要进行判断，如在满足某个条件时显示特定内容或执行特定操作；也可能需要进行筛选，如从工作表中提取所需数据；还有可能需要进行去重，如从一列数据中提取不重复的内容。总之，WPS AI 会根据我们的自然语言识别出我们的意图。

（3）确定函数

意图识别的目的是确定使用哪个函数来解决问题。不同的意图对应不同的函数。例如，若意图是判断，可能会使用 IF() 函数；若意图是筛选，可能会使用 FILTER() 函数；若意图是去重，可能会使用 UNIQUE() 函数。WPS AI 会根据识别出的意图，选择合适的函数来构建公式。

（4）提取参数

确定函数后，WPS AI 会再次对自然语言进行处理，这次的重点是提取对应的参数，即函数内部所需的参数。例如，它可能提取出 B2 单元格作为区域参数，条件是大于 60，如果大于 60 则显示"及格"，小于等于 60 则显示"不及格"，这些参数都是通过自然语言处理从提示词中提取出来的。

（5）生成公式

确定了函数和参数后，公式就生成了。WPS AI 会根据先前确定的函数和提取出的参数，自动创建完整的公式。这个过程不需要用户手动编写复杂的公式，大大简化了操作步骤，提高了效率。

（6）用户判断与优化

生成公式后，WPS AI 会让用户自行判断公式是否满足要求。如果用户觉得满足要求，可以单击"应用"按钮，将公式应用到单元格中；如果不符合要求，则可以进行持续性的学习优化。WPS AI 具有非常强大的双向学习能力，它不仅能学习用户提问的方式，被用得越多就越懂用户，还会根据用户

< 201 >

想要的结果进行持续学习，优化算法。所以，随着用户的使用，WPS AI 反馈的结果将越来越贴近用户真正的需要。

（7）完成或重试

优化完成后，如果符合要求，单击"完成"按钮，公式就会正式应用到单元格中，问题得到解决；如果仍然不符合要求，用户可单击"弃用"或"重试"按钮，重新编写提示词，再次启动 AI 生成公式的流程，直到得到满意的结果。

2．AI 生成公式的使用技巧

使用 AI 生成公式主要分为 3 个步骤。

（1）描述工作表作用

简单描述工作表的基本功能或目的，用一两句话概括即可。例如，"这是一个记录员工月度销售业绩的工作表"，让 AI 快速了解工作表的背景和用途。

（2）描述数据区域

明确指出需要用到的数据区域，其他无关区域无须描述。理解数据区域的概念很重要，它可以是一列数据（如"A 列是员工姓名"），也可以是从某个单元格到另一个单元格的范围（如"B2:B100 是员工的销售额"）。准确描述数据区域有助于 AI 精准获取所需信息。

（3）明确操作目的

清晰地表达想要完成的任务或目标，让 AI 知道用户需要什么样的结果。例如，"我需要计算每个员工的销售提成，提成比例为销售额的 5%"，这样 AI 就能准确理解用户的需求并生成相应的公式。

12.1.3 WPS AI 在演示文稿中的应用

1．一键生成演示文稿

WPS AI 提供了 3 种便捷的幻灯片生成方式，如图 12.1 所示。

（1）根据输入主题自动生成幻灯片：只需提供一个主题，WPS AI 就能结合海量模板资源和智能设计算法，为用户量身打造与主题契合的幻灯片背景、布局和内容框架，让用户的演示文稿从一开始就具备专业和富有吸引力的外观。

图 12.1 WPS AI 幻灯片生成方式

（2）基于上传文档生成幻灯片：将撰写的文字文档或思维导图导入，WPS AI 能够精准识别文档结构和关键信息，自动拆分章节、提取要点，将其转化为清晰的幻灯片大纲和内容，在保留文档精髓的同时，让信息呈现更加直观易懂。

（3）基于粘贴大纲生成幻灯片：允许用户通过粘贴预先准备好的大纲，快速生成专业的演示文稿。这一功能特别适用于需要快速制作演示文稿的场景，如学术报告、商务汇报、教学课件等。通过这一功能，用户可以节省大量时间和精力，同时确保生成的演示文稿结构清晰、逻辑连贯。

2．智能美化演示文稿

WPS AI 提供对演示文稿的智能美化功能，能够精准地自动分析演示文稿内容与结构。它会根据演示文稿的类型和使用场景，量身定制个性化的美化建议，以及最佳视觉呈现方案。这一功能在需要迅速产出高质量演示文稿的场合尤为适用，如工作报告、项目提案、营销宣传等。对于文本、图片、表格、图表，智能美化演示文稿功能都能实现自动优化，确保整个演示文稿风格统一、美观大方。

借助 WPS AI 的智能美化功能，用户不仅能高效提升演示文稿的视觉吸引力，还能显著改善信息传达的有效性，从而大幅增强演示文稿的说服力。对那些需要在短时间内处理大量演示文稿的专业人

< 202 >

士来说，这无疑提供了极具价值的帮助。

智能美化演示文稿分为演示文稿单页美化和演示文稿全文美化。

（1）演示文稿单页美化

演示文稿单页美化功能允许用户对单页幻灯片进行个性化的设计，以提升演示文稿的专业性和视觉吸引力。通过这项功能，用户可以轻松地改变幻灯片背景，应用主题样式，调整字体和配色方案，增加各种设计元素，还能够对特定的幻灯片进行布局调整。

用户打开演示文稿，单击窗口底部的"智能美化"→"单页美化"按钮，弹出图 12.2 所示的对话框，在对话框中可以选择需要美化的页面类型、美化的风格以及相关的配色，最后进行应用即可完成单页美化。

图 12.2　演示文稿单页美化

（2）演示文稿全文美化

演示文稿全文美化功能可以帮助用户快速提升演示文稿的整体视觉效果。使用这项功能，用户可以轻松地对演示文稿中的所有幻灯片应用统一的设计风格和布局，包括字体、颜色、方案、背景、图片等元素，并对其进行自动调整和优化。

用户打开演示文稿，单击窗口底部的"智能美化"→"全文美化"按钮，弹出图 12.3 所示的对话框，在对话框中可以进行一键美化、全文换肤、统一版式、智能配色和统一字体操作。

图 12.3　演示文稿全文美化

< 203 >

12.2 大模型工具及应用

大模型工具比较多，本节介绍几款常见的大模型工具，如表 12.1 所示。

表 12.1　常见的大模型工具

名称	说明
ChatGPT	由 OpenAI 公司开发，具有强大的自然语言处理能力和多模态转化能力
文心一言	具备强大的自然语言处理能力，广泛应用于搜索、对话等领域
通义千问	支持多种语言理解和生成任务，应用于电商、云计算等场景
讯飞星火	强调语音识别和自然语言理解，广泛应用于教育和办公领域
Kimi	由北京月之暗面科技有限公司推出，专注于对话式服务和智能助手
豆包	由字节跳动公司推出，擅长问答、写作、翻译等多领域任务
即梦 AI	由剪映团队研发，支持通过自然语言及图片输入，生成高质量的图像及视频
可灵 AI	由快手公司推出，擅长作图和短视频内容创作
DeepSeek	由 DeepSeek 公司发布，性能卓越，在数学和推理任务上表现不凡

1．ChatGPT

ChatGPT 是由 OpenAI 公司开发的大语言模型，首次发布于 2022 年。2023 年，OpenAI 公司发布 GPT-4，进一步增强了 ChatGPT 的性能。ChatGPT 广泛应用于教育辅导、虚拟客服、内容创作、编程辅助、法律咨询等。在教育领域，它作为虚拟辅导员帮助学生解答疑难问题；在客户服务中，它能够提供全年无休的自动化支持，处理用户查询；在编程领域，它通过代码补全功能为开发者提供编程建议和错误调试。

2．文心一言

文心一言目前已广泛应用于百度搜索、百度智能云、DuerOS（智能语音助手）等平台。2024 年，文心一言还推出了更加开放的 API，供企业和开发者使用，提供定制化的智能解决方案。文心一言在智慧客服、知识管理、智能搜索、智能问答等领域表现突出，特别是在中文自然语言处理上具有明显优势。例如，在智慧客服中，文心一言能够自动识别和处理客户的问题，并提供高效、准确的解决方案；在智能搜索中，文心一言能通过深度语义理解提升搜索结果的精准度。

3．通义千问

通义千问是阿里巴巴公司于 2023 年推出的大语言模型，主要面向企业级应用，集成了阿里巴巴公司在云计算、AI、大数据等领域的技术优势。通义千问不仅具备强大的文本生成能力，还能够支持知识推理、情感分析、智能问答等多种复杂任务。其最显著的特点是能够根据行业需求进行定制，提供个性化的解决方案。通义千问被广泛应用于智慧客服、企业知识管理、市场营销自动化、金融风控等。在金融领域，它能够完成智能风控、信贷评估等任务；在电商领域，通义千问通过大数据分析和智能推荐帮助商家精准定位消费者需求，提升销售业绩。

4．讯飞星火

讯飞星火是由科大讯飞公司推出的一个多功能 AI 大模型，首次发布于 2023 年，主要聚焦于语音识别、语音合成、自然语言处理等领域。讯飞星火广泛应用于智慧客服、智慧家居、语音翻译、语音教育等。在智慧客服中，讯飞星火可以实现语音识别、自动应答、情感分析等多种功能；在智慧家居中，它支持通过语音控制设备；在教育领域，讯飞星火可以辅助学生进行语音交互式学习。

5．Kimi

Kimi 是由北京月之暗面科技有限公司推出的一款对话式 AI 大模型，首次发布于 2023 年。Kimi

< 204 >

的设计目标是提供精准、流畅的对话体验，并致力于智能助手、客服支持和人机交互等领域。该模型专注于提高自然语言处理的精度和多样性，尤其是在处理复杂对话和多轮交互时的表现。Kimi采用了基于Transformer架构的深度学习技术，经过大规模语料库的训练，其能够高效地理解和生成自然语言。Kimi已经在月之暗面科技公司的多个产品和平台上投入使用，特别是在智慧客服、聊天机器人和企业虚拟助手等领域。通过不断优化对话生成质量，加入情感分析和个性化学习的功能，Kimi能够根据用户的情绪和反馈调整对话风格与内容。该模型正在被广泛应用于电商、金融和社交平台，帮助企业实现更加智能化的客户服务和用户互动。

Kimi的主要应用场景：①智慧客服，通过自然语言处理技术快速解决用户的问题，并提供个性化的解答；②虚拟助手，为个人用户提供日常生活管理、任务提醒、信息查询等服务；③情感陪伴，通过自然语言生成和情感分析提供人性化的陪伴，帮助用户缓解压力。

6．豆包

豆包是由字节跳动公司推出的一款大语言模型，于2023年正式发布，借助先进的Transformer架构，具有强大的文本生成和理解能力，能够应用于多种场景，如文本创作、对话生成、自动写作等。豆包的设计理念是让AI更加贴近日常生活，在自然语言处理的基础上提供具有创意和互动性的服务。在对话生成方面，豆包具备较高的对话连贯性，可以根据上下文生成符合语境的回答。此外，豆包还加入知识图谱和情感分析模块，使模型能够更好地理解用户需求，并做出更加准确的回应。豆包已在多个行业中得到应用，包括内容创作、电商营销、新闻生成等。

豆包的应用场景：①在新闻媒体、营销创意等领域，豆包可以辅助用户快速生成文章、广告文案、社交媒体内容等；②作为虚拟助手，豆包能够在客户服务、在线咨询等领域提供高效、智能的对话支持；③豆包结合情感分析技术，能够判断用户情绪，并在对话中做出合适的回应，提升用户体验。

7．即梦AI

即梦AI是剪映团队研发的产品，支持通过自然语言及图片输入生成高质量的图像和视频，它支持文生图、文生视频和图生视频，提供智能画布、故事创作模式，以及首尾帧、对口型、运镜控制、速度控制等AI编辑能力，并有海量影像灵感及兴趣社区。

8．可灵AI

可灵AI是快手公司AI团队研发的视频生成大模型，可生成分辨率为1920像素×1080像素的逐行扫描视频，时长最高可达2min，且支持自由的宽高比。可灵AI基于快手公司在视频技术方面的多年积累，采用与Sora大模型相似的技术路线，具有文生图、图生图、图生视频以及模特功能。

9．DeepSeek

DeepSeek作为国产开源大模型，具备出色的自然语言处理、图像生成、智能对话等功能，为众多行业带来了创新的解决方案，引发了全球AI大模型应用的震动。其主要应用如下。

（1）文本生成

① 创作文章：使用DeepSeek可快速生成各种类型的文章，如新闻报道、故事等。在使用时，只需输入相关的主题或关键词，模型就能根据其学习到的语言模式和知识，生成连贯、逻辑清晰的文本内容。例如，输入"人工智能在医疗领域的应用"，模型可能生成以下内容："近年来，人工智能在医疗领域取得了显著的进展。通过机器学习算法，医生能够更准确地诊断疾病。例如，利用深度学习模型对医学影像进行分析，可以帮助检测出早期的癌症病变，提高治疗成功率。此外，人工智能还在药物研发、医疗机器人等方面发挥重要作用，为改善人类健康带来了新的希望。"

② 创作诗歌：输入诗歌的主题、风格（如唐诗、现代诗等）以及一些关键词，模型可以生成富有韵律和意境的诗歌。例如，输入"春天、赞美、花朵"要求生成现代诗，模型生成：

"在春天的怀抱里，花朵尽情绽放。

它们是大自然的使者，带来生命的欢畅。

< 205 >

红的像火，粉的像霞，白的像雪，

每一朵都诉说着对世界的热爱与向往。"

（2）文本翻译

① 多语言翻译：DeepSeek 支持多种语言之间的互译，无论是常见的英语、中文、法语、德语等，还是一些小语种。在进行翻译时，用户只需将文本输入模型，选择目标语言，模型就能快速给出准确的翻译结果。例如，将中文句子"我喜欢旅游，因为可以体验不同的文化。"翻译成英语，模型输出"I like traveling because I can experience different cultures."

② 专业领域翻译：在专业领域，如医学、法律、科技等，术语的准确翻译至关重要。DeepSeek 经过大量专业领域数据的训练，能够准确识别和翻译术语，确保翻译结果在专业语境下的准确性和流畅性。

（3）问答系统

① 通用知识问答：向 DeepSeek 提出各种问题，模型能够依据其丰富的知识储备给出准确的回答。无论是历史、地理、科学等常见领域的问题，还是一些日常生活中的疑问，模型都能应对自如。例如，提问"珠穆朗玛峰的海拔是多少？"，模型回答："珠穆朗玛峰的最新高程为 8848.86 米（雪面高程）。"

② 特定领域问答：在一些特定领域，如企业客服、智能助手等场景下，DeepSeek 可以通过对特定领域知识的学习和理解，为用户提供专业的解答。例如，在电商客服场景中，用户询问某款商品的尺寸、材质等，模型能够根据商品数据库中的信息给出准确回答。

（4）图像生成

① 创意图像生成。

概念设计：对于设计师和创意工作者，DeepSeek 可以根据他们输入的文字描述生成相应的图像。例如，输入"未来城市的景象，有飞行的汽车、高楼大厦和绿色的植被"，模型能够生成一幅充满科幻感的未来城市图像，为设计师提供创意灵感和初步的设计草图。

艺术创作：DeepSeek 可以生成各种风格的艺术作品，如油画、水彩画、卡通画等。用户输入对画面内容、风格的描述，模型能够将文字转化为精美的艺术图像。例如，输入"印象派风格的花园景色，有盛开的花朵和潺潺的溪流"，模型生成一幅具有印象派特点的花园画作。

② 图像编辑。

图像修复：如果有破损或模糊的图像需要修复，DeepSeek 可以通过对图像内容的理解和学习，自动填补缺失的部分、去除噪点和修复模糊的区域，使图像恢复清晰和完整。例如，对于一张老旧照片中褪色的部分，模型能够根据图像的整体风格和色彩信息进行修复，还原照片的原本面貌。

图像合成：DeepSeek 支持将多个图像或图像元素合成，创造出全新的图像效果。用户可以指定不同图像的位置、融合方式等，模型会按照要求生成合成后的图像。例如，将一张人物照片和一张风景照片合成，使人物仿佛置身于该风景之中。

（5）其他应用

① 智能对话系统。

聊天机器人：基于 DeepSeek 构建的聊天机器人能够与用户进行自然流畅的对话。无论是日常闲聊、话题讨论还是寻求信息，聊天机器人都能理解用户的意图并给出合适的回应。例如，用户说"今天天气怎么样？"，聊天机器人可以根据当地的天气信息或通过网络查询给出回答。

语音助手：结合语音识别和语音合成技术，DeepSeek 可以实现语音助手功能。用户通过语音输入指令，模型识别语音内容后进行处理，并以语音的形式给出回答。例如，用户说"帮我设置明天早上 7 点的闹钟"，语音助手能够理解指令并完成闹钟设置操作。

② 数据分析与预测。

市场趋势分析：在商业领域，DeepSeek 可以对大量的市场数据进行分析，包括销售数据、消费者

< 206 >

行为数据、行业动态等，从而预测市场趋势、发现潜在的商业机会。

风险评估：在金融领域，模型可以对各种金融数据进行分析，评估投资风险、信用风险等。

12.3　AIGC 应用

在这个科技迅猛发展、创新成果不断涌现的时代，AIGC 正以一种锐不可当的态势闯入大众视野，将内容创作领域长久以来所遵循的传统范式彻底改写，为相关行业带来前所未有的深度转型与重塑。在充满艺术气息的创作天地，创作者们以往为了捕捉转瞬即逝的灵感，常常陷入漫长的思索与尝试，而 AIGC 的出现为他们打开了全新的创作思路，提供了高效的创作工具；在竞争激烈、瞬息万变的商业战场，企业为了在市场中脱颖而出，对创意和效率有极高的要求，AIGC 能帮助他们快速生成独特的营销策略和宣传方案；在活力满满、创意无限的娱乐产业，观众对新奇体验和优质内容的需求日益增长，AIGC 为从业者带来了更多创新的可能；在关乎未来、意义深远的教育领域，每个学生都有独特的学习节奏和需求，AIGC 助力实现个性化教育。AIGC 的影响力像一张无形却极为坚韧，且覆盖范围极广的大网，笼罩了社会的每一个细微角落。它为各行业的发展开辟出了以往难以想象的广阔机遇，与此同时，也带来了一系列全新的挑战与深度思考。

AIGC 之所以能够在众多领域掀起惊涛骇浪，引发如此巨大的变革，正是因为它巧妙且精准地运用了 AI 技术，并且依托一系列极为复杂的算法和模型，成功且高效地实现了文本、图像、音频、视频等多元内容的自动化生成。这一成果从根本上打破了传统创作模式对人力的过度依赖局面。在过去，创作者往往需要投入大量的时间、精力以及心血，历经漫长的创作周期来完成一部作品，其间要不断查阅资料、寻找灵感。而如今，AIGC 能够在极短的时间内完成高质量的内容输出。这一特性完美契合当下这个信息爆炸时代对海量内容的持续需求，无论是新闻资讯的更新、社交媒体内容的填充，还是各类商业宣传资料的制作，AIGC 都能迅速响应并提供相应的支持。

12.3.1　文本生成

在文本生成领域，基于 Transformer 架构的语言模型展现出了令人瞩目的卓越能力。以广为人知且应用广泛的 GPT 系列为例，它拥有强大的自然语言理解和生成能力，能够根据用户给出的简短提示词，在极短的时间内迅速理解用户的需求和意图，进而生成逻辑严谨、条理清晰、内容丰富的文章。

1. 文学创作

在小说创作方面，AIGC 可以根据给定的主题、情节大纲、风格要求来生成小说。创作者可以利用 AIGC 工具快速生成故事框架，再对其进行细节填充和润色。对于一些特定类型的小说，如科幻、奇幻小说，AIGC 能够通过学习大量同类型作品的语言风格和情节模式，生成具有想象力的情节段落。在诗歌创作方面，AIGC 能根据给定的主题（如爱情、自然等）、韵律（如五言绝句、七言律诗等）和风格（如浪漫主义、现实主义等）来创作诗歌。例如，输入"以春天为主题，创作一首五言绝句"，AIGC 就能生成相应的诗歌内容，为诗人提供灵感或者作为诗歌创作教学的辅助工具。有文学创作者表示，GPT 已成为他们激发灵感、拓展故事脉络的得力助手，他们在创作过程中会借助 GPT 来探索全新的情节走向和独特的创意。

2. 新闻写作

在重大事件发生时，AIGC 能在几分钟内生成一篇包含事件基本情况、背景介绍和初步分析的报道，快速满足大众对信息的即时性需求。例如，在一场足球比赛结束后，AIGC 能快速提取比分、进球球员、关键事件等信息，生成一篇体育新闻稿件。再如，AIGC 能够及时跟踪金融市场数据，对股

< 207 >

市动态、公司财报等复杂的信息进行解读，并将其转化为通俗易懂的财经新闻内容。

3．广告文案创作

AIGC 能够根据商品的特点、目标受众和营销目的来创作吸引人的广告文案。例如，对于一款新推出的智能手机，它可以生成强调其拍照功能、性能优势或者时尚外观的广告文案，帮助广告公司或营销团队提高文案创作的效率。再如，在品牌推广方面，AIGC 可以根据品牌的价值观、历史和定位来创作有感染力的品牌故事与宣传文案，提升品牌形象。

12.3.2　图像生成

在图像生成领域，DALL-E、Midjourney 等模型给人们带来了诸多惊喜。用户在使用这些模型时，仅仅需要在输入框中输入简洁而富有想象力的文字描述，如"一座悬浮在云端的梦幻城堡，周围环绕闪烁的星星与飞舞的精灵，城堡的墙壁由五彩斑斓的宝石砌成，大门上雕刻着神秘的符文"，这些模型便能迅速对输入的文字进行解析，在短短几分钟内生成细节丰富的图像作品。它们生成的图像通常色彩搭配和谐，有较强的视觉冲击力。这些图像生成模型不仅在艺术创作领域为艺术家提供了便捷的创作工具，让他们能够更加快速地将脑海中的创意转化为具体的图像，而且在广告设计、产品设计、用户界面（User Interface，UI）/用户体验（User Experience，UX）设计等商业领域也发挥举足轻重的关键作用。

在广告设计方面，设计师利用 AIGC 能够快速生成各种创意草图。例如，在为环保公益组织设计海报时，设计师输入"被绿色环绕的地球，一只白鸽衔着橄榄枝飞过"，模型瞬间生成了多幅风格各异的草图，有写实风格展现地球之美的，也有抽象风格突出环保理念的。又如，某知名汽车品牌的广告设计师利用 Midjourney 生成了未来感十足的汽车在不同奇幻场景下疾驰的草图，这些场景包括背景是浩瀚星空的火星表面、分布着悬浮建筑的未来城市等。

在产品设计方面，AIGC 可以根据产品的功能要求、尺寸和风格等信息生成多种设计草图，帮助设计师快速筛选和优化设计方案。

在 UI/UX 设计方面，AIGC 可以根据用户体验原则和设计规范，给出不同类型应用程序或网站的界面布局建议。例如，对于一款移动电商应用，它可以生成包含商品展示、购物车、用户信息等功能模块的多种布局方案，供 UI 设计师参考和选择。又如，AIGC 可以生成按钮、菜单、滑块等交互元素的设计方案，并且能够根据用户反馈和使用场景不断优化这些设计，提高用户界面的易用性和吸引力。

除了直接生成图像，AIGC 还可以用于修复受损或有缺陷的图像。例如，针对一些老旧照片的划痕、褪色等问题，AIGC 能够通过学习图像的原有结构和周围像素信息，自动填充和修复受损部分，还原照片的原貌。另外，AIGC 能够将一幅图像的风格转换为另一种风格，如将普通照片转换为古典油画风格或动漫风格的图像，为图像后期处理提供更多创意。

12.3.3　影视制作

在影视制作方面，过去制作一个逼真的虚拟场景或角色，特效团队往往需要耗费数月甚至数年的漫长时间，投入大量的人力、物力以及高昂的资金成本，经过无数次的尝试和修改，才能达到理想的视觉效果。而如今，借助 AIGC 技术，特效师的工作方式发生了翻天覆地的变化。他们只需向计算机输入关键参数和富有创意的描述，如想要打造一个神秘的海底世界场景，可以输入"深邃的海底，阳光透过层层海水洒下，形成一道道金色的光柱，周围是形态各异的珊瑚礁，巨大的鲸鱼在远处游弋，身边还有一群闪烁着荧光的小鱼环绕"，AIGC 能迅速根据这些信息构建出逼真的虚拟场景和生动的角色形象。在电影《阿丽塔：战斗天使》中，为了塑造主角阿丽塔那灵动的大眼睛和逼真的机械身体，

< 208 >

特效团队借助 AIGC 技术进行了大量的概念设计和细节优化。利用 AIGC 技术，他们能够快速获得多种不同风格的设计方案，接着从中挑选出最符合角色设定的方案进行深入细化。这大大提高了工作效率，为电影的成功奠定了坚实的基础。AIGC 技术的应用不仅大幅缩短了电影的制作周期，还切实降低了制作成本，为电影行业的发展拓展了空间和可能性。此外，AIGC 还可以根据影片的情节、场景氛围和角色情绪生成音效，配合画面提升观众的观影体验。在动画制作方面，AIGC 可以帮助动画师生成角色的行走、奔跑等基本动作序列，提高动画制作的效率。

除了专业级的影视制作，AIGC 还可以根据用户提供的主题、素材和风格要求来生成短视频。例如，它可以根据用户提供的旅游照片和文字描述，自动添加转场效果、背景音乐和旁白，生成一个完整的游记类短视频，帮助用户快速制作和分享内容。如果用户需要编辑视频素材，AIGC 可以根据视频的主题和风格自动进行视频剪辑。例如，对于一个婚礼视频，它可以自动识别出婚礼仪式、新人敬酒、嘉宾祝福等关键场景，并按照一定的情感逻辑进行剪辑，添加各种特效，制作出完整的婚礼纪念视频。

12.3.4　游戏开发

在游戏开发领域，AIGC 不仅能够自动生成扣人心弦、跌宕起伏的游戏剧情，设计出充满挑战的关卡，还具备根据玩家在游戏中的实时行为动态调整游戏内容的强大能力。以全球知名的沙盒游戏《我的世界》为例，其开发者利用 AIGC 技术开发了全新的游戏模式。游戏通过算法生成随机的地形、任务和挑战，使玩家每一次进入游戏都能体验到不同的游戏内容，为玩家带来了源源不断的新鲜感。当玩家在游戏中表现出对解谜元素的喜爱时，游戏系统可通过 AIGC 技术实时生成更多富有挑战性的解谜关卡。这些关卡的难度、谜题类型以及解谜思路都会根据玩家的游戏水平和历史行为进行动态调整，为玩家打造高度个性化的沉浸式游戏体验。玩家在游戏过程中仿佛置身于一个充满无限可能的虚拟世界，能够根据自己的喜好和能力不断探索与挑战，收获充分的乐趣与满足感。这种个性化的游戏体验提高了玩家对游戏的黏性和忠诚度，为游戏行业的发展指明了新的方向。此外，在游戏开发中，AIGC 可以根据游戏场景（如战斗场景、探索场景等）和角色动作（如跑步、攻击、跳跃等）来生成相应的音效。

12.3.5　教育教学

教育领域同样因 AIGC 技术的引入而发生了翻天覆地的巨大变化。智能辅导系统借助 AIGC 技术，能够全面、深入地分析学生的学习情况，包括学习进度、知识掌握程度以及薄弱环节等多个维度。通过对学生大量学习数据的收集和分析，智能辅导系统能够精准地了解每个学生的特点和需求，进而为每个学生量身定制个性化的学习方案。例如，在一些在线教育平台上，学生完成数学作业后，系统会利用 AIGC 技术对学生的答题情况进行详细分析。如果发现学生在函数部分错误较多，系统会根据学生的具体错误类型和知识点掌握情况，精准生成一系列有针对性的练习题。这些练习题中既有基础概念的巩固练习，如"已知函数 $y = 2x + 1$，当 $x = 3$ 时，y 的值是多少？"，以帮助学生加深对函数基本定义和性质的理解；又有复杂题型的拓展训练，如"某工厂生产某种产品，其成本 y（万元）与产量 x（件）之间的函数关系为 $y = 0.01x^2 + 2x + 100$，若要使成本最低，产量应为多少？"，以培养学生运用函数知识解决实际问题的能力。此外，AIGC 还能在教学资源开发方面为教师提供极大的帮助。教师只需输入教学主题或要求，如"古代丝绸之路的历史与文化"，AIGC 就能一键生成内容丰富的教学课件，不仅包含详细的文字讲解，还会配有与主题相关的地图、历史图片、视频资料以及互动问题等，极大地丰富教学内容的呈现形式。同时，AIGC 还能针对不同知识点生成案例，帮助教师更好地引导

< 209 >

学生理解和掌握复杂的知识。

12.3.6 音乐创作和语音合成

AIGC 可以根据用户指定的音乐风格（如古典、流行、摇滚等）、情感氛围（如欢快、悲伤、激昂等）和乐器组合来创作音乐旋律。例如，输入"创作一首带有悲伤情感的古典钢琴曲"，AIGC 就能生成一段相应的旋律，为音乐创作者提供灵感，或者作为音乐教学中的辅助工具。在已有旋律的基础上，AIGC 可以为音乐添加各种乐器的编曲。例如，对于一段简单的歌曲旋律，它可以给出吉他、贝斯、鼓等乐器的伴奏编曲，丰富音乐作品的层次和质感。

AIGC 技术还可以用于语音合成，为当今随处可见的语音助手提供更加自然、流畅的语音。例如，Siri、小爱同学等语音助手可以通过 AIGC 技术生成更接近人类说话方式的语音，提升用户体验。在有声读物领域，AIGC 可以将文字内容快速转换为语音，并且可以根据读物的类型（如小说、传记、科普文章等）和内容蕴含的情感来调整语音的音色、语调、语速等，制作出高质量的有声读物。

习题 12

简答题

1. WPS AI 有哪些功能？
2. 如何采用 WPS AI 分析班级的数学、物理、外语成绩？举例说明。
3. 如何采用 WPS AI 优化演示文稿？举例说明。
4. 大语言模型的常见应用有哪些？
5. AIGC 的常见应用有哪些？

习题参考答案

< 210 >